全国普通高等教育"十二五"规划教材

生物化学与分子生物学实验指导

主编 张克中 郭 巍

中国林业出版社

内容提要

本教材是普通高等院校生物化学与分子生物学实验的教学用书。内容包含：糖类、脂类、蛋白质、核酸、维生素、新陈代谢、免疫、分子标记等实验。主要分为实验原理、基础实验、综合性实验和研究性实验四部分内容。本教材适用于各类院校生物学、植物学、动物学、农学、林学等相关专业本科生和研究生的实验教学使用。另外，本教材除了用于实验教学之外，还可供有关科研人员参考使用。

图书在版编目（CIP）数据

生物化学与分子生物学实验指导/张克中，郭巍主编. —北京：中国林业出版社，2015.8
ISBN 978-7-5038-8115-2

Ⅰ.①生… Ⅱ.①张… ②郭… Ⅲ.①生物化学–实验–高等学校–教学参考资料 ②分子生物学–实验–高等学校–教学参考资料 Ⅳ.①Q5-33 ②Q7-33

中国版本图书馆 CIP 数据核字（2015）第 193347 号

中国林业出版社·教育出版分社

策划、责任编辑：许　玮
电　话：(010) 83143559　　　　传　真：(010) 83143516

出版发行　中国林业出版社（100009　北京市西城区德内大街刘海胡同 7 号）
　　　　　E-mail：jiaocaipublic@163.com　电话：(010) 83143500
　　　　　网　址：http://lycb.forestry.gov.cn
经　销　新华书店
印　刷　北京宝昌彩色印刷有限公司
版　次　2015 年 8 月第 1 版
印　次　2015 年 8 月第 1 次
开　本　787mm×1092mm　1/16
印　张　17.75
字　数　396 千字
定　价　30.00 元

全国普通高等教育"十二五"规划教材

《生物化学与分子生物学实验指导》
编写人员名单

主　　编　张克中　郭　巍

副 主 编　崔金腾

编写人员　（按姓氏笔画排序）

巩校东（河北农业大学）

陈　艳（北京农学院）

李　佳（北京农学院）

张克中（北京农学院）

赵　丹（河北农业大学）

郭晓军（河北农业大学）

郭　巍（北京农学院）

崔金腾（北京农学院）

藏金萍（河北农业大学）

前　言

　　生物化学与分子生物学理论与基本实验技术已广泛渗透并常规应用于生命学科的各个领域，其实验教学是高等院校生命学科教育的重要组成部分，是提高学生基本实验技能的主要方式，是培养学生独立分析问题和解决问题能力的重要途径。实验教学不仅体现了学生参与、师生互动、加强实践的现代教育理念，更是培养学生创新意识、动手能力及科研能力的良好手段。因此，为了使各类院校生物学、植物学、动物学、农学和林学等专业学生能够系统地学习和掌握生物化学与分子生物学的基本实验技能，我们组织了有丰富教学经验并热心于教学改革的教师们，历时 2 年共同合作编写了生物化学与分子生物学实验教材。

　　本教材内容涉及糖类、脂类、蛋白质、核酸、维生素、新陈代谢、免疫、分子标记 8 个方面共 32 个实验，体现了生物化学与分子生物学知识体系的科学性，完整性和先进性。本教材共分为四部分：第一部分为实验原理部分，主要提供层析技术、电泳技术、离心技术、光谱技术、色谱技术、核酸提取技术、蛋白提取技术、PCR 扩增技术、分子标记技术、免疫化学技术和细胞培养技术等生物化学与分子生物学常使用到的实验技术的原理内容；第二部分为基础实验部分，主要用于各类院校生物学、植物学、动物学、农学、林学等本科专业的生物化学与分子生物学基础实验使用；第三部分为综合性实验，主要用于各类院校生物学、植物学、动物学、农学、林学等本科专业的生物化学与分子生物学综合实验，以及相关专业的硕士研究生教学使用；第四部分为研究性实验，主要用于各类院校相关专业研究生的实验教学使用。

　　本教材由张克中和郭巍任主编，崔金腾任副主编。编写分工如下：第一部分实验原理由崔金腾、郭晓军、陈艳、巩校东、李佳、藏金萍编写；第二部分基础实验由郭巍、崔金腾、赵丹、郭晓军、陈艳、巩校东、李佳、藏金萍编写；第三部分综合性实验和第四部分研究性实验由张克中、崔金腾编写；附录部分由崔金腾、李佳编写；全书由张克中、郭巍和崔金腾负责修改、审核和统稿。

　　本教材的编写得到了北京市教委面上项目（KM201510020011）、北京市属高等学校创新团队建设与教师职业发展计划项目（IDHT20150503）、城乡生态环境北京实验室项目（PXM2015 - 014207 - 000014）和北京市乡村景观规划设计工程技术研究中心共同资助。同时北京农学院和河北农业大学的教师、教务部门和中国林业出版社对本教材的编写和出版给予了大力支持，在此表示我们最诚挚的谢意。

由于编者水平有限、时间紧迫，教材中不当或错误之处敬望同行专家和广大师生提出宝贵意见。

编　者

2015 年 4 月

目 录

第一部分　实验原理

一、层析技术

有色物质如植物色素在吸附柱上流动后可以排列成一系列有序的、单一组分的集合，这种将混合物分离的方法称为层析法，又称色层分析法或色谱法。无色物质也可利用吸附柱层析分离。层析技术是利用混合物中各组分物理化学性质（如吸附力、分子形状、分子大小、分子极性、分子亲和力及分配系数等）的差别使各组分以不同程度分布在两相中（其中一相为固定相，另一相流过此固定相，称流动相。流动相分为气相和液相），使各组分以不同速度移动而达到分离，达到分离纯化的目的。

层析法的种类很多，如按两相物理状态，可分为气相层析、液相层析及超临界流体层析；按分离原理，可分为吸附层析、分配层析、离子交换层析、排阻层析、亲和层析等；按层析过程及动力学过程，可分洗提层析、置换层析及前沿层析；按固定相的形态，分为柱层析和平板层析，此外，还有其他多种层析类型。下边着重介绍几种层析方法。

（一）分配层析

分配层析是利用混合物中各组分在两种或两种以上不同溶剂中的分配系数不同而分离混合物中各组分的方法，相当于一种连续的溶剂抽提方法。纸层析法（paper-chromatograghy）是分配层析技术的一种，是利用各物质不同的分配系数，使混合物随流动相通过固定相而予以分离的方法。

分配系数是指一种溶质在两种互不相溶的溶剂中的溶解达到平衡时，该溶质在两相溶液中所具浓度的比例。不同物质因其结构和性质不同而有不同的浓度比，即有不同的分配系数。在等温等压条件下，分配系数（K）用下式表示：

$$K = K_2 / K_1$$

式中：K_1——物质在流动相中的浓度；

　　　K_2——物质在固定相中的浓度。

1. 基本原理

纸层析是以滤纸为载体的分配层析，滤纸上吸附着水（约含 20% ~ 22%），是经常使用的固定相。某些有机溶剂如醇、酚等为常用的流动相。把欲分离的物质加在滤纸的一端，使流动相溶剂经此移动，这样待分离物就在两相发生分配现象。由于样品中各物质的分配系数不同，就逐渐在纸上分别集中于不同的部位。在固定相中分配趋势较大的成分，随移动相流动的速度较慢；反之，在流动相中分配趋势较大的成分，移动速度就较快。物质在纸上的移动速率可以用 R_f 表示。物质在一定溶剂中的分配系数是一定的，移动速率(R_f)也恒定，因此，可以根据 R_f 来鉴定被分离的物质。

R_f 由两个因素决定，即物质在两相间的分配系数及两相的体积比。

R_f ＝组分移动的距离/溶剂前沿移动的距离

　　＝原点中心至层析点中心的距离/原点中心至溶剂前缘的距离

在滤纸、溶剂、温度等各项实验条件恒定的情况下，各物质的 R_f 值是不变的，它不随溶剂移动距离的改变而变化。R_f 与分配系数 K 的关系为：

$$R_f = 1/(1 + \alpha K)$$

α 是由滤纸性质决定的一个常数。由此可见，α 值愈大，溶质分配于固定相的趋势愈大，而 R_f 值愈小；反之，α 值愈小，则分配于流动相的趋势愈大，R_f 值愈大。R_f 值是定性分析的重要指标。

2. 影响 R_f 值的因素

由于在同一实验条件下，两相体积比为一常数，所以 R_f 主要取决于分配系数 K。因此，凡能影响分配系数的因素，均能影响 R_f。这些因素主要有：

（1）物质结构与极性

在纸层析中，固定相实际上是水，流动相为非极性溶剂，在水与有机溶剂两相之间决定物质分配系数的主要因素是物质极性大小，分配系数的改变即反映出 R_f 值的变化，极性大的物质其 R_f 值较小。

（2）层析溶剂

选择溶剂时应考虑被分离物质在溶剂系统中的 R_f 需要在 0.05 ~ 0.85 之间。常见的纸层析溶剂系统见表 1-1。

表1-1　一些纸层析分离系统的例子

化合物	溶剂系统(体积比)
氨基酸	正丁醇/乙酸/水(40/10/50)
	正丁醇/吡啶/水(33/33/33)
单糖或二糖	正丁醇/吡啶/水(50/28/22)
	甲醇/吡啶/水(25/12/63)
叶绿素和类胡萝卜素	丙醇/石油醚(4/96)
	氯仿石油醚

（3）pH

pH 可以影响物质的解离及流动相中的含水量。pH 值增加或降低，都会使极性物质 R_f 增加。当分离两性物质时，可用酸碱两向层析，能获得较好效果。

（4）温度

温度不仅影响物质在两相间的分配系数，还影响溶剂组成及纤维素的水合作用。因此要获得准确的 R_f 值，层析过程在恒温下为宜。

（5）展开方式

R_f 值可因展开方式不同而有所差异，其中上行展开的 R_f 值较小，下行展开的 R_f 值较大。环形展开时，由于溶剂是从中心向四周扩散，内圈较外圈小，限制了溶剂的流动，故 R_f 值也较大。

3. 操作方法

定量法有三种：

（1）剪洗法

分离显色后剪下样品斑点，用适当溶剂洗脱，并用等高处无样点滤纸（面积相同）作对照，比色定量，该法一般有 ±5% ~ 10% 的误差。

（2）扫描法

用光密度计直接扫描滤纸条，描绘出色谱曲线图，根据积分计数或测量曲线面积求出物质含量，一般有 ±5% ~ 10% 的误差。

（3）直接测量斑点面积

此法影响因素较多，每次斑点的形状不易控制，重复性差。

纸层析法按操作方法分成两类，即垂直型和水平型。垂直型是将纸悬起，使流动相向上或向下扩散。水平型是将圆形滤纸置于水平位置，溶剂由中间向四周扩散。

垂直型使用较广，按分离物质的多寡，将滤纸截成长条，在某一端离边缘 2 ~ 4cm 处点样，待干后，将点样端边缘与溶液接触，在密闭的玻璃缸内展开，如图 1-1 所示。

一次展开，称为单向层析。如果样品成分较多，而且彼此的 R_f 相近，单向层析分离效果不好，此时可采用双向层析法。即在长方形或方形滤纸的一角点样，卷成圆筒形，先用第一种溶剂系统展开；展开完毕吹干后转 90°，再放于另一种溶剂系统中，向另一方向进行第二次展开，可使各成分的分离较为清晰，如图 1-2 所示。

在纸层析中，通常支持相是含水的，移动相是有机溶剂。但是，有些化合物用有机的支持相和含水的移动相能得到更好的分离。为此，层析纸先用有机相（一般是液体石蜡）浸润。当被分离的混合物加到纸上时，用一种含水溶剂按通常的方法展开，称为反相层析。

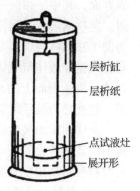

图 1-1　垂直型纸层析

（二）吸附层析

吸附层析是溶液中的溶质随流动相通过吸附层析介质时，柱内的吸附介质表面的吸附基团对溶质发生吸附作用，某些溶质就会被吸附在介质表面上。介质表

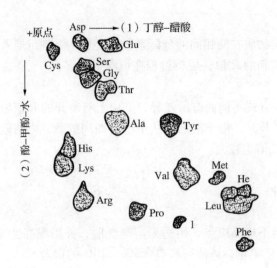

图1-2 氨基酸双向纸层析色谱

(1)正丁醇∶冰醋酸∶水＝4∶1∶5(体积比)；(2)酚∶水＝8∶2(质量比)

面的活性基团不同，对溶质产生的吸附能力的强弱有较大的差异。因此，可以利用介质对溶质吸附能力的强弱，通过吸附层析将不同溶质分开。凡是利用固定相表面的活性基团来吸附流动相中溶质而进行分离的方法，均称之为吸附层析。

吸附层析技术是一种比较成熟的方法，至今在常规层析分离中应用很广，在微量分析方面也有较大的发展，在生物大分子的分离纯化中发挥着重要作用。

1. 原理

(1)吸附现象

吸附作用是物质表面的一个重要性质，就理论上而言，任何两相都有可能形成界面，其中一相的物质或溶解在其中的溶质在表面上发生密集行为，称之为吸附。溶质从溶液中到停留在固体表面上这一过程，称之为吸附现象。溶质密集行为发生在固体与气体之间称为固－气吸附，发生在固体与液体之间称为固－液吸附，发生在液体与气体之间称为液－气吸附。因此凡是能够将周围其他分子聚集到某一物质表面上的材料，就称之为吸附介质。能够聚集在吸附介质表面的分子，就称之为被吸附物质。

某些物质如氧化铝、硅胶等具有吸附其他物质的特性。被吸附物质的分子结构不同其吸附力的大小而有差异，利用这种差异将混合物分离。这种方法的效果还与被吸附物质在分离用的溶剂(洗脱液或展开剂)中的溶解度等因素有关。

(2)吸附力的产生

固体表面上的分子(离子或原子)和固体内部分子所受的吸引力不相等，在内部分子与分子之间的相互作用力是对称的，其力场相互抵消。而处在固体表面的分子所受的力是不对称的，向内的一侧受到固体内部分子的作用力大，表面一侧受到的力小，形成了分子间的内引力，这种内引力对周围的分子具有一定的吸附作用。当气体分子或溶质分子在运动过程中碰到吸附介质表面时，受其内部分子引力的作用，就会被吸引而停留在固体表面。不同的物质被吸附的紧密程度不同，利用吸附能力的强弱进行吸附层析。

（3）吸附

在一定条件下，吸附介质与被吸附物质之间相互作用，二者结合在一起。当改变它们的吸附环境后，二者又可以分开。吸附介质对周围分子的吸附力是微弱的，根据吸附介质的基本性质，吸附可分为物理吸附和化学吸附等。

物理吸附　物理吸附是依靠分子间相互作用的范德华力引起的吸附，所以也称之为范德华力吸附。物理吸附的特点是对吸附分子无选择性，吸附速度快，吸附是可逆的，吸附过程中释放的能量较小，吸附力较强，吸附的分子层既有单层，也有多层。随着吸附环境的改变吸附介质的吸附能力也会发生变化，被吸附的分子容易解吸附。

化学吸附　化学吸附是依靠物质中的化学键的作用引起吸附，如电子转移或被吸附分子与吸附介质表面共用电子等。化学吸附的特点是在一定的条件下进行选择性的吸附，吸附速度慢，吸附过程中释放的能量较大，吸附力强，不易解吸附，被吸附的分子层只有单层。

复合吸附　复合吸附是物理吸附和化学吸附同时发生，这要根据吸附介质和被吸附分子的性质而定。有的吸附介质在一定的条件下，既可以发生物理吸附又可以发生化学吸附，也可以由物理吸附转变为化学吸附或者由化学吸附转变为物理吸附。

饱和吸附　吸附层析的吸附过程是可逆的，在吸附的过程中同时发生解吸附。在吸附初期吸附速度大于解吸附速度，随着吸附量的增加解吸附的速度不断增大。在单位时间内被吸附物在吸附介质某一表面积上被吸附的分子与同一单位时间内在该介质的同一表面上解吸附的分子相等时，层析柱内的吸附和解吸附达到了动态平衡，处于该环境中吸附介质的吸附作用达到饱和，此时层析柱应当停止吸附。如何判断饱和吸附对吸附层析是很重要的，最直接、最简单的方法是检测流入和流出溶液中被分离物质的量。如果流入和流出溶液中被分离物质的量相等，说明该层析柱已经达到饱和吸附。

2. 吸附介质的分类

目前使用的吸附层析介质种类很多，大多数都是用天然材料制成的（如硅胶、氧化铝、沸石、活性炭和磷酸钙等），少数是化学合成的（如聚酰胺、聚苯乙烯等）。不同原料制成的吸附介质其吸附原理是不同的。

（1）活性炭

活性炭是常用的一种吸附介质，活性炭的吸附原理主要是活性炭分子中的活性基团（如羟基等）与被分离物质分子中的某些基团产生范德华引力形成的吸附作用。

（2）硅胶

硅胶是一种广泛使用的极性吸附介质，其优点是化学性质稳定，吸附量大。在硅胶的制备过程中，絮凝作用的快慢决定着硅胶表面积的大小，也就决定硅胶吸附能力的大小。硅胶的吸附活性取决于其含水量。当含水量小于1%时，吸附活性最高；当含水量大于 20% 时，吸附活性最低。

（3）氧化铝

氧化铝吸附介质是一类疏水性吸附介质，主要用于分离非极性化合物。氧化铝的吸附原理一般认为是被分离的物质与氧化铝表面的一些羟基相互作用，形成氢键，铝原子提供一个亲电子中心，吸引电子供体的某些基团，如—OH、—NH$_2$。不同性质的物质提供的基团，亲电子中心产生的引力不同。

（4）磷酸钙

磷酸钙是一种极性吸附介质，适于分离生物大分子（如蛋白质、核酸等）。羟基磷灰石对蛋白质的吸附原理是溶质分子中的酸性基团与洗脱液中的磷酸根离子对羟基磷灰石中的钙离子有竞争作用；对核酸吸附的机理与蛋白质类似，多聚核苷酸带负电荷的磷酸基与羟基磷灰石结晶表面的阳离子钙之间能相互发生吸附作用。在洗脱时要用高浓度的磷酸盐才能洗脱下来。多聚核苷酸从羟基磷灰石柱上洗脱是通过缓冲液中无机磷酸根离子或溶液中的磷酸残基对羟基磷灰石表面上的阳离子钙发生竞争作用而被解吸附的。

（5）聚丙烯酰胺

聚丙烯酰胺是一种化学合成的极性吸附介质，适合于分离极性化合物，如酚、羧酸、DNP－氨基酸、醌及芳香族硝基化合物。聚丙烯酰胺吸附的原理是由于分子中的酰胺基与被分离物质羟基和羧基之间形成氢键。介质吸附能力的大小，取决于被分离物质分子中的酚羟基、羧基、氨基酸等与聚丙烯酰胺分子中酰胺基形成氢键的强弱。在聚丙烯酰胺层析的过程中，洗脱剂与被分离物质在聚丙烯酰胺颗粒的表面上竞争性形成氢键，洗脱剂与聚丙烯酰胺形成氢键的能力比被分离物质强，在洗脱过程中被分离物质与聚丙烯酰胺形成氢键的能力不断减弱，洗脱剂与聚丙烯酰胺形成氢键的能力不断增强，最终被分离物质从聚丙烯酰胺介质上被洗脱下来。

（6）聚苯乙烯

聚苯乙烯属于非极性介质，是由苯乙烯和二苯乙烯共聚而成的，适合于分离分子中含有硝基、氯原子和酚羟基的化合物。分离的原理是被分离物质中的疏水基团与聚苯乙烯之间的范德华力的作用结果。

3. 吸附剂和洗脱剂的选择

要使吸附层析的结果满意，就要正确处理吸附和解吸附矛盾，首先应合理选择和应用吸附剂和洗脱剂。应当指出，由于所分离的物质的复杂性，至今还没发现一种通用的吸附剂。

（1）吸附剂

通过实践根据具体情况选择比较理想的吸附剂。通常吸附剂应具有以下基本条件：吸附剂不溶于样品溶液和洗脱剂；它与待分离的物质除发生吸附、解吸附作用外，不发生其他化学反应；吸附剂最好是无色或浅色的，便于观察；渗滤的速度要快。

常用的吸附剂是氧化铝、氧化锡、硅胶、碳酸盐、硫酸盐及硅酸盐。分离不稳定的化合物常用淀粉、蔗糖、乳糖等。

（2）洗脱剂

用来洗脱吸附柱的液体物质称洗脱剂。可根据分离物中各成分的极性、溶解度和吸附活性来选择洗脱剂，一般极性大的成分用极性大的洗脱剂，极性小的成分用极性小的洗脱剂。洗脱剂极性绝不能比待分离成分的极性更小，因为极性强的物质较易把极性弱的物质从吸附柱上洗脱下来。

通常非极性的与极性不强的有机物，如胡萝卜素、甘油酯、胆固醇等的分离，用这种方法最为合适。

（三）离子交换层析法

离子交换层析（ion exchange chromatography）是利用离子交换剂上的可交换离子与周围介质中被分离的各种离子间的亲和力不同，经过交换平衡达到分离目的的一种柱层析法。1848 年，Thompson 等人在研究土壤碱性物质交换过程中发现离子交换现象。20 世纪 40 年代，出现了具有稳定交换特性的聚苯乙烯离子交换树脂。50 年代，离子交换层析进入生物化学领域，应用于氨基酸的分析。目前离子交换层析仍是生物化学和分子生物学领域中常用的一种层析方法，广泛应用于各种生化物质如氨基酸、蛋白质、糖类、核苷酸等的分离纯化。

1. 基本原理

离子交换层析是依据各种离子或离子化合物与离子交换剂的结合力不同而实现分离纯化的。离子交换层析的固定相是离子交换剂，它是由一类不溶于水的惰性高分子聚合物基质通过一定的化学反应共价结合上某种电荷基团而形成的。任何离子通过柱时的移动速度决定于与离子交换剂的亲和力、电离程度和溶液中各种竞争性离子的性质和浓度。离子交换剂可以分为高分子聚合物基质、电荷基团和平衡离子三部分。电荷基团与高分子聚合物共价结合，形成一个带电的可进行离子交换的基团，其上带有许多可电离基团，根据这些基团所带电荷不同，可分为阴离子交换剂和阳离子交换剂。平衡离子是结合于电荷基团上的相反离子，它能与溶液中的其他离子基团发生可逆的交换反应。它的交换过程由 5 个步骤组成：①离子扩散到树脂的表面；②离子通过树脂扩散到交换位置；③在交换位置上进行离子交换；④被交换的离子通过树脂扩散到表面；⑤用洗脱剂脱附，被交换的离子扩散到外部溶液中。

假定以 RA 代表阳离子交换剂，在溶液中解离出来的阳离子 A^+ 与溶液中的阳离子 B^+ 可发生可逆的交换反应，反应式如下：

$$RA + B^+ \rightleftharpoons RB + A^+$$

该反应能以极快的速率达到平衡，平衡的移动遵循质量作用定律。

离子交换剂对溶液中不同离子具有不同的结合力，结合力的大小取决于离子交换剂的选择性。离子交换剂的选择性可用其反应的平衡常数 K 表示：

$$K = [RB][A^+]/[RA][B^+]$$

如果反应液中 $[A^+]$ 等于 $[B^+]$，则 $K = [RB]/[RA]$。若 $K > 1$，即 $[RB] > [RA]$，表示离子交换剂对 B^+ 的结合力大于 A^+；若 $K = 1$，即 $[RB] = [RA]$，表示离子交换剂对 A^+ 和 B^+ 的结合力相同；若 $K < 1$，即 $[RB] < [RA]$，表示离子

交换剂对 B^+ 的结合力小于 A^+；K 值是反映离子交换剂对不同离子的结合力或选择性参数，故称 K 值为离子交换剂对 A^+ 和 B^+ 的选择系数。

溶液中的离子与交换剂上的离子进行交换，一般来说，电性越强，越易交换。对于阳离子树脂，在常温常压的稀溶液中，交换量随交换离子的价数增大而增大，如 $Na^+ < Ca^{2+} < Al^{3+} < Si^{4+}$。若离子价数相同，交换量则随交换离子的原子序数的增加而增大，如 $Li^+ < Na^+ < K^+ < Pb^+$。在稀溶液中，强碱性树脂的各负电性基团的离子结合力次序是：$CH_3COO^- < F^- < OH^- < HCOO^- < Cl^- < SCN^- < Br^- < CrO_4^{2-} < NO_2^- < I^- < C_2O_4^{2-} < SO_4^{2-} <$ 柠檬酸根。弱碱性阴离子交换树脂对各负电性基团结合力的次序为：$F^- < Cl^- < Br^- = I^- = CH_3COO^- < MoO_4^{2-} < PO_4^{3-} < AsO_4^{3-} < NO_3^- <$ 酒石酸根 $<$ 柠檬酸根 $< CrO_4^{2-} < SO_4^{2-} < OH^-$。

两性离子如蛋白质、核苷酸、氨基酸等与离子交换剂的结合力，主要取决于它们的理化性质和特定的条件下呈现的离子状态。当 pH < pI 时，能被阳离子交换剂吸附；反之，当 pH > pI 时，能被阴离子交换剂吸附。若在相同 pI 条件下，且 pI > pH 时，pI 越高，碱性越强，就越容易被阳离子交换剂吸附。

离子交换层析就是利用离子交换剂的荷电基团，吸附溶液中相反电荷的离子或离子化合物，被吸附的物质随后为带同类型电荷的其他离子所置换而被洗脱。由于各种离子或离子化合物对交换剂的结合力不同，因而洗脱的速率有快有慢，形成了层析层。

2. 离子交换剂类型及选择

（1）离子交换剂的类型

根据离子交换剂中基质的组成及性质，可将其分成两大类：疏水性离子交换剂和亲水性离子交换剂。

疏水性离子交换剂　疏水性离子交换剂的基质是一种与水亲和力较小的人工合成树脂，最常见的是由苯乙烯与交联剂二乙烯苯反应生成的聚合物，在此结构中再以共价键引入不同的电荷基团。由于引入电荷基团的性质不同，又可分为阳离子交换树脂、阴离子交换树脂及螯合离子交换树脂。

阳离子交换剂的电荷基团带负电，反离子带正电，故此类交换剂可与溶液中的阳离子或带正电荷化合物进行交换反应。依据电荷基团的强弱，又可将它分为强酸型、中强酸型及弱酸型三种，各含有以下可解离基团：

磺酸基	$—SO_3 \cdot H^+$	（强酸型）
磷酸根	$—PO_3H_2$	
亚磷酸根	$—PO_2H_2$	（中强酸型）
磷酸基	$—O—PO_2H_2$	
羧基	$—COOH$	
酚羟基	$—\!\!\!\!\bigcirc\!\!\!\!—OH$	（弱酸型）

阴离子交换剂是在基质骨架上引入季铵[—N$^+$(CH$_3$)$_3$]、叔胺[—N(CH$_3$)$_2$]、仲胺[—NHCH$_3$]和伯胺[—NH$_2$]基团后构成的，依据氨基碱性的强弱，又分为强碱性(含季铵基团)、弱碱性(含叔胺、仲胺基团)及中强碱性(既含强碱性基团又含弱碱性基团)三种阴离子交换剂。

螯合离子交换树脂具有吸附(或络合)一些金属离子而排斥另一些离子的能力，可通过改变溶液的酸度提高其选择性。由于它的高选择性，只需用很短的树脂柱就可以把欲测的金属离子浓缩并洗脱下来。

疏水性离子交换剂由于含有大量的活性基团，交换容量大、流速快、机械强度大，主要用于分离无机离子、有机酸、核苷、核苷酸及氨基酸等小分子物质，也可用于从蛋白质溶液中除去表面活性剂[如十二烷基硫酸钠(SDS)]、去污剂[如壬基苯基聚氧乙烯醚(Triton X-10)]、尿素、两性电解质(ampholyte)等。

亲水性离子交换剂　亲水性离子交换剂中的基质为一类天然的或人工合成的化合物，与水亲和性较大，常用的有纤维素、交联葡聚糖及交联琼脂糖等。

纤维素离子交换剂或称离子交换纤维素，是以微晶纤维为基质，再引入电荷基团构成的。根据引入电荷基团的性质，也可分强酸性、弱酸性、强碱性及弱碱性离子交换剂。纤维素离子交换剂中，最为广泛使用的是二乙胺基乙基(DEAE-)纤维素、羧甲基(CM-)纤维素。近年来 Pharmacia 公司用微晶纤维素经交联作用，制成了类似凝胶的珠状弱碱性离子交换剂(DEAE-Sephacel)，结构与 DEAE-纤维素相同，对蛋白质、核酸、激素及其他生物聚合物都有同等的分辨率。目前常用的纤维素交换剂见表1-2。离子交换纤维素适用于分离大分子多价电解质。它具有疏松的微结构，对生物大分子物质(如蛋白质和核酸分子)有较大的穿透性；表面积大，因而有较大的吸附容量。基质是亲水性的，避免了疏水性反应对蛋白质分离的干扰；电荷密度较低，与蛋白质分子结合不牢固，在温和洗脱条件

表 1-2　离子交换纤维素

交换剂(简写)	类型	功能基团	交换容量(mmol/g)	适宜工作 pH
磷酸纤维素(P-C)	中强酸型阳离子交换剂	—PO$_3$$^{2-}$	0.7~7.4	pH<4
磺酸乙基纤维素(SE-C)	强酸型阳离子交换剂	—(CH$_2$)$_2$SO$_3$$^-$	0.2~0.3	极低
羧甲基纤维素(CM-C)	弱酸型阳离子交换剂	—CH$_2$COO$^-$	0.5~1.0	pH>4
三乙基氨基乙基纤维素(TEAE-C)	强碱型阴离子交换剂	—(CH$_2$)$_2$N$^+$(C$_2$H$_5$)$_3$	0.5~1.0	pH>8.6
二乙氨基乙基纤维素(DEAE-C)	弱碱型阴离子交换剂	—(CH$_2$)$_2$N$^+$H(C$_2$H$_5$)$_2$	0.1~1.0	pH<8.6
氨基乙基纤维(AE-C)	中等碱型阴离子交换剂	—(CH$_2$)$_2$N$^+$H$_2$	0.3~1.0	
Ecteda 纤维素(ECTE-C)	中等碱型阴离子交换剂	—(CH$_2$)$_2$N$^+$(C$_2$H$_4$OH)$_3$	0.3~0.5	

下即可达到分离的目的，不会引起蛋白质的变性。但纤维素分子中只有一小部分羟基被取代，结合在其分子上的解离基团数量不多，故交换容量小，仅为交换树脂的 1/10 左右。

交联葡聚糖离子交换剂是以交联葡聚塘 G–25 和 G–50 为基质，通过化学方法引入电荷基团而制成的。常用的有 8 种，见表1-3。其中交换剂–50 型适用于相对分子质量为 $3 \times 10^4 \sim 3 \times 10^6$ 的物质的分离，交换剂–25 型能交换相对分子质量较小（$1 \times 10^3 \sim 5 \times 10^3$）的蛋白质。交联葡聚糖离子交换剂的性质与葡聚糖凝胶很相似，在强酸和强碱中不稳定，在 pH =7 时可耐 120℃ 的高热。它既有离子交换作用，又有分子筛性质，可根据分子大小对生物大分子物质进行分级分离，但不适用于分级分离相对分子质量大于 2×10^5 的蛋白质。

表1-3　交联葡聚糖离子交换剂的种类

类型	功能基团	反离子	吸附容量(g/g)[①]	适宜工作 pH
弱碱型	—$C_2H_4N^+(C_2H_5)_3$			
DEAE-Sephadex A25		Cl^-	0.5	2 ~ 9
DEAE-Sephadex A50			5.0	
强碱型	$CH_2H_4N^+(C_2H_5)_2$			
QAE-Sephadex A25	CH_2CHCH_3	Cl^-	0.3	2 ~ 10
QAE-Sephadex A25	OH		6.0	
弱酸型	—CH_2COO^-			
CM-Sephadex C25		Na^+	0.4	6 ~ 10
CM-Sephadex C50			9.0	
弱酸型	—$C_3H_6SO_3^-$			
SP-Sephadex C25		Na^+	0.2	2 ~ 10
SP-Sephadex C50			7.0	

①指对血红蛋白的结合量。

琼脂糖离子交换剂主要以交联琼脂糖 CL–6B（Sepharose CL–6B）为基质，引入电荷基团而构成。这种离子交换凝胶对 pH 及温度的变化均较稳定，可在 pH 为 3 ~ 10 和温度为 0 ~ 70℃ 范围内使用，改变离子强度或 pH 时，床体积变化不大。例如，DEAE-Sepharose CL–6B 为阴离子交换剂；CM-Sepharose CL–6B 为阳离子交换剂。它们的外形呈珠状，网孔大，特别适用于相对分子质量大的蛋白质和核酸等物质的分离，即使加快流速，也不影响分辨率。

（2）离子交换剂的应用选择

应用离子交换层析技术分离物质时，选择理想的离子交换剂是提高得率和分辨率的重要环节。任何一种离子交换剂都不可能适用于所有的样品物质的分离，因此必须根据各类离子交换剂的性质以及待分离物质的理化性质，选择一种最理想的离子交换剂进行层析分离。选择离子交换剂的一般原则如下：

①选择阴离子或阳离子交换剂，取决于被分离物质所带的电荷性质。如果被分离物质带正电荷，应选择阳离子交换剂；如带负电荷，应选择阴离子交换剂；

如被分离物为两性离子，则一般应根据其在稳定 pH 范围内所带电荷的性质来选择交换剂的种类。

②强型离子交换剂适用的 pH 范围很广，所以常用它来制备去离子水和分离一些在极端 pH 溶液中解离且较稳定的物质。弱型离子交换剂适用的 pH 范围狭窄，在 pH 为中性的溶液中交换容量高，用它分离生物大分子物质时，其活性不易丧失。

③离子交换剂处于电中性时常带有一定的反离子，使用时选择何种离子交换剂，取决于交换剂对各种反离子的结合力。为了提高交换容量，一般应选择结合力较小的反离子。据此，强酸型和强碱型离子交换剂应分别选择 H 型和 OH 型；弱酸型和弱碱型交换剂应分别选择 Na 型和 Cl 型。

④交换剂的基质是疏水性还是亲水性，对被分离物质有不同的作用性质（如吸附、分子筛、离子或非离子的作用力等），因此对被分离物质的稳定性和分离效果均有影响。一般认为，在分离生物大分子物质时，选用亲水性基质的交换剂较为合适，它们对被分离物质的吸附和洗脱都比较温和，活性不易被破坏。

（四）凝胶层析法

凝胶层析（gel chromatography）又称为凝胶排阻层析、分子筛层析、凝胶过滤、凝胶渗透层析等，是指混合物随流动相经过凝胶层析柱时，其中各组分按其分子大小不同而被分离的技术。1959 年 Porath 和 Flodin 首次用一种多孔聚合物——交联葡聚糖凝胶作为柱填料，分离水溶液中不同相对分子质量的样品，称为凝胶过滤。1964 年 Moore 制备了具有不同孔径的交联聚苯乙烯凝胶，能够进行有机溶剂中的分离，称为凝胶渗透层析（流动相为有机溶剂的凝胶层析一般称为凝胶渗透层析）。随后这一技术得到不断的完善和发展，目前广泛地应用于生物化学、分子生物学和高分子化学等领域。

凝胶层析是生物化学和分子生物学研究中的一种常用分离手段，该法设备简单、操作方便、重复性好、样品回收率高，除常用于分离纯化蛋白质、核酸、多糖、激素等物质外，还可用于测定蛋白质的相对分子质量，以及样品的脱盐和浓缩等。由于整个层析过程中一般不变换洗脱液，犹如过滤一样，故又称凝胶过滤。

1. 基本原理

凝胶层析是依据分子大小这一物理性质进行分离纯化的。凝胶层析原理如图 1-3 所示。凝胶层析的固定相是惰性的球状凝胶颗粒，凝胶颗粒的内部具有立体网状结构，形成很多孔穴。当含有不同大小分子组分的样品进入凝胶层析柱后，各个组分就向固定相的孔穴内扩散，组分的扩散程度取决于孔穴的大小和组分分子的大小。比孔穴孔径大的分子不能扩散到孔穴内部，完全被排阻在孔外，只能在凝胶颗粒外的空间随流动相向下流动，它们经历的流程短，流动速度快，所以首先流出，而较小的分子则可以完全渗透进入凝胶颗粒内部，经历的流程长，流动速度慢，所以最后流出；而分子大小介于二者之间的分子在流动中部分渗透，渗透的程度取决于它们分子的大小，所以它们流出的时间介于二者之间，分子越大的组分越先流出，分子越小的组分越后流出。这样样品经过凝胶层析后，各个组分便按分子从大到小的顺序依次流出从而达到分离的目的。

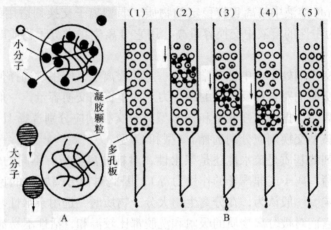

图1-3　凝胶层析的原理

A. 小分子由于扩散作用进入凝胶颗粒内部而滞留，大分子被排阻在凝胶颗粒外面，在颗粒之间迅速通过

B. (1)蛋白质混合物上柱；(2)洗脱开始，小分子扩散进入凝胶颗粒内，大分子被排阻在凝胶颗粒之外；(3)小分子被滞留，大分子向下移动；(4)大、小分子开始分离；(5)大分子行程较短，已洗脱出层析柱，小分子尚在进行中

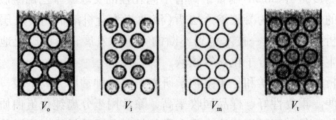

图1-4　凝胶层析中各个体积示意图

如图1-4所示，分子筛层析柱的总床体积(V_t)由三部分组成：凝胶颗粒之间液体的体积(外水体积)V_o；颗粒内所含的液体体积(内水体积)V_i；凝胶颗粒本身的体积V_m，即：

$$V_t = V_o + V_i + V_m$$

由于V_m相对很小，可以忽略不计，所以：

$$V_t = V_o + V_i$$

分配系数是指某个组分在固定相和流动相中的浓度比。对于凝胶层析，分配系数实质上表示某个组分在内水体积和外水体积中的浓度分配关系。设洗脱体积为V_e，分配系数为K_d，则：

$$V_e = V_o + K_d V_i$$

$$K_d = (V_e - V_o)/V_i$$

当 $K_d = 0$ 时，$V_e = V_o$，即溶质分子完全不能进入凝胶颗粒内，被排阻于颗粒网孔之外而最先被洗脱下来；当 $K_d = 1$ 时，溶质分子完全向颗粒内扩散，在洗脱过程中将最后流出柱外。一般情况一下，$0 < K_d < 1$。

在实际操作时，V_o 的测定可采用一个相对分子质量远超过凝胶排阻限值的有色大分子(常用蓝葡聚糖-2000)溶液通过柱床，其洗脱液体积即等于 V_o。V_i 的测定则可选用一个自由扩散的小分子(如中性盐)通过柱床，此时 $K_d = 1$，则 $V_i = V_e - V_o$。在有些情况下，由于 V_i 不易准确测定，可以把整个凝胶都作为固定相，此时分配系数以 K_{av} 表示。

K_d 或 K_{av} 是一种物质洗脱行为的特征性常数，可用来精确判断混合物中某一被分离物质在一指定凝胶层析柱内洗脱所需要的液量及洗脱次序的先后。

2. 常用凝胶的类型及应用选择

(1)凝胶的类型及性质

层析用的凝胶都是三维空间的网状高聚物，有一定的孔径和交联度。它们不溶于水，但在水中有较大的膨胀度，具有良好的分子筛功能。它们可分离的分子大小的范围广，相对分子质量在 $10^2 \sim 10^8$ 之间。在柱层析分离中常用的凝胶有以下几类。

①葡聚糖凝胶　葡聚糖凝胶是指由天然高分子——葡聚糖与其他交联剂交联而成的凝胶。常见的有两大类，商品名分别为 Sephadex 和 Sephacryl。

葡聚糖中最常见的是 Sephadex 系列，它是由葡聚糖和 3-氯-1,2-环氧丙烷(交联剂)以醚键相互交联而形成的具有三维空间多孔网状结构的高分子化合物。交联葡聚糖凝胶，按其交联度大小分成 8 种型号(表1-4)。交联度越大，网状结构愈紧密，孔径越小，吸水膨胀就愈小，故只能分离相对分子质量较小的物质；而交联度越小，孔径就越大，吸水膨胀大，则可分离相对分子质量较大的物质。各种型号是以其吸水量(每克干胶所吸收的水的质量)的 10 倍命名，如 Sephadex G-25 表示该凝胶的吸水量为每克干胶能吸 2.5g 水。在 Sephadex G-25 及 Sephadex G-50 中分别引入羟丙基基团，即可构成 LH 型烷基化葡聚糖凝胶。葡聚糖凝胶在水溶液、盐溶液、碱溶液、弱酸溶液和有机溶剂中较稳定，可以多次重复使用，但当暴露于强酸或氧化剂溶液中时，则易使糖苷键水解断裂。Sephadex 稳定工作的 pH 一般为 2~10，强酸溶液和氧化剂会使交联的糖苷键水解断裂，所以要避免 Sephadex 与强酸和氧化剂接触。葡聚糖凝胶悬浮液能耐高温，用 120℃消毒 30min 而不改变其性质。如要在室温下长期保存，应加入适量防腐剂，如氯仿、叠氮钠等，以免微生物生长。

葡聚糖凝胶由于有羧基基团，故能与被分离物质中的电荷基团(尤其是碱性蛋白质)发生吸附作用，但可借助提高洗脱液的离子强度得以克服。因此在进行凝胶层析时，常用含有 NaCl 的缓冲溶液作洗脱液。葡聚糖凝胶可用于分离蛋白质、核酸、酶、多糖、多肽、氨基酸、抗菌素，也可用于高分子物质样品的脱盐及测定蛋白质的相对分子质量。

表 1-4　Sephadex 系列各型号交联葡聚糖的性能

型号	颗粒大小（数目）	干胶吸水量（mL/g 干胶）	干胶溶胀度（mL/g 干胶）	溶胀时间(20~25℃)（h）	分离范围(蛋白质,相对分子质量)
G-10	100~200	1.0±0.1	2~3	3	至 700
G-15	120~200	1.5±0.2	2.5~3.5	3	至 1500
G-25		2.5±0.2	4~6	3	1000~1500
	50~100				
	100~200				
	200~400				
	>400				
G-50		5.0±0.3	9~11	3	1500~30 000
	50~100				
	100~200				
	200~400				
G-75		7.5±0.5	12~15	24	3000~70 000
	120~200				
	10~40μm				
G-100		10.0±1.0	15~20	72	4000~150 000
	120~200				
	10~40μm				
G-150		15.0±1.5	20~30	72	5000~400 000
	120~200				
	10~40μm				
G-200		20.0±2.0	30~40	72	5000~800 000
	120~200				
	10~40μm				

　　Sephacryl 是由葡聚糖与亚甲基双丙烯酰胺交联而成,是一种比较新型的葡聚糖凝胶。Sephacryl 的优点就是它的分离范围很大,排阻极限甚至可以达到 10^8,远远大于 Sephadex 的范围。所以它不仅可以用于分离一般蛋白质,也可以用于分离蛋白多糖、质粒、甚至较大的病毒颗粒。Sephacryl 与 Sephadex 相比另一个优点就是它的化学和机械稳定性更高。Sephacryl 在各种溶剂中很少发生溶解或降解现象,可以用各种去污剂、胍、脲等作为洗脱液,耐高温,Sephacryl 稳定工作的 pH 一般为 3~11。另外 Sephacryl 的机械性能较好,可以以较高的流速洗脱,比较耐压,分辨率也较高,所以 Sephacryl 相比 Sephadex 可以实现相对比较快速而且较高分辨率的分离。

　　②聚丙烯酰胺凝胶　它是由丙烯酰胺与交联剂亚甲基双丙烯酰胺交联聚合而成的。改变单体(丙烯酰胺)的浓度,即可获得不同吸水率的产物。聚丙烯酰胺凝胶的商品名称为 Bio-gel P。该凝胶多制成干性珠状颗粒剂型,使用前必须溶胀。聚丙烯酰胺凝胶在水溶液、一般的有机溶液和盐溶液中都比较稳定。聚丙烯酰胺凝胶在酸中的稳定性较好,在 pH 为 1~10 之间比较稳定。但在较强的碱性

条件下或较高的温度下，聚丙烯酰胺凝胶易发生分解。聚丙烯酰胺凝胶亲水性强，基本不带电荷，所以吸附效应较小。另外，聚丙烯酰胺凝胶不会像葡聚糖凝胶和琼脂糖凝胶那样可能生长微生物。聚丙烯酰胺凝胶对芳香族、酸性、碱性化合物可能略有吸附作用，但使用离子强度略高的洗脱液就可以避免。

③琼脂糖凝胶　琼脂糖的商品名称有 Sepharose（瑞典）、Bio-gel A（美国）、Segavac（英国）、Gelarose（丹麦）等多种，因生产厂家不同名称各异。琼脂糖是由 D-半乳糖和 3,6 位脱水的 L-半乳糖连接构成的多糖链，在 100℃时呈液态，当温度下降至 45℃以下时，它们之间相互连接成线性双链单环的琼脂糖，再凝聚即呈琼脂糖凝胶。商品除 Segavac 外，都制备成珠状琼脂搪凝胶。琼脂糖凝胶按其浓度不同，分为 Sepharose 2B（浓度为 2%），Sepharose 4B（浓度为 4%）及 Sepharose 6B（浓度为 6%）。Sepharose 在 pH 为 4.0～9.0 范围内是稳定的，它在室温下的稳定性要超过一般的葡聚糖凝胶和聚丙烯酰胺凝胶。琼脂糖凝胶对样品的吸附作用很小。另外琼脂糖凝胶的机械强度和孔穴的稳定性都很好，一般好于前两种凝胶。在高盐浓度下，柱床体积一般不会发生明显变化，使用琼脂糖凝胶时洗脱速度比较快。琼脂糖凝胶的排阻极限很大，分离范围很广，适合于分离大分子物质，但分辨率较低。琼脂糖凝胶不耐高温，使用温度以 0～30℃为宜。琼脂糖凝胶在干燥状态下保存易破裂，故一般均存放在含防腐剂的水溶液中。Sepharose 与 1,3-二溴异丙醇在强碱条件下反应，即生成 CL 型交联琼脂糖，其热稳定性和化学稳定性均有所提高，可在广范 pH 溶液（pH 为 3～14）中使用。

④聚丙烯酰胺和琼脂糖交联凝胶　这类凝胶是由交联的聚丙烯酰胺和嵌入凝胶内部的琼脂糖组成的，商品名为 Ultragel。这种凝胶由于含有聚丙烯酰胺，所以有较高的分辨率；又含有琼脂糖，从而又有较高的机械稳定性，可以使用较高的洗脱速度。调整聚丙烯酰胺和琼脂糖的浓度可以使 Ultragel 有不同的分离范围。

⑤多孔硅胶、多孔玻璃珠　多孔硅胶和多孔玻璃珠都属于无机凝胶。它们就是将硅胶或玻璃制成具有一定直径的网孔状结构的球形颗粒。这类凝胶属于硬质无机胶，它们最大的特点是机械强度很高，化学稳定性好，使用方便而且寿命长。无机凝胶一般柱效较低，但微粒的多孔硅胶制成的 HPLC（高效液相色谱）柱也可以有很高的柱效，可以达到 4×10^4 塔板/m。多孔玻璃珠易破碎不能填装紧密，所以柱效相对较低。多孔硅胶和多孔玻璃珠的分离范围都比较宽，多孔硅胶一般为 $10^2 \sim 5 \times 10^6$，多孔玻璃珠一般为 $3 \times 10^3 \sim 9 \times 10^6$。它们最大的缺点是吸附效应较强（尤其是多孔硅胶），可能会吸附比较多的蛋白质，但可以通过表面处理和选择洗脱液来降低吸附。另外它们也不能用于强碱性溶液，一般使用时 pH 应小于 8.5。

各类凝胶技术近年来发展得很快，目前已研制出很多性能优越的新型凝胶。例如 Pharmacia Biotech 的 Superdex 和 Superose，Superdex 的分辨率非常高，化学、物理稳定性也很好，可以用于 FPLC（快速蛋白液相色谱）、HPLC 分析；而 Superose 的分离范围很广，分辨率较高，可以一次性地分离相对分子质量差异较大的混合物。同时它的机械稳定性也很好。

（2）柱层析凝胶的选择

在进行凝胶层析分离样品时，对凝胶的选择是必须考虑的重要方面。一般在选择使用凝胶时应注意以下问题：

①混合物的分离程度主要决定于凝胶颗粒内部微孔的孔径和混合物相对分子质量的分布范围。和凝胶孔径有直接关系的是凝胶的交联度。凝胶孔径决定了被排阻物质相对分子质量的下限。移动缓慢的小分子物质，在低交联度的凝胶上不易分离，大分子物质同小分子物质的分离宜用高交联度的凝胶。例如欲除去蛋白质溶液中的盐类时，可选用 Sephadex G – 25。

②凝胶的颗粒粗细与分离效果有直接关系。一般来说，细颗粒分离效果好，但流速慢；而粗颗粒流速快，但会使区带扩散，使洗脱峰变平而宽。因此，如用细颗粒凝胶宜用大直径的层析柱，用粗颗粒凝胶时宜用小直径的层析柱。在实际操作中，要根据工作需要，选择适当的颗粒大小并调整流速。

选择合适的凝胶种类以后，再根据层析柱的体积和干胶的溶胀度，计算出所需干胶的用量，其计算公式如下：

$$干胶用量/g = \pi r^2 / 溶胀度（柱床体积/g 干胶）$$

考虑到凝胶在处理过程中会有部分损失，用上式计算得出的干胶用量应再增加 10% ~ 20%。

3. 影响凝胶层析的主要因素

（1）柱长的影响

层析柱是凝胶层析中的主要部件，柱的长短、粗细对层析效果都会产生直接的影响。在实际工作中，常常通过系统实验来选择规格合适的层析柱。为了满足高分辨率的需要，通常采用 L/D（长度/直径）比值高的柱子。但必须指出，增高柱长虽然能提高分辨率，但会影响流速和增加样品的稀释度。同样高度的层析柱，由于管壁效应的影响，直径大些的分辨率高。在分析工作中，由于样品量少的限制，可采用直径较小的柱子。在制备工作中，可采用较大直径的柱子以增加容量，这不会明显影响分辨率。

L/D 比值的选择与凝胶的性质也有关系。交联度小的凝胶柱不宜细而长，不然从装柱开始，在操作上有一系列困难。

（2）样品体积的影响

样品的上柱体积对凝胶层析的效果有影响，往往根据层析目的，确定样品的上柱体积。分析工作一般所用样品体积为柱床体积的 1% ~ 4%。制备分离时，一般样品体积可达柱床体积的 25% ~ 30%，这样，样品的稀释程度小，柱床体积的利用率高。

在凝胶层析中，样品的上柱体积，习惯上根据相邻两种物质洗脱体积之差来确定。相邻两种物质洗脱体积的差值称之为分离体积（V_{sep}）：

$$V_{sep} = V_{e1} - V_{e2}$$

式中：V_{e1}、V_{e2}——两种相邻不同物质的洗脱体积。

当样品体积等于或大于分离体积时，两个相邻的组分不能完全分离。只有当样品体积适当小于分离体积时，两个相邻组分才能得到有效分离。所以样品体积必须小于分离体积才能得到较好的层析效果。

（3）操作压的影响

在凝胶层析中，流速是影响分离效果的重要因素之一，所以洗脱时应维持流速的恒定。流速又与洗脱液加在柱上的压力有密切关系，就是说，恒定的操作压是恒流的先决条件。向密封贮存洗脱液的瓶子中插入一根空心玻璃管，从玻璃管下端到洗脱液出口这一段高度即液位差，维持液位差的恒定，即可达到恒压目的。机械强度高的凝胶，如 G－50 以下的葡聚糖凝胶，对操作压不甚敏感，因此流速和操作压基本上呈正比关系。机械强度低的凝胶。如 G－75 以上的葡聚糖凝胶，情况就不一样了，层析柱床受操作压的影响极为明显。增加压力虽能短暂地提高流速，但随时间的延长，因凝胶被压紧而使流速降低，严重时会使层析柱床堵塞。

用机械泵控制操作压比较稳定，但层析时间较长时，必须控制在凝胶所能承受的最大压力范围内，否则，将会因层析柱床压得过紧而严重影响流速。

（五）亲和层析

亲和层析（affinity chromatography），又称为功能层析（function chromatography）、选择层析（selective chromatography）和生物专一吸附（biaspecific absorption）。它是在一种特制的具有专一吸附能力的吸附剂上进行的层析。

1. 基本原理

生物大分子具有与其相应的专一分子可逆结合的特性，如酶的活性中心或别构中心能通过某些次级键与专一的底物、抑制剂、辅助因子和效应剂相结合，并且结合后可在不丧失生物活性的情况下用物理或化学的方法解离。其他如抗体与抗原、激素与其受体、核糖核酸与其互补的脱氧核糖核酸等体系，也都具有类似特性。这种生物大分子和配基之间形成专一的可解离的复合物的能力称之为亲和力。亲和层析的方法就是根据这种具有亲和力的生物分子间可逆地结合和解离的原理建立和发展起来的。用化学方法把一种酶的底物或抑制剂接到固体支持物上（例如琼脂糖 Sepharose 4B）制成专一吸附剂，并用这种吸附剂装一根层析柱，将含有这种酶的样品溶液通过该层析柱，理想的情况下该酶便被吸附在层析柱上，而其他的蛋白质则不被吸附，全部通过层析柱流出。然后，再用适当的缓冲液将欲分离的酶从层析柱上洗脱下来。通过这样简单的层析操作便可得到欲分离酶的纯品。为了简单说明亲和层析的原理，将这种方法的基本过程归纳如图 1-5 所示。

2. 配基和载体的选择

由图 1-5 可知，要进行亲和层析，首先要有一个合适的配基。这个配基在一定的条件下，能与待分离的生物大分子进行专一结合，在适当条件下又可重新解离；其次要有一个合适载体，这个载体和相应配基的偶联不致影响配基与相应生物大分子专一结合的特性。

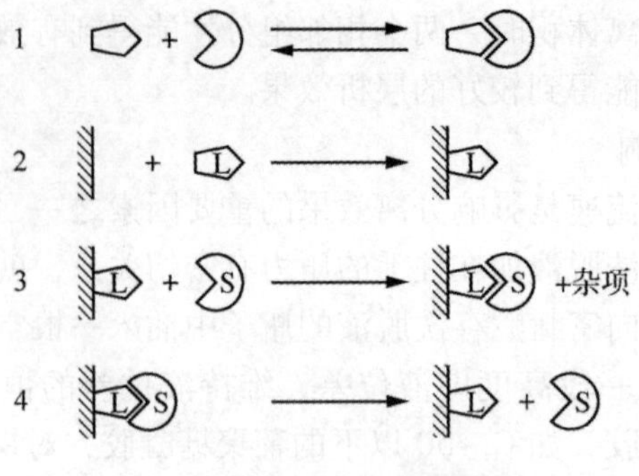

图 1-5　亲和层析的基本过程
1. 一对可逆结合的生物分子；2. 载体与配基偶联；
3. 亲和吸附层析；4. 洗脱样品

（1）配基（ligand）的选择

将一对能可逆结合和解离生物分子的一方与水不溶性载体相偶联制成亲和吸附剂，这样一对生物分子中，被偶联上的一方就叫做配基。配基可以是较小的分子，例如，辅酶、辅基和别构酶的效应剂，也可以是大分子，例如酶的抑制剂和抗体等。在亲和层析中，生物大分子的配基必须具备下列条件：在一定条件下，能和欲分离的生物大分子进行专一性结合，而且亲和力越大越好，如果配基是酶的底物或抑制剂，则其和酶所形成复合物的解离常数 K_A 或抑制常数 K_i 越小越好；配基和生物大分子结合后，在一定条件下又能解离，而且不能破坏生物大分子的生物活性；配基上必须含有适当的化学基团，以便用化学方法将其偶联到载体上，偶联后不致影响配基和欲分离生物大分子的专一结合。

在亲和层析中，配基选择是否合适是实验成败的关键。一般来说，根据欲分离的生物大分子在溶液中与一些物质作用亲和力的大小和专一性的情况进行选择。但是，在相当多的情况下，要得到一种理想的亲和配基，仍需做大量的实验进行筛选。在实际工作中，究竟选择哪一种物质作配基，要根据分离对象和实验的具体情况而定。纯化酶选择酶的竞争性抑制剂、底物、辅酶和效应剂作配基。纯化酶的抑制剂选择相应的酶作配基。纯化能结合维生素的蛋白质，选择与其专一结合的维生素作配基。纯化激素受体蛋白，选择相应的激素作配基。如果欲分离纯化的肽或其他小分子化合物对某一生物大分子化合物具有专一结合的特性和较高的亲和力，则可选择该生物大分子作配基。纯化核酸可以根据核酸与蛋白质的相互作用，脱氧核糖核酸分子中不同互补链之间、DNA 和 RNA 之间杂合作用的关系选择合适的配基。

（2）载体的选择

进行亲和层析不仅要有一个合适的配基，而且还要有一个合适的载体。亲和层析的载体多为凝胶。几乎所有的天然大分子化合物和合成的高分子化合物，在适当的液体中都可能形成凝胶。用于亲和层析的理想载体应该具有下列特性：不溶于水而高度亲水，在这样的载体上的配基易与水溶液中的亲和物接近；必须是化学惰性的，同时要没有物理吸附和离子交换等非专一性吸附，或者这样的吸附很微弱，不致影响亲和层析；必须有足够数量的化学基团，这些化学基团经用化学方法活化之后，能在较温和的条件下与大量的配基偶联；有较好的物理和化学的稳定性，在配基固定化和进行亲和层析时所采用的各种 pH、离子强度、温度、变性剂和去污剂的条件下，其物理化学结构不致破坏；具有稀松的多孔网状结构，能使大分子自由通过，从而增加配基的有效浓度；具有良好的机械性能，最好是均一的珠状颗粒。这样的载体制成的层析柱亲和性能有较好的流速，适合于层析要求。

亲和层析中使用的载体种类较多，主要有：琼脂糖凝胶和交联琼脂糖凝胶、聚丙烯酰胺凝胶、葡聚糖凝胶、聚丙烯酰胺-琼脂糖凝胶（ACA）、纤维素和多孔玻璃，其中较为理想、使用最广泛的是珠状琼脂糖。以上凝胶的特性、化学结构和商品名等内容已在离子交换层析和凝胶层析中作了介绍，这里不再重复。

二、电泳技术

（一）电泳发展的历史

带电颗粒在电场作用下，向着与其电性相反的电极移动的现象，称为电泳（electrophoresis，EP）。

1809 年俄国物理学家 Peňce 首次发现电泳现象，他在湿黏土中插上带玻璃管的正负两个电极，加电压后发现正极玻璃管中原有的水层变混浊，即带负电荷的黏土颗粒向正极移动，这就是电泳现象。1909 年 Michaelis 首次将胶体离子在电场中的移动称为电泳。他用不同 pH 的溶液在 U 形管中测定了转化酶和过氧化氢酶的电泳移动和等电点。随后，许多学者对电泳问题进行了研究，但由于条件限制，进展非常缓慢，直到 30 年代才真正获得突破。

1937 年瑞典人 Tiselius 对电泳仪器做了改进，创造了世界上第一台自由电泳仪，建立了"移界电泳法"（moving boundary EP），并首次证明了血清是由白蛋白及 α、β、γ-球蛋白组成的，Tiselius 由于在电泳技术方面做出的开拓性贡献而获得了 1948 年的诺贝尔化学奖。1948 年 Wieland 和 Fischer 重新发展了以滤纸作为支持介质的电泳方法，对氨基酸的分离进行了研究。

由于"移界电泳法"电泳时自由溶液受热后发生密度变化，产生对流，使区带扰乱，分辨率不高；加之 Tiselius 电泳仪价格昂贵，不利于推广。20 世纪 50 年代，许多科学家着手改进电泳仪，寻找合适的电泳支持介质，先后找到滤纸、醋酸纤维素薄膜、淀粉及琼脂糖作为支持物。60 年代，Davis 等科学家利用聚丙烯酰胺凝胶作为电泳支持物，在此基础上发展了 SDS-聚丙烯酰胺凝胶电泳、等电聚焦电泳、双向电泳和印迹转移电泳等技术。这些技术具有设备简单、操作方便、分辨率高等优点。分离后的物质可进行染色、紫外吸收、放射自显影、生物活性测定等。由 80 年代发展起来的新的毛细管电泳技术，是化学和生化分析鉴定技术的重要新发展，已受到人们的高度重视。

目前，随着电泳技术种类和应用在深度和广度的迅速发展，电泳已广泛用于生物化学和分子生物学以及与其相关的医学、农、林、牧、渔、制药及某些工业分析中,成为分离、鉴定生物大分子及分析蛋白质、核酸、酶、细胞等的重要手段。

(二)电泳装置

电泳装置主要包括两个部分:电源和电泳槽。电源提供直流电,在电泳槽中产生电场,驱动带电分子的迁移。电泳槽可以分为水平式和垂直式两类。垂直板式电泳是较为常见的一种,常用于聚丙烯酰胺凝胶电泳中蛋白质的分离。电泳槽中间是夹在一起的两块玻璃板,玻璃板两边由塑料条隔开,在玻璃平板中间制备电泳凝胶,凝胶的大小通常是 12cm × 14cm,厚度为 1 ~ 2mm。近年来新研制的电泳槽,胶面更小、更薄,以节省试剂和缩短电泳时间。制胶时在凝胶溶液中放一个塑料梳子,在胶聚合后移去,形成上样品的凹槽。

水平式电泳槽是凝胶铺在水平的玻璃或塑料板上,用一薄层湿滤纸连接凝胶和电泳缓冲液,或将凝胶直接浸入缓冲液中。由于 pH 的改变会引起带电分子电荷的改变,进而影响其电泳迁移的速度,所以电泳过程应在适当的缓冲液中进行,缓冲液可以保持待分离物的带电性质的稳定。

(三)电泳的基本原理

1. 电荷来源与等电点概念

任何物质由于其本身的解离作用或表面上吸附其他带电质点,在电场中便会向一定的电极移动。作为带电颗粒可以是小的离子,也可是生物大分子,如蛋白质、核酸、病毒颗粒、细胞器等。因为蛋白质分子是由氨基酸组成的,而氨基酸带有可解离的氨基($-NH_3^+$)和羧基($-COO^-$),是典型的两性电解质,在一定的 pH 条件下就会解离而带电。带电的性质和多少取决于蛋白质分子的性质及溶液的 pH 和离子强度。在某一 pH 条件下,蛋白质分子所带的正电荷数恰好等于负电荷数,即净电荷等于零,此时蛋白质质点在电场中不移动,溶液的这一 pH,称为该蛋白质的等电点(isoelectric point,以 pI 表示)。如果溶液的 pH 大于 pI,则蛋白质分子会解离出 H^+ 而带负电,向正极移动。如果溶液的 pH 小于 pI,则蛋白质分子结合一部分 H^+ 而带正电,此时蛋白质分子在电场中向负极移动。

2. 泳动度

不同的带电颗粒在同一电场的运动速度不同,其泳动速度用迁移率(或称泳动度,mobility)来表示。泳动度指带电颗粒在单位电场强度下的泳动速度,可以用以下公式计算:

$$U = \frac{v}{E} = \frac{d/t}{V/l} = \frac{dl}{Vt}$$

式中:U——泳动度,$cm^2/(V \cdot s)$;

　　　v——颗粒泳动速度,cm/s;

　　　E——电场强度,V/cm;

　　d——颗粒泳动的距离，cm；

　　l——滤纸的有效长度，即滤纸与两极溶液交界面间的距离，cm；

　　V——实际电压，V；

　　t——通电时间，s。

　　带电颗粒在电场中的泳动速度与本身所带净电荷的数量、颗粒大小和形状有关。一般说来，所带的净电荷数量愈多，颗粒愈小，愈接近球形，则在电场中的泳动速度愈快；反之则慢。已知一被分离的球形分子在电场中所受的力 F 为：

$$F = EQ$$

式中：E——电场强度，即每厘米支持物的电位降；

　　　　Q——被分离物所带净电荷。

　　根据 Stoke 定律，一球形分子在液体中泳动所受的阻力 F' 为：

$$F' = 6\pi r\eta v$$

式中：r——球状分子的半径；

　　　　η——缓冲液黏度；

　　　　v——电泳速度。

　　当平衡时，$F = F'$，则：

$$EQ = 6\pi r\eta v$$

$$v = \frac{EQ}{6\pi r\eta}$$

　　又 $U = \dfrac{v}{E}$，得

$$U = \frac{Q}{6\pi r\eta}$$

　　由上式可见泳动度与球形分子半径、介质黏度、颗粒所带电荷有关。

　　3. 影响电泳的外界因素

　　由泳动度的公式可以看出，影响电泳分离的因素很多，下面讨论一些主要的影响因素。

　　(1) 待分离生物大分子的性质

　　待分离生物大分子所带的电荷、分子大小和性质都会对电泳有明显影响。一般来说，分子所带的电荷量越大、直径越小、形状越接近球形，其电泳迁移速度越快。

　　(2) 缓冲液的性质

　　缓冲液的 pH 会影响待分离生物大分子的解离状态，从而对其带电性质产生影响，溶液 pH 距离其等电点愈远，其所带净电荷量就越大，电泳的速度也就越快，尤其对于蛋白质等两性分子，缓冲液 pH 还会影响到其电泳方向，当缓冲液 pH 大于蛋白质分子的等电点，蛋白质分子带负电荷，其电泳的方向是指向正极。为了保持电泳过程中待分离生物大分子的电荷以及缓冲液 pH 的稳定性，缓冲液通常要保持一定的离子强度，离子强度过低，则缓冲能力差，但如果离子强度过

高，会在待分离分子周围形成较强的带相反电荷的离子扩散层，由于离子扩散层与待分离分子的移动方向相反，它们之间产生了静电引力，从而引起电泳速度降低。另外缓冲液的黏度也会对电泳速度产生影响。

（3）电场强度

电泳中电场强度越大，电泳速度越快。但增大电场强度会引起通过介质的电流强度增大，而造成电泳过程产生的热量增大。电流所做的功绝大部分转换为热，从而引起介质温度升高，这会对电泳过程造成很多影响，主要包括：样品和缓冲离子扩散速度增加，引起样品分离带的加宽；产生对流，引起待分离物的混合；如果样品对热敏感，会引起蛋白质变性；引起介质黏度降低、电阻下降等。由于电泳中产生的热是由中心向外周散发的，所以介质中心温度一般要高于外周，尤其是管状电泳，由此引起中央部分介质相对于外周部分黏度下降，摩擦系数减小，电泳迁移速度增大，由于中央部分的电泳速度比边缘快，所以电泳分离带呈弓型。降低电流强度，可以减小产生的热，但会延长电泳时间，引起待分离生物大分子扩散的增加而影响分离效果。所以电泳实验中要选择适当的电场强度，同时可以适当冷却降低温度以获得较好的分离效果。

（4）电渗

液体在电场中，对于固体支持介质的相对移动，称为电渗现象。由于支持介质表面可能会存在一些带电基团，如滤纸表面通常有一些羧基，琼脂糖可能会含有一些硫酸基，而玻璃表面通常有 Si—OH 基团等。这些基团电离后会使支持介质表面带电，吸附一些带相反电荷的离子，在电场的作用下向电极方向移动，形成介质表面溶液的流动，这种现象就是电渗。在 pH 值高于 3.0 时，玻璃表面带负电，吸附溶液中的正电离子，引起玻璃表面附近溶液层带正电荷，在电场的作用下，向负极迁移，带动电极液产生向负极的电渗流。如果电渗方向与待分离分子电泳方向相同，可加快电泳速度；如果相反，则降低电泳速度。

（5）支持介质的筛孔

支持介质的筛孔大小对待分离生物大分子的电泳迁移速度有明显的影响。待分离生物大分子在筛孔大的介质中泳动速度快，反之，泳动速度慢。

近年兴起的毛细管电泳可不用支持物，并可和检测装置连接使用。此外，借助两性电解质的等电聚焦，电泳和免疫技术结合的免疫电泳，也是电泳的常用技术。

（四）电泳的分类

1. 按其分离的原理不同分类

①区带电泳（zone EP，ZEP）　电泳过程中，待分离的各组分分子在支持介质中被分离成许多条明显的区带，这是当前应用最为广泛的电泳技术。

②移界电泳（moving boundary EP，MBEP）　是在 U 形管中进行电泳，无支持介质，因而分离效果差，现已被其他电泳技术所取代。

③等速电泳（isotachophoresis，ITP）　需使用专用电泳仪，当电泳达到平衡

后，各电泳区带相随，分成清晰的界面，并以等速向前运动。

④等电聚焦电泳(isoelectric focusing，IEF) 由两性电解质在电场中自动形成pH梯度，当被分离的生物大分子移动到各自等电点的pH处聚集成很窄的区带。

后两种电泳中，带电颗粒在电场作用下电迁移一定时间后达到一个稳定状态，此后，电泳区带的宽度保持不变。也称稳态电泳(steady state EP)。

2. 按支持介质的不同分类

①纸电泳；

②醋酸纤维薄膜电泳；

③琼脂糖凝胶电泳；

④聚丙烯酰胺凝胶电泳(PAGE)；

⑤SDS—聚丙烯酰胺凝胶电泳(SDS-PAGE)。

3. 按支持介质形状不同分类

①薄层电泳；

②板电泳；

③柱电泳。

4. 按用途不同分类

①分析电泳；

②制备电泳；

③定量免疫电泳；

④连续制备电泳。

5. 按所用电压不同分类

①低压电泳100~500V，电泳时间较长，适于分离蛋白质等生物大分子。

②高压电泳1000~5000V，电泳时间短，有时只需几分钟，多用于氨基酸、多肽、核苷酸和糖类等小分子物质的分离。

(五)几种常见的电泳简介

1. 纸电泳

纸电泳是用滤纸作支持介质的一种早期电泳技术。纸电泳使用水平电泳槽，分离氨基酸和核苷酸时常用pH=2.0~3.5的酸性缓冲液，分离蛋白质时常用碱性缓冲液。选用的滤纸必须厚度均匀，常用国产新华滤纸和进口的Whatman1号滤纸。点样位置是在滤纸的一端距纸边5~10mm处。样品可点成圆形或长条形，长条形的分离效果较好。点样量为5~100μg或5~10μL。点样方法有干点法和湿点法。湿点法是在点样前即将滤纸用缓冲液浸湿，样品液要求较浓，不宜多次点样。干点法是在点样后再用缓冲液和喷雾器将滤纸喷湿，点样时可用吹风机吹干后多次点样，因而可以用于较稀的样品。

电泳完毕记下滤纸的有效使用长度，然后烘干，用显色剂显色。定量测定的方法有洗脱法和光密度法。洗脱法是将确定的样品区带剪下，用适当的洗脱剂洗脱后进行比色或分光光度测定。光密度法是将染色后的干滤纸用光密度计直接定量测定各样品电泳区带的含量。尽管纸电泳分辨率比凝胶介质要差，但由于其操作简单，所以仍有很多应用，特别是在血清样品的临床检测和病毒分析等方面有重要用途。

2. 醋酸纤维薄膜电泳

醋酸纤维薄膜电泳与纸电泳相似，只是换用了醋酸纤维薄膜作为支持介质。将纤维素的羟基乙酰化为醋酸酯，溶于丙酮后涂布成的有均一细密微孔的薄膜，其厚度为 0.1 ~ 0.15mm。

醋酸纤维薄膜电泳与纸电泳相比有以下优点：①醋酸纤维薄膜对蛋白质样品吸附极少，无"拖尾"现象，染色后蛋白质区带更清晰；②快速省时，由于醋酸纤维薄膜亲水性比滤纸小，吸水少，电渗作用小，电泳时大部分电流由样品传导，所以分离速度快，电泳时间短，完成全部电泳操作只需90min左右；③灵敏度高，样品用量少；血清蛋白电泳仅需2μL血清，点样量甚至少到0.1μL，仅含5μg的蛋白质样品也可以得到清晰的电泳区带；④应用面广，可用于那些纸电泳不易分离的样品，如胎儿甲种球蛋白、溶菌酶、胰岛素、组蛋白等；⑤醋酸纤维薄膜电泳染色后，用乙酸、乙醇混合液浸泡后可制成透明的干板，有利于光密度计和分光光度计扫描定量及长期保存。

由于醋酸纤维薄膜电泳操作简单、快速、价廉，目前已广泛用于分析检测血浆蛋白、脂蛋白、糖蛋白、胎儿甲种球蛋白、体液、脊髓液、脱氢酶、多肽、核酸及其他生物大分子，为心血管疾病、肝硬化及某些癌症鉴别诊断提供了可靠的依据，因而已成为医学和临床检验的常规技术。

3. 琼脂糖凝胶电泳

琼脂糖是从琼脂中提纯出来的，主要是由 D-半乳糖和 3，6-脱水-L-半乳糖连接而成的。加热煮沸至溶液变为澄清，注入模板后室温下冷却凝聚即成琼脂糖凝胶。琼脂糖之间以分子内和分子间氢键形成较为稳定的交联结构，这种交联的结构使琼脂糖凝胶有较好的抗对流性质。琼脂糖凝胶的孔径可以通过琼脂糖的最初浓度来控制，低浓度的琼脂糖形成较大的孔径，而高浓度的琼脂糖形成较小的孔径。尽管琼脂糖本身没有电荷，但一些糖基可能会被羧基、甲氧基特别是硫酸根不同程度地取代，使得琼脂糖凝胶表面带有一定的电荷，引起电泳过程中发生电渗以及样品和凝胶间的静电相互作用，影响分离效果。

琼脂糖凝胶可以用于蛋白质和核酸的电泳支持介质，尤其适合于核酸的提纯、分析。如浓度为1%的琼脂糖凝胶的孔径对于蛋白质来说是比较大的，对蛋白质的阻碍作用较小，这时蛋白质分子大小对电泳迁移率的影响相对较小，所以适用于一些忽略蛋白质大小而只根据蛋白质天然电荷来进行分离的电泳技术，如免疫电泳、平板等电聚焦电泳等。琼脂糖也适合于 DNA、RNA 分子的分离、分析。由于 DNA、RNA 分子通常较大，所以在分离过程中会存在一定的摩擦阻碍作用，这时分子的大小会对电泳迁移率产生明显影响。例如对于双链 DNA，电泳迁移率的大小主要与 DNA 分子大小有关，与碱基排列顺序及组成无关。另外，一些低熔点的琼脂糖(62 ~ 65℃)可以在65℃时熔化，因此其中的样品如 DNA 可以重新溶解到溶液中而回收。由于琼脂糖凝胶的弹性较差，难以从小管中取出，所以一般琼脂糖凝胶不适合于管状电泳。琼脂糖凝胶通常是制成水平式板状凝胶，用于等电聚焦、免疫电泳等蛋白质电泳以及 DNA、RNA 的分析，而垂直式电泳应用得相对较少。

4. 聚丙烯酰胺凝胶电泳

聚丙烯酰胺凝胶电泳简称为 PAGE，是以聚丙烯酰胺凝胶作为支持介质的电泳。聚丙烯酰胺凝胶是由单体的丙烯酰胺和亚甲基双丙烯酰胺聚合而成，这一聚合过程需要有自由基催化完成。常用的催化聚合方法有化学聚合和光聚合两种。化学聚合通常是加入催化剂过硫酸铵（AP）以及加速剂四甲基乙二胺（TEMED），由四甲基乙二胺催化过硫酸铵产生自由基。

由于自由基的作用使乙烯基一个接一个地聚合作用就形成丙烯酰胺长链，同时亚甲基双丙烯酰胺在不断延长的丙烯酰胺链间形成亚甲基键交联，从而形成交联的三维网状结构。氧气对自由基有清除作用，所以通常凝胶溶液聚合前要进行抽气。丙烯酰胺的另一种聚合方法是光聚合，催化剂是核黄素，核黄素在光照下能够产生自由基，催化聚合反应。一般光照 2~3h 即可完成聚合反应。

聚丙烯酰胺凝胶的孔径可以通过改变丙烯酰胺和亚甲基双丙烯酰胺的浓度来控制，丙烯酰胺的浓度可以在 3%~30% 之间。低浓度的凝胶具有较大的孔径，如 3% 的聚丙烯酰胺凝胶对蛋白质没有明显的阻碍作用，可用于平板等电聚焦或 SDS-聚丙烯酰胺凝胶电泳的浓缩胶，也可以用于分离 DNA；高浓度凝胶具有较小的孔径，对蛋白质有分子筛的作用，可以用于根据蛋白质的相对分子质量进行分离的电泳中，如 10%~20% 的凝胶常用于 SDS-聚丙烯酰胺凝胶电泳的分离胶。聚合后的聚丙烯酰胺凝胶的强度、弹性、透明度、黏度和孔径大小均取决于两个重要参数 T 和 C，T 是丙烯酰胺和亚甲基双丙烯酰胺两个单体的总浓度（%）。C 是与 T 有关的交联浓度（%）。

由于聚丙烯酰胺凝胶有突出的优点，因而四十年来得到广泛的应用，目前尚无更好的支持介质能够取代它。其主要的优点有：①可以随意控制胶浓度"T"和交联度"C"，从而得到不同的有效孔径，用于分离不同相对分子质量的生物大分子；②能把分子筛作用和电荷效应结合在同一方法中，达到更高的灵敏度（10^{-9}~10^{-12} mol/L）；③由于聚丙烯酰胺凝胶是由—C—C—键结合的酰胺多聚物，侧链只有不活泼的酰胺基—CO—NH$_2$，没有带电的其他离子基团，化学惰性好，电泳时不会产生"电渗"；④由于可以制得高纯度的单体原料，因而电泳分离的重复性好；⑤透明度好，便于照相和复印；⑥机械强度好，有弹性，不易碎，便于操作和保存；⑦无紫外吸收，不染色就可以用于紫外波长的凝胶扫描做定量分析；⑧还可以用作固定化酶的惰性载体。

5. SDS-聚丙烯酰胺凝胶电泳（SDS-PAGE）

SDS-聚丙烯酰胺凝胶电泳是最常用的定性分析蛋白质的电泳方法，特别是用于蛋白质纯度检测和测定蛋白质相对分子质量。

SDS-PAGE 是在要电泳的样品中加入含有 SDS 和 β-巯基乙醇的样品处理液，

SDS 为十二烷基磺酸钠，是一种阴离子表面活性剂，它可以断开分子内和分子间的氢键，破坏蛋白质分子的二级和三级结构，强还原剂 β-巯基乙醇可以断开半胱氨酸残基之间的二硫键，破坏蛋白质的空间结构。电泳样品加入样品处理液后，要在沸水浴中煮 3～5min，使 SDS 与蛋白质充分结合，以使蛋白质完全变性和解聚，并形成棒状结构。SDS 与蛋白质结合后使蛋白质-SDS 复合物上带有大量的负电荷，平均每两个氨基酸残基结合一个 SDS 分子，这时各种蛋白质分子本身的电荷完全被 SDS 掩盖。这样就消除了各种蛋白质本身电荷上的差异。样品处理液中通常还加入溴酚蓝染料，用于控制电泳过程。另外样品处理液中也可加入适量的蔗糖或甘油以增大溶液密度，使样品溶液可以沉入样品凹槽底部。制备凝胶时首先要根据待分离样品的情况选择适当的分离胶浓度，例如通常使用的 15% 的聚丙烯酰胺凝胶的分离范围是 10^4～10^5，相对分子质量小于 10^4 的蛋白质可以不受孔径的阻碍而通过凝胶，而相对分子质量大于 10^5 的蛋白质则难以通过凝胶孔径，这两种情况的蛋白质都不能得到分离。所以如果要分离较大的蛋白质，需要使用低浓度如 10% 或 7.5% 的凝胶(孔径较大)；而对于分离较小的蛋白质，使用较高浓度的凝胶(孔径较小)可以得到更好的分离效果。分离胶聚合后，通常在上面加上一层浓缩胶(约 1cm)，并在浓缩胶上插入样品梳，形成上样凹槽。浓缩胶是低浓度的聚丙烯酰胺凝胶，由于浓缩胶具有较大的孔径(丙烯酰胺浓度通常为3%～5%)，各种蛋白质都可以不受凝胶孔径阻碍而自由通过。浓缩胶通常 pH 值较低(通常 pH =6.8)，用于样品进入分离胶前将样品浓缩成很窄的区带。浓缩胶聚合后取出样品梳，上样后即可通电开始电泳。

(六)染色方法

经醋酸纤维薄膜、琼脂糖、聚丙烯酰胺凝胶电泳分离的各种生物分子须用染色法使其在支持物相应的位置上显示出谱带，从而检测其纯度、含量及生物活性。蛋白质、糖蛋白、脂蛋白、核酸和酶等均有不同的染色方法。

1. 蛋白质染色

用于蛋白质染色的染色液种类繁多，各种染色液染色原理不同，灵敏度各异。使用时可根据需要加以选择。常用的染色液主要有以下几种。

(1)氨基黑 10B

氨基黑 10B 的 λ_{max} =620～630nm，是酸性染料。其磺酸基与蛋白质反应构成复合盐，是最常用的蛋白质染料之一，但对 SDS-蛋白质染色效果不好。另外，氨基黑 10B 染不同蛋白质时，着色度不同、色调不一(有蓝、黑、棕等)，定量时误差较大，需要对各种蛋白质做出本身的蛋白质-染料量(吸收值)的标准曲线，更有利于定量测定。

(2)考马斯亮蓝 R – 250(CBBR – 250)

考马斯亮蓝 R – 250 的 λ_{max} =560～590nm。染色灵敏度比氨基黑 10B 高 5 倍，该染料是通过范德华力与蛋白质结合的，适用于 SDS 电泳微量蛋白质染色，但蛋白质浓度超过一定范围时，染色不符合比尔定律，做定量分析时要注意这点。

（3）考马斯亮蓝 G－250（CBBG－250）

考马斯亮蓝 G－250 的 $\lambda_{max} = 590 \sim 610nm$。染色灵敏度不如 CBBR－250，但比氨基黑 10B 高 3 倍。其优点是在三氯乙酸中不溶而成胶体，能选择地使蛋白质染色而几乎无本底色，所以常用于需要重复性和稳定性的染色，适用于定量分析。

这两种 CBB 染色法也有缺点，由于 CBB 用乙酸脱色时容易从蛋白质上洗脱下来，且不同蛋白质洗脱程度不同，因而影响光吸收扫描定量的结果。如染色时间不够时，浓带的两边着色较深而易造成人为的双带。在用 CBB 染色时，均用酸或醇固定蛋白质，但一些碱性蛋白质（如核糖核酸酶与鱼精蛋白）及低相对分子质量的蛋白质、组蛋白、激素等不能用酸或醇固定，相反它们还会从凝胶中洗脱下来。为解决这一问题，可将电泳后的凝胶放在含 0.11% CBBR－250 的 25% 乙醇及 6% 甲醛溶液中浸泡 1h，甲醛在氨基酸的氨基与 PAGE 的氨基之间形成亚甲基桥，从而把肽与凝胶连接在一起。对于含 SDS 的凝胶，可在含 3.5% 甲醛的染色液中染色 3h，脱色则需要在 3.5% 的甲醇及 25% 乙醇溶液中过夜。

（4）固绿（FG）

固绿的 $\lambda_{max} = 625nm$，是一种酸性染料。染色灵敏度不如 CBB，近似于氨基黑 10B，但能克服 CBB 在脱色时易溶解出来的缺点。

（5）荧光染料

丹磺酰氯（DNS-Cl）在碱性条件下与氨基酸、肽、蛋白质的末端氨基反应，使它们获得荧光性质，在波长 320nm 或 280nm 的紫外灯下，观察染色后的区带或斑点。蛋白质或多肽经丹磺酰氯磺酰化后并不影响电泳迁移率，而且丹磺酰氯磺酰化蛋白质分离后从凝胶上洗脱下来仍可进行肽的分析，不受蛋白酶干扰。在 SDS 存在下，也可用本法染色，将蛋白质溶解在含 10% SDS 的 0.1mol/L Tris-HCl-乙酸盐缓冲液（pH = 8.2）中，加入丙酮溶解的 10% 丹磺酰氯溶液，并用石蜡密封试管，50℃ 水浴保温 15min，再加入 β-巯基乙醇，使过量的丹磺酰氯溶解，这种混合物不经纯化就可电泳。

荧光胺（fluram）其作用与丹磺酰氯相似。由于自身及分解产物均不显示荧光，因此染色后没有荧光背景。只是由于引进了负电荷，会引起电泳迁移率的改变，但在 SDS 存在下这种电荷效应可忽略。近年来，荧光胺常用于双向电泳的蛋白质染色。

2-甲氧基-2,4-二端氨基产生反应而产生荧光。

1-苯胺基-8-萘磺酸（ANS）常用其镁盐，本身无色，但与蛋白质结合后，在紫外光下可见黄绿色荧光。

银染色法较 CBBR－250 灵敏 100 倍，其染色机制可能与摄影过程中 Ag^+ 的还原相似。

2. 糖蛋白染色

（1）过碘酸-Schiff 试剂

将凝胶放在 2.5g 过碘酸钠，86mL H_2O，10mL 冰乙酸，2.5mL 浓 HCl，1g

三氯乙酸的混合液中，轻轻振荡过夜。接着用10mL冰乙酸，1g三氯乙酸，90mL H_2O 的混合液漂洗8h，其目的是使蛋白质固定。再用 Schiff 试剂染色16h，最后用1g $KHSO_4$，20mL浓 HCl，980mL H_2O 的混合液漂洗2次，共2h。操作在4℃下进行，结果可在543nm处做微量光密度扫描，也可接着用氨基黑10B复染。

（2）阿尔辛蓝染色

凝胶在12.5%三氯乙酸中固定30min，用蒸馏水漂洗。放入1%过碘酸溶液（用3%乙酸配制）中氧化50min，用蒸馏水洗涤数次去除多余的过碘酸盐，再放入0.5%偏重亚硫酸钾中30min，还原剩余的过碘酸盐，再用蒸馏水洗涤。最后浸泡在0.5%阿尔辛蓝（用3%乙酸配制）染4h。

3. 脂蛋白染色

（1）油红O染色

将凝胶先置于平皿中，用5%乙酸固定20min，用 H_2O 漂洗吹干后，再用油红O应用液染色18h，在乙醇:水 =5:3的溶液中浸洗5min，最后用蒸馏水洗去底色。必要时可用氨基黑10B复染。

（2）苏丹黑B

将2g苏丹黑B加60mL吡啶和40mL乙酸酐混合，放置过液。再加3000mL蒸馏水，乙酰苏丹黑即析出。抽滤后再溶于丙酮中，将丙酮蒸发，得粉状乙酰苏丹黑。将其溶于无水乙醇中，使之成为饱和溶液，用前过滤。按样品总体积1/10量加入乙酰苏丹黑饱和液将脂蛋白预染后进行电泳。此染色法适用于琼脂糖电泳和 PAGE 脂蛋白的预染。

4. 核酸的染色

将凝胶先用三氯乙酸、甲酸-乙酸混合液、氯化高汞、乙酸、乙酸镧等固定，或者将有关染料与上述溶液配在一起，同时固定与染色。有的染色液可同时染 DNA 及 RNA，如 Stains-all、溴乙锭荧光染料等，也有 RNA、DNA 各自特殊的染色法。

（1）RNA 染色法

焦宁 Y 对 RNA 染色效果好，灵敏度高。脱色后凝胶本底颜色浅而 RNA 色带稳定，抗光且不易褪色。此染料最适浓度为0.5%。低于0.5%则 RNA 色带较浅，高于0.5%并不能增加对 RNA 染色效果。

甲苯胺蓝 O 最适浓度为0.7%，染色效果较焦宁 Y 稍差些。

次甲基蓝染色效果不如焦宁 Y 和甲苯胺蓝 O，检出灵敏度较差，一般在 5μg 以上；染色后 RNA 条带宽，且不稳定，时间长，易褪色。但次甲基蓝易得到，溶解性能好，所以较常用。

吖啶橙染色效果不太理想，本底颜色深，不易脱掉，但能区别单链或双链核酸（DNA、RNA），对双链核酸显绿色荧光（530nm），对单链核酸显红色荧光（640nm）。

荧光染料溴乙锭（EB）可用于观察琼脂糖电泳中的 RNA、DNA 带。EB 能插入核酸分子中碱基对之间，使 DNA 和 RNA 在紫外灯下显示较强的荧光。如将已染色的凝胶浸泡在 1mmol/L MgSO₄ 溶液中 1h，可以降低未结合的 EB 引起的背景荧光，对检测极少量的 DNA 有利。EB 染料具有下列优点：①操作简单，凝胶可用 1~0.5μg/mL 的 EB 染色，染色时间取决于凝胶浓度，低于 1% 琼脂糖的凝胶染 15min 即可，多余的 EB 不干扰在紫外灯下检测荧光，染色后不会使核酸断裂，因此可将染料直接加到核酸样品中，以便随时用紫外灯追踪检查；②灵敏度高，对 1ng RNA、DNA 均可显色。EB 染料是一种强烈的诱变剂，操作时应注意防护，应戴上聚乙烯手套。

（2）DNA 染色法

除了 EB 染色最常用外，还有以下几种方法：

①甲基绿　一般将 0.25% 甲基绿溶于 0.2mol/L pH = 4.1 的乙酸缓冲液中，用氯仿抽提至无紫色，将含 DNA 的凝胶浸入 1h 即可显色，此法适用于检测天然 DNA。

②Feulgen 染色　用此法染色前，应将凝胶用 1mol/L HCl 固定，然后用 Schiff 试剂在室温下染色，这是组织化学中鉴定 DNA 的方法。

③二苯胺　DNA 中的 α-脱氧核糖在酸性环境中与二苯胺试剂染色 1h，再在沸水浴中加热 10min，即可显示蓝色区带。此法可区分 DNA 和 RNA。

三、离心技术

离心技术在生物科学，特别是在生物化学和分子生物学研究领域，已得到十分广泛的应用，每个生物化学和分子生物学实验室都要装备多种型式的离心机。离心技术主要用于各种生物样品的分离和制备，生物样品悬浮液在高速旋转下，由于巨大的离心力作用，使悬浮的微小颗粒（细胞器、生物大分子的沉淀等）以一定的速度沉降，从而与溶液得以分离，而沉降速度取决于颗粒的质量、大小和密度。

（一）基本原理

1. 离心力

当一个粒子（生物大分子或细胞器）在高速旋转下受到离心力作用时，此离心力"F"定义为：

$$F = m \cdot a = m \cdot \omega^2 r$$

式中：a——粒子旋转的加速度；

m——沉降粒子的有效质量；

ω——粒子旋转的角速度；

r——粒子的旋转半径，cm。

2. 相对离心力

通常离心力常用地球引力的倍数来表示，因而称为相对离心力"RCF"，或者用数字乘"g"来表示，例如 $25\,000 \times g$，则表示相对离心力为 25 000。相对离心力是指在离心场中，作用于颗粒的离心力相当于地球重力的倍数，单位是重力加速度"g"（980cm/s^2），此时"RCF"相对离心力可用下式进行计算：

$$RCF = \frac{\omega^2 r}{980} \qquad \omega = \frac{2\pi(rpm)}{60}$$

$$RCF = 1.119 \times 10^{-5}(rpm)^2 r$$

由上式可见，只要给出旋转半径 r，则 RCF 和 rpm 之间可以相互换算。但是由于转头的形状及结构的差异，使每台离心机的离心管，从管口至管底的各点与旋转轴之间的距离是不一样的，所以在计算时规定旋转半径均用平均半径"r_{av}"代替。

$$r_{av} = (r_{min} + r_{max})/2$$

一般情况下，低速离心时常以转速"rpm"来表示，高速离心时则以"g"表示。计算颗粒的相对离心力时，应注意离心管与旋转轴中心的距离"r"不同，即沉降颗粒在离心管中所处位置不同，则所受离心力也不同。因此在报告超离心条件时，通常总是用地心引力的倍数"$\times g$"代替 r/min，因为它可以真实地反映颗粒在离心管内不同位置的离心力及其动态变化。科技文献中离心力的数据通常是指其平均值（RCF_{av}），即离心管中点的离心力。

为便于进行转速和相对离心力之间的换算，Dole 和 Cotzias 利用 RCF 的计算公式，制作了转速"rpm"、相对离心力"RCF"和旋转半径"r"三者关系的列线图，图式法比公式计算法方便。换算时，先在 r 标尺上取已知的半径和在 rpm 标尺上取已知的离心机转数，然后将这两点间划一条直线，与图中 RCF 标尺上的交叉点即为相应的相对离心力数值。若已知的转数值处于 rpm 标尺的右边，则应读取 RCF 标尺右边的数值，转数值处于 rpm 标尺左边，则应读取 RCF 标尺左边的数值。

3. 沉降系数

根据 1924 年 Svedberg 对沉降系数下的定义：单位离心力作用下待分离颗粒的沉降速度。计算公式为：

$$S = \frac{v}{\omega^2 \gamma} = \frac{d^2}{18}\left(\frac{\sigma - \rho}{\eta}\right)$$

式中，S 的单位为 s，为了纪念超离心的创始人 Svedberg，规定把沉降系数 $10 \sim 13$s 称为一个 Svedberg 单位（S），即 $1S = 10^{-13}$s。从上式中可看出：①当 $\sigma > \rho$，则 $S > 0$，待分离颗粒顺着离心力方向沉降；②当 $\sigma = \rho$，则 $S = 0$，待分离颗粒到达某一位置后达到平衡；③当 $\sigma < \rho$，则 $S < 0$，待分离颗粒逆着离心力方向上浮。

4. 沉降速度

沉降速度是指在强大离心力作用下，单位时间内颗粒沉降的距离。一个球形的颗粒的沉降速度不但取决于所提供的离心力，也取决于颗粒的密度和半径，以及悬浮介质的黏度。计算公式为：

$$v = \frac{dx}{dt} = \frac{d^2}{18}\left(\frac{\sigma - \rho}{\eta}\right)\omega^2 r$$

式中：r——球形粒子半径；

d——球形粒子直径；

η——流体介质的黏度；

σ——颗粒的密度;

ρ——介质的密度。

从上式可知,粒子的沉降速度与粒子直径的平方、粒子的密度和介质密度之差成正比,离心力场增大,粒子的沉降速度也增加。

5. 沉降时间

在实际工作中,常常遇到要求在已有的离心机上把某一种溶质从溶液中全部沉降分离出来的问题,这就必须首先知道用多大转速与多长时间可达到目的。沉降时间是指在某一介质中使一种颗粒从弯月面沉降到离心管底部所需要的离心时间。沉降时间和沉降速度成反比。公式为:

$$t = \frac{\eta}{\omega^2 d^2 (\sigma - \rho)} \ln \frac{R_{\max}}{R_{\min}}$$

6. 相对分子量

相对分子量由沉降系数(S) 按 Svedberg 公式来计算:

$$M_t = \frac{RTS}{D(1 - V\rho)}$$

式中:M_t——该分子不含水时的相对分子量;

R——气体常数;

T——热力学温度;

S——沉降系数;

ρ——溶剂密度;

V——分子微分比溶。

(二)离心设备

离心机可分为工业用离心机和实验用离心机。实验用离心机又分为制备性离心机和分析性离心机,制备性离心机主要用于分离各种生物材料,每次分离的样品容量比较大,分析性离心机一般都带有光学系统,主要用于研究纯的生物大分子和颗粒的理化性质,依据待测物质在离心力场中的行为(用离心机中的光学系统连续监测),能推断物质的纯度、形状和相对分子质量等。分析性离心机都是超速离心机。

1. 制备性离心机

制备性离心机可分为三类。

(1)普通离心机

最大转速 6000r/min 左右,最大相对离心力近 6000 × g,容量为几十毫升至几升,分离形式是固液沉降分离,转子有角式和外摆式,其转速不能严格控制,通常不带冷冻系统,于室温下操作,用于收集易沉降的大颗粒物质,如红细胞、酵母细胞等。这种离心机多用交流整流子电动机驱动,电机的碳刷易磨损,转速是用电压调压器调节的,起动电流大,速度升降不均匀,一般转头是置于一个硬质钢轴上的,因此精确地平衡离心管及内容物就极为重要,否则会损坏离心机。

（2）高速冷冻离心机

最大转速为 20 000 ~ 25 000r/min，最大相对离心力为 89 000 × g，最大容量可达 3L，分离形式也是固液沉降分离，转头配有各种角式转头、荡平式转头、区带转头、垂直转头和大容量连续流动式转头，一般都有制冷系统，以消除高速旋转转头与空气之间摩擦而产生的热量，离心室的温度可以调节和维持在 0 ~ 4℃，转速、温度和时间都可以严格准确地控制，并有指针或数字显示，通常用于微生物菌体、细胞碎片、大细胞器、硫铵沉淀和免疫沉淀物等的分离纯化工作，但不能有效地沉降病毒、小细胞器（如核蛋白体）或单个分子。

（3）超速离心机

转速可达 50 000 ~ 80 000r/min，相对离心力最大可达 510 000 × g，最著名的生产厂商有美国的贝克曼公司和日本的日立公司等，离心容量由几十毫升至 2L，分离的形式是差速沉降分离和密度梯度区带分离，离心管平衡允许的误差要小于0.1g。超速离心机的出现，使生物科学的研究领域有了新的扩展，它能使过去仅仅在电子显微镜下观察到的亚细胞器得到分级分离，还可以分离病毒、核酸、蛋白质和多糖等。

超速离心机主要由驱动和速度控制、温度控制、真空系统和转头四部分组成。超速离心机的驱动装置是由水冷或风冷电动机通过精密齿轮箱或皮带变速，或直接用变频感应电机驱动，并由微机进行控制，由于驱动轴的直径较细，因而在旋转时此细轴可有一定的弹性弯曲，以适应转头轻度的不平衡，而不致于引起震动或转轴损伤，除速度控制系统外，还有一个过速保护系统，以防止转速超过转头最大规定转速而引起转头的撕裂或爆炸，为此，离心腔用能承受此种爆炸的装甲钢板密闭。

温度控制是由安装在转头下面的红外线射量感受器直接并连续监测离心腔的温度，以保证更准确、更灵敏的温度调控，这种红外线温控比高速离心机的热电偶控制装置更敏感、更准确。

超速离心机装有真空系统，这是它与高速离心机的主要区别。离心机的速度在 2000r/min 以下时，空气与旋转转头之间的摩擦只产生少量的热，速度超过 20 000r/min 时，由摩擦产生的热量显著增大，当速度在 40 000r/min 以上时，由摩擦产生的热量就成为严重问题，为此，将离心腔密封，并由机械泵和扩散泵串联工作的真空泵系统抽成真空，温度的变化容易控制，摩擦力很小，这样才能达到所需的超高转速。

2. 转头

（1）角式转头

角式转头是指离心管腔与转轴成一定倾角的转头。它是由一块完整的金属制成的，其上有 4 ~ 12 个装离心管用的机制孔穴，即离心管腔，孔穴的中心轴与旋转轴之间的角度在 20°~ 40°之间，角度越大沉降越结实，分离效果越好。这种转头的优点是具有较大的容量，且重心低，运转平衡，寿命较长，颗粒在沉降时先沿离心力方向撞向离心管，然后再沿管壁滑向管底，因此管的一侧就会出现颗粒沉积，此现象称为"壁效应"，壁效应容易使沉降颗粒受突然变速所产生的对流扰乱，影响分离效果。

（2）荡平式转头

荡平式转头是由吊着的4或6个自由活动的吊桶（离心套管）构成。当转头静止时，吊桶垂直悬挂，当转头转速达到200~800r/min时，吊桶荡至水平位置，这种转头最适合做密度梯度区带离心，其优点是梯度物质可放在保持垂直的离心管中，离心时被分离的样品带垂直于离心管纵轴，而不像角式转头中样品沉淀物的界面与离心管成一定角度，因而有利于离心结束后由管内分层取出已分离的各样品带。其缺点是颗粒沉降距离长，离心所需时间也长。

（3）区带转头

区带转头无离心管，主要由一个转子桶和可旋开的顶盖组成，转子桶中装有十字形隔板装置，把桶内分隔成4个或多个扇形小室，隔板内有导管，梯度液或样品液从转头中央的进液管泵入，通过这些导管分布到转子四周，转头内的隔板可保持样品带和梯度介质的稳定。沉降的样品颗粒在区带转头中的沉降情况不同于角式和荡平式转头，在径向的散射离心力作用下，颗粒的沉降距离不变，因此区带转头的"壁效应"极小，可以避免区带和沉降颗粒的紊乱，分离效果好，而且还有转速高、容量大、回收梯度容易和不影响分辨率的优点，使超速离心机用于制备和工业生产成为可能。区带转头的缺点是样品和介质直接接触转头，耐腐蚀要求高，操作复杂。

（4）垂直转头

垂直转头的离心管是垂直放置的，样品颗粒的沉降距离最短，离心所需时间也短，适合用于密度梯度区带离心，离心结束后液面和样品区带要作90°转向，因而降速要慢。

（5）连续流动转头

连续流动转头可用于大量培养液或提取液的浓缩与分离，转头与区带转头类似，由转子桶和有入口和出口的转头盖及附属装置组成，离心时样品液由入口连续流入转头，在离心力作用下，悬浮颗粒沉降于转子桶壁，上清液由出口流出。

3. 离心管

离心管主要用塑料和不锈钢制成，塑料离心管常用材料有聚乙烯（PE）、聚碳酸酯（PC）、聚丙烯（PP）等，其中PP管性能较好。塑料离心管的优点是透明（或半透明），硬度小，可用穿刺法取出梯度。缺点是易变形，耐有机溶剂腐蚀性差，使用寿命短。

不锈钢管强度大，不变形，能耐热，耐冻，耐化学腐蚀。但用时也应避免接触强腐蚀性的化学药品，如强酸、强碱等。

塑料离心管都有管盖，离心前管盖必须盖严，倒置不漏液。管盖有三种作用：①防止样品外泄，用于有放射性或强腐蚀性的样品时，这点尤其重要；②防止样品挥发；③支持离心管，防止离心管变形。

4. 分析性离心机

分析性离心机使用了特殊设计的转头和光学检测系统，以便连续地监视物质在一个离心力场中的沉降过程。从而确定其物理性质。

分析性超速离心机的转头是椭圆形的，以避免应力集中于孔处。此转头通过一个有柔性的轴连接到一个高速的驱动装置上，转头在一个冷冻的和真空的腔中旋转，转头上有 2~6 个装离心杯的小室，离心杯是扇形石英的，可以上下透光，离心机中装有一个光学系统，在整个离心期间都能通过紫外吸收或折射率的变化监测离心杯中沉降着的物质，在预定的期间可以拍摄沉降物质的照片，在分析离心杯中物质沉降情况时，在重颗粒和轻颗粒之间形成的界面就像一个折射的透镜，结果在检测系统的照相底板上产生了一个"峰"，由于沉降不断进行，界面向前推进，因此峰也移动，从峰移动的速度可以计算出样品颗粒的沉降速度。

分析性超速离心机和主要特点就是能在短时间内，用少量样品就可以得到一些重要信息，能够确定生物大分子是否存在，其大致的含量，计算生物大分子的沉降系数，结合界面扩散，估计分子的大小，检测分子的不均一性及混合物中各组分的比例，测定生物大分子的相对分子质量，还可以检测生物大分子的构象变化等。

(三) 制备性超速离心的分离方法

1. 差速沉降离心法

这是最普通的离心法，即采用逐渐增加离心速度或低速和高速交替进行离心，使沉降速度不同的颗粒，在不同的离心速度及不同离心时间下分批分离的方法。此法一般用于分离沉降系数相差较大的颗粒。

差速离心首先要选择好颗粒沉降所需的离心力和离心时间。当以一定的离心力在一定的离心时间内进行离心时，在离心管底部就会得到最大和最重颗粒的沉淀，分出的上清液在加大转速下再进行离心，又得到第二部分较大、较重颗粒的沉淀及含较小和较轻颗粒的上清液，如此多次离心处理，即能把液体中的不同颗粒较好地分离开(图 1-6)。此法所得的沉淀是不均一的，仍杂有其他成分，需经过 2~3 次的再悬浮和再离心，才能得到较纯的颗粒。

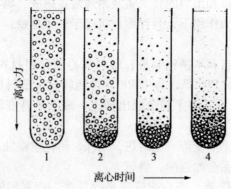

图 1-6 差速沉降离心法
1. 最初悬浮液；2. 第一次离心后沉淀；
3. 第二次离心后沉淀；4. 第三次离心后沉淀

此法主要由于组织匀浆液中分离细胞器和病毒，其优点是：操作简易，离心后用倾倒法即可将上清液与沉淀分开，并可使用容量较大的角式转子。缺点是：须多次离心，沉淀中有夹带，分离效果差，不能一次得到纯颗粒，沉淀于管底的颗粒受挤压，容易变性失活。

2. 密度梯度区带离心法(简称区带离心法)

区带离心法是将样品加在惰性梯度介质中进行离心沉降或沉降平衡，在一定的离心力下把颗粒分配到梯度介质中某些特定位置上，形成不同区带的分离方法。此法的优点是：①分离效果好，可一次获得较纯颗粒；②适应范围广，既能像差速离心法一样分离具有沉降系数差的颗粒，又能分离有一定浮力密度差的颗粒；③颗粒不会挤压变形，能保持颗粒活性，并防止已形成的区带由于对流而引起混合。

此法的缺点是：①离心时间较长；②需要制备惰性梯度介质溶液；③操作严格，不易掌握。

密度梯度区带离心法又可分为以下两种：

(1)差速区带离心法

当不同的颗粒间存在沉降速度差时(不需要像差速沉降离心法所要求的那样大的沉降系数差)，在一定的离心力作用下，颗粒各自以一定的速度沉降，在密度梯度介质的不同区域上形成区带的方法称为差速区带离心法。此法仅用于分离有一定沉降系数差的颗粒(20%的沉降系数差或更少)或相对分子质量相差3倍的蛋白质，与颗粒的密度无关，大小相同、密度不同的颗粒(如线粒体、溶酶体等)不能用此法分离。

离心管先装好密度梯度介质溶液，样品液加在梯度介质的液面上，离心时，由于离心力的作用，颗粒离开原样品层，按不同沉降速度向管底沉降，离心一定时间后，沉降的颗粒逐渐分开，最后形成一系列界面清楚的不连续区带(图1-7)，沉降系数越大，往下沉降越快，所呈现的区带也越低，离心必须在沉降最快的大颗粒到达管底前结束，样品颗粒的密度要大于梯度介质的密度。梯度介质通常用蔗糖溶液，其最大密度和浓度可达$1.28kg/cm^3$和60%。

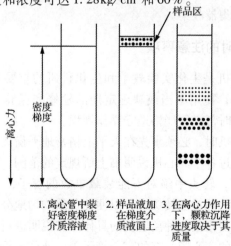

1. 离心管中装好密度梯度介质溶液　2. 样品液加在梯度介质液面上　3. 在离心力作用下，颗粒沉降进度取决于其质量

图1-7　差速区带离心法

此离心法的关键是选择合适的离心转速和时间。

（2）等密度区带离心法

离心管中预先放置好梯度介质，样品加在梯度液面上，或样品预先与梯度介质溶液混合后装入离心管，通过离心形成梯度，这就是预形成梯度和离心形成梯度的等密度区带离心产生梯度的两种方式（图1-8）。

离心时，样品的不同颗粒向上浮起，一直移动到与它们的密度相等的等密度点的特定梯度位置上，形成几条不同的区带，这就是等密度离心法。体系到达平衡状态后，再延长离心时间和提高转速已无意义，处于等密度点上的样品颗粒的区带形状和位置均不再受离心时间所影响，提高转速可以缩短达到平衡的时间，离心所需时间以最小颗粒到达等密度点（即平衡点）的时间为基准，有时长达数日。

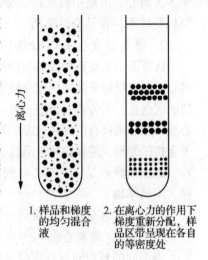

1. 样品和梯度的均匀混合液　2. 在离心力的作用下梯度重新分配，样品区带呈现在各自的等密度处

图1-8　等密度区带离心法

等密度区带离心法的分离效率取决于样品颗粒的浮力密度差，密度差越大，分离效果越好，与颗粒大小和形状无关，但大小和形状决定着达到平衡的速度、时间和区带宽度。

等密度区带离心法所用的梯度介质通常为氯化铯（CsCl），其密度可达 $1.7g/cm^3$。此法可分离核酸、亚细胞器等，也可以分离复合蛋白质，但对简单蛋白质不适用。

收集区带的方法有许多种，例如：用注射器和滴管由离心管上部吸出；有针刺穿离心管底部滴出；用针刺穿离心管区带部分的管壁，把样品区带抽出；用一根细管插入离心管底，泵入超过梯度介质最大密度的取代液，将样品和梯度介质压出，用自动部分收集器收集。

（四）离心操作时的注意事项

高速与超速离心机是生化实验教学和生化科研的重要精密设备，因其转速高，产生的离心力大，使用不当或缺乏定期的检修和保养，都可能发生严重事故，因此使用离心机时都必须严格遵守操作规程。

①使用各种离心机时，必须事先在天平上精密地平衡离心管和其内容物，平衡时质量之差不得超过各个离心机说明书上所规定的范围，每个离心机不同的转头有各自的允许差值，转头中绝对不能装载单数的管子，当转头只是部分装载时，管子必须互相对称地放在转头中，以便使负载均匀地分布在转头的周围。

②装载溶液时，要根据各种离心机的具体操作说明进行，根据待离心液体的性质及体积选用适合的离心管，有的离心管无盖，液体不得装得过多，以防离心时甩出，造成转头不平衡、生锈或被腐蚀，而制备性超速离心机的离心管，则常

常要求必须将液体装满，以免离心时塑料离心管的上部凹陷变形。每次使用后，必须仔细检查转头，及时清洗、擦干，转头是离心机中须重点保护的部件，搬动时要小心，不能碰撞，避免造成伤痕，转头长时间不用时，要涂上一层上光蜡保护，严禁使用显著变形、损伤或老化的离心管。

③若要在低于室温的温度下离心时，转头在使用前应放置在冰箱或置于离心机的转头室内预冷。

④离心过程中不得随意离开，应随时观察离心机上的仪表是否正常工作，如有异常的声音应立即停机检查，及时排除故障。

⑤每个转头各有其最高允许转速和使用累积时限，使用转头时要查阅说明书，不得过速使用。每一转头都要有一份使用档案，记录累积的使用时间，若超过了该转头的最高使用时限，则须按规定降速使用。

四、光谱技术

(一)基本原理

1. 光谱与光谱分析

光的本质是一种电磁波，所以光的波动具有电磁波动的特点，具有波粒二象性。波的电矢量和磁矢量与传播方向相互垂直，且与物质的电磁体相互作用，形成了物质特有的光谱。光的干涉、衍射与偏振等显示它的波动性。光的波动性，常用三个基本参量为波长(λ)，频率(ν)，光速(c)。这3个参量之间满足下列关系式：

$$\lambda = c/\nu$$

光在真空中传播速度为$3 \times 10^{10} cm/s$，c为常数，所以波长越短，频率越高，而波长越长则频率越低。光的传播速度随着介质不同而不同。用光在不同介质中的折射率可以计算出光在不同介质中的传播速度。

光的粒子性是指光可以看成由一系列量子化的能量子组成。这种不连续的粒子流中的粒子，称为光子。不同波长的光子，具有不同的能量(E)，能量大小与光的频率有关。光子能量E与光的频率ν之间满足下列关系式：

$$E = h\nu$$

式中：h——普朗克(Plank)常量，$h = 6.626 \times 10^{-34} J \cdot s$。

能量常用单位有电子伏特(eV)、焦耳(J)、卡尔(cal)或千卡(kcal)等。由于光速c是不变的，因此光的波长越小，能量就越大。

光谱分析是光分析中的一个重要组成部分。当待测物质与辐射能发生作用时，物质内部由于量子化能级跃迁而发生辐射能的变化，如发射、散射、辐射等。光谱学技术是对辐射能的变化进行测量和分析的方法。常用的光谱学技术有紫外-可见分光光度法、荧光光度法、红外光谱法、核磁共振光谱法、原子吸收光谱法、原子荧光光谱法、化学发光光谱法、生物发光光谱法等。

电磁波按波长或频率有序排列，形成电磁波谱。光谱是电磁辐射按照波长的有序排列，各个辐射波长都具有各自的特征强度。通过研究光谱，可以得到原子、分子等的能级结构、能级寿命、电子组态等多方面的物质结构信息。

光谱的产生过程：由于辐射能照射到物质上后物质的分子、原子、粒子总能量会发生改变，物质吸收了辐射能以后会从稳定的基态发生跃迁，达到激发态，而激发态不稳定，物质从激发态回到稳定的基态后，吸收的能量会释放出来，在此一系列的过程中，会产生辐射信号的变化。不同辐射信号所对应的波长按照顺序进行排列，即为光谱。根据产生的辐射信号或信号变化即可进行光谱分析。

以下为常用光谱区域波长范围及光谱分析方法（表 1-5）。

表 1-5　常用光谱区域波长范围及光谱分析方法

光谱区域	波长范围	光谱分析方法
γ 射线	$5 \times 10^{-3} \sim 1.4 \times 10^{-1}$ nm	γ 射线光谱、穆斯堡尔谱
X 射线	$10^{-2} \sim 10$ nm	X 射线光谱法
远紫外	$10 \sim 200$ nm	真空紫外光谱
紫外	$200 \sim 380$ nm	紫外光谱
可见光	$380 \sim 780$ nm	比色法和可见光光度法
近红外	$0.78 \sim 3 \mu m$	近红外光谱
中红外	$3 \sim 30 \mu m$	红外光谱
远红外	$30 \sim 300 \mu m$	红外光谱
微波	$0.03 \sim 100$ cm	微波谱、顺磁共振光谱
射频	$1 \sim 1000$ m	核磁共振光谱法

2. Lambert-Beer 定律

吸收光谱定量分析是根据样品对某一谱区光吸收强度与吸光粒子（低能态的分子或原子）之间的关系，并考虑到样品中吸光粒子数与样品粒子总数的关系来定量的。吸收光谱定律的基础是 Lambert-Beer 定律。

（1）朗伯（Lambert）定律

设光线原来的强度为 I_0（入射光强度），通过厚度为 b 的液层后，其强度为 I_t（透过光强度），I_t/I_0 表示透光度（T）。透光度随溶液厚度的增加而减小，但两者之间没有严格的比例关系，透光度的负对数则随溶液厚度的增加而成比例地增加：

$$-\lg T = -\lg I_t/I_0 = \lg I_0/I_t = K_1 L$$

用 A 代替 $\lg I_0/I_t$，上式可写成：

$$A = K_1 b$$

（2）比尔（Beer）定律

当一束单色光通过透明溶液时，溶液液层的厚度不变而溶液浓度不同时，溶液的浓度越大，则透光度越弱而吸光度越强，即：

$$A = K_2 c$$

（3）Lambert-Beer 定律

若同时考虑液层厚度和溶液浓度对吸光度的影响，即把朗伯定律和比尔定律结合起来，当一束波长为 λ 的单色光通过均匀溶液时，其吸光度与溶液浓度和光线通过的液层厚度的乘积成正比。朗伯-比尔定律（Lambert-Beer）内容如下：

$$A = \lg\left(\frac{I_0}{I}\right) = \lg\left(\frac{1}{T}\right) = \alpha l c$$

式中：A——吸光度，是波长的函数；

    I_0——入射辐射强度；

    I——透过辐射强度；

    c——成分的浓度，mg/dL；

    l——光程长，m；

    α——成分的吸光系数，$mg/(dL \cdot m)$；

    T——透过率 $= I/I_0$。

对于吸光系数 α，它是物质本身的固有性质。实验证明，不同浓度的同一物质在相同波数处具有相同的吸光系数；不同物质，在不同波数处吸光系数不同。

（4）偏离 Lambert-Beer 定律的因素

根据朗伯-比尔定律，某一种物质在相同条件下，被测物质的浓度与吸光度成正比，但实际测定中，往往出现非正比的偏离误差显现。应用该定律产生误差的主要原因有光学因素和化学因素两方面原因。

朗伯-比尔定律成立的前提是单色光，要求入射光是单色光，但实际应用中，目前分光条件下所使用的单色光并不是严格单色光，而是包含一定波长范围宽度的谱带，常有其他波长的杂光混入，这是造成误差的主要原因，当入射光的谱带越宽，误差则越大。

另外，pH 值、浓度、溶剂和温度等因素均可影响化学平衡，使被测物质的浓度因缔合、解离和形成新的化合物等原因，导致溶液或各组分间比例发生变化，从而使吸光度和浓度不成线性关系。

3. 吸光系数

根据比尔定律 $A = \kappa b c$，由于待测物的厚度 b 可以固定，只要测得待测物质分子的摩尔吸收系数 κ 和待测物的吸光度 A，即可求得被测物质的量。理论上每一物质分子的摩尔吸收系数是由于分子本身的特性决定的，因此每一物质分子在某一波长的辐射下都有确定的摩尔吸收系数。但在实际的测量中，由于测量条件的变化，很难确定一个物质的绝对不变的摩尔吸收系数，常借助于相对的测量才是可行的方法，这也就是通常所谓的标准比较法，常用的有标准曲线法。

（二）光谱分类

根据光谱产生方式的不同，一般将光谱区分为发射光谱、吸收光谱、散射光谱。

1. 发射光谱

发光体发出的光，透光三棱镜后所便显出的光谱称为发射光谱。发光体可以使日光灯、氢灯、钨灯等，也可以是原子与分子燃烧时所发出的光。不同和发光体有其独特的发射光谱。根据发射光谱可以鉴别发光体的性质及组分，也可以采用不同发射光谱的发光体作为仪器的光源。

构成物质的分子、原子或离子，经辐射能照射吸收了能量，由基态能级转变成激发态能级后，处于激发态的物质内部能量比原来能量多，处于不稳定的基态，需要释放多余能量回到稳定基态。在物质由激发态回到基态的过程中，系统内以光的形式释放多余能量，并产生相对应波长的光谱，即为发射光谱。发射光谱分为线光谱、带光谱、连续光谱。

（1）线光谱

线光谱是由原子或离子被激发产生的光谱。每条光谱只有很狭窄的波长范围，如气态氢原子光谱。

（2）带光谱

带光谱是分子被激发产生的光谱，也称分子光谱，如氰带便是带光谱。

（3）连续光谱

连续光谱是在一定波区由长波长和短波长连续不断，按波长顺序排列组成的光谱。这种光谱的分布在很大波长范围内是连续的，即分不开线光谱与带光谱，多发生于高温炽热的物体上。

2. 吸收光谱

基于吸收光谱分析的方法有火焰光度法、原子发射光谱法和荧光光谱法。构成物质的分子、原子或离子等在辐射能的照射下，在系统内吸收外界能量的过程中，所对应吸收的波长产生的光谱称为吸收光谱。物质的吸收光谱与其结构、性质有关。不同的物质由于其分子结构不同，对不同波长的光的吸收能力也不相同，每种物质都有其独特的吸收光谱。溶液对光的吸收能力的强弱与其物质浓度有关。

根据所在光谱区不同又分为紫外－可见分光光度法、原子吸收光谱法、红外分光光度法等。

3. 散射光谱

基于散射光谱分析的常用方法为比浊法。散射光谱分析法主要测定光线通过溶液混悬颗粒后的光吸收或光散射程度方法。比浊法受到颗粒的形状、大小及悬液的稳定性的影响。

（三）光谱分析仪器的一般构造

光谱分析仪器一般用来研究光的吸收、发射和散射等，这些仪器的一般构造大约由光源、单色器、吸收池、光电检测器和指示仪五大部分组成。

1. 光源

一般分为连续光源和线光源两大类。根据光源波长的不同又分为连续光源和紫外光源、可见光源和红外光源。紫外光源最常见的为氢灯和氘灯等；可见光源最常见的为钠灯和氙灯；常用的红外光源有能斯特灯和硅碳棒等。线光源包括在透明石英玻璃管里充有低压气体元素的金属蒸汽灯和主要用于原子吸收检测中的空心阴极灯。

2. 单色器

单色器是指能够将连续复合光源分出单一波长的单色光或较窄波段的设备。通常由入光狭缝、准直元件、色散元件、聚焦元件和出光狭缝组成。其中最重要的为色散元件，常见的为棱镜和光栅。

3. 吸收池

吸收池是盛样品的容器，即常用的比色皿。吸收池最常见的有普通光学玻璃比色皿和石英比色皿，用于制造比色皿的其他材料还有有机玻璃、无机盐类晶体等，不同的检测波长应该选用不同材质的比色皿。一般的比色皿光程为1cm，规格为 1cm × 1cm × 3cm，此外还有微量比色皿：1cm × 0.5cm × 3cm、1cm × 0.2cm × 3cm，1cm × 0.1cm × 3cm 和 U 形毛细管等。

4. 光电检测器

检测器的作用是将透过溶剂的透射光转变成电信号，再通过放大器把信号输送给显示器。紫外 – 可见分光光度计常用光电管或光电倍增管作为检测器。

5. 指示仪表

传统指示仪表上刻有百分透光度和吸光度两种刻度。现在很多分光光度计能够将测量值换算成浓度后直接读取。

(四)光谱技术特点

光谱分析是已经高度发展的成熟技术，近年来结合光机电等各领域的最新成果在传统光谱技术和光谱仪器已有的基础上，已经发展出一系列新颖光谱分析技术，在技术性能和应用范围各方面都有了很多进展，并已成为生物医学研究和应用领域不可或缺的技术方法之一。

1. 光谱分析法的优点

光谱技术内容极其广泛，当今近代分析化学已成为许多学科研究工作的前哨，而光谱分析技术又在分析化学中扮演重要角色。光谱分析方法很多，不同光谱分析方法都有其各自的特点。

①具有较好灵敏度、检出限和较快的分析速度。原子发射光谱分析最低检出限是 0.1ng/mL，而原子荧光法和石墨炉原子吸收法最低检出限小于 0.1ng/mL，目前有些光谱分析法相对灵敏度已达到质量分数为 10^{-9} 数量级，绝对灵敏度已达 10^{-14}g 甚至更小些。

②使用试样量少，适合于微量和超微量分析。发射光谱分析每次只需试样几毫克，少至十分之几克。采用激光显微光源和微火花光源时，每次试样用量只需几微克。X 射线荧光光谱法取样 0.1 ~ 0.5mg 即可进行主要成分测定。

③可同时测定多种元素。

④光谱分析法特别适合于远距离的遥控分析，已从成分分析发展到特征分析。

2. 光谱分析法的局限性

①原子发射光谱法对某些元素的测定还有困难，如超铀元素、锕、锝、镤等

元素至今尚未掌握其激发电位和最灵敏线。

②基体效应要完全避免难度很大。无论发射光谱分析、原子吸收光谱分析及原子荧光分析等都存在基体效应。它影响分析准确度和精密度。特别是用原子发射光谱分析高含量元素时，基体效应影响更大，准确度更差。

③光谱分析法是一种相对测定方法，一般需用纯品作标准样品对照，试样组成差异，标准样品的不易获得，均会给定量分析造成很大困难。

大部分标准样品需要用化学分析法来确定，对于复杂物质的分析，要几种分析方法综合考虑。因此，光谱分析法需要与其他仪器分析方法相互配合，彼此取长补短才能完成繁杂的分析任务。

（五）紫外－可见分光光度法

1. 概述

紫外－可见吸收光谱分析是研究物质在紫外－可见光波区（190~800nm）的分子吸收光谱的分析方法，简称紫外－可见吸收光谱。它是某些有机化合物和生物大分子在吸收了光能后产生价电子和分子轨道上电子在能级间的跃迁而形成的吸收光谱。利用吸收光谱这一特性可以对无机化合物、有机化合物及生物大分子进行定性和定量分析。紫外－可见吸收光谱分析，是光谱分析中最早用于物质分析鉴定的一类物理分析方法之一。

2. 原理

（1）分光光度计与波长的关系

由于分光光度计所采用的是具有辐射连续光谱的光源，不同的波长对分子吸收光谱的强弱是有差异的。因此，分光光度计需根据不同的波长而设计相应的用途和测定范围。常用于测定分子光谱的分光光度计有 3 大类，即紫外光分光光度计，其使用波长在（190~400nm）；可见光分光光度计，其使用波长在（400~800nm）；红外光分光光度计，其使用波长在（1100~25 000nm）。

（2）分子光谱产生的机理

分子是由原子组成的，原子中的电子总是围绕着原子核不停地运动。因此一个化合物分子的电子总是处在某一种运动状态，每一种状态都具有一定的运动能量，相对应于一定的能级。当分子中的电子受到光、热、电等的刺激时，分子中的总动能就会发生变化，电子从一个能级转到另一个能级，从低能级转到高能级，这种现象称之为电子跃迁。当电子吸收了外来的辐射能以后，自身的能量比原来的能量高，低能级的电子就会跃迁到较高能级上，分子能级的状态由基态转变成激发态，在吸能的过程中产生了相应的吸收光谱。由于分子内部的运动所涉及的能级变化十分复杂，因此，分子的吸收光谱表现的也比较复杂。在分子内部除了电子相对于原子核运动外，还有核之间相对位移引起的振动和转动，这 3 种运动都是量子化的，并都相对应于一定的能级，即电子运动能级、振动能级和转动能级，并产生相应能级的光谱。分子的能量变化是 3 个能级能量变化的总和。在 3 个能级的能量中电子运动能量最大，一般在 1~20eV（电子伏特）；振动能级

的能量一般在 $0.05 \sim 1eV$；转动能级的能量一般在 $0.05 \sim 0.005eV$。根据各个能级的能量大小，它们能级差的顺序依次为：$E_{电子} > E_{振动} > E_{转动}$。

当分子中的电子运动能级和振动能级发生跃迁时，就会引起转动能级之间的跃迁。所得到的分子光谱由于其谱线彼此之间的波长间隔只有 $0.25nm$，几乎连在一起，形状呈现带状，所以分子光谱是带光谱。因此，分子光谱要比原子光谱复杂得多。

分子对不同波长的光能具有不同的吸收能力，是有选择性地吸收那些能量相当于该分子的电子运动能量变化、振动能量变化及转动能量变化的总和的辐射能。由于各种分子内部结构的不同，能级变化千差万别，能级之间的间隔也相对不同。这就决定了分子对不同波长的光能的吸收有强有弱，这就为分子吸收光谱的定性、定量分析提供了有利条件。

在有机化合物或生物大分子的紫外光谱分析中，当紫外光通过待测物质后，光的能量就会全部或部分被待测物质的分子所吸收。在吸收过程中，光能被转移给分子，分子吸收光能本身又具有高度的专一性，只能是一定分子结构吸收一定波长的能量。根据分子吸收光谱的形状和位置来确定被测物质的基本性质，利用分子对光吸收的强弱进行定量分析。如蛋白质分子中的芳香族氨基酸在 $280nm$ 处有最大吸收峰；核酸分子中的碱基对在 $260nm$ 处有最大吸收峰；肽分子中的肽健在 $200 \sim 220nm$ 之间有最大吸收峰等。利用这些性质可以对它们进行分析鉴定。

3. 仪器构造

紫外 – 可见分光光度计（ultraviolet and visible spectrophotometry, UV – Vis）是最早出现的光谱仪器。现已成为生物化学和分子生物学分析研究不可缺少的分析手段。尽管在光谱仪器的发展过程中衍生出许多专门化的光谱仪器，如红外分光光度计、荧光分光光度计、原子吸收分光光度计等。但是，紫外 – 可见分光光度计仍然是最重要的、使用最广泛的光谱仪器。

利用分光光度计和比色计可以测量一种物质所吸收的光量。这些仪器有几个部件，其中包括光源、提供选择波长的单色器或带色的滤光片、可变狭缝、样品架、光探测器和仪表。不同的光谱区要使用不同的光源。在可见光区（$400 \sim 700nm$）和紫外光区（$200 \sim 400nm$）分别使用钨灯和氙灯。在这些区域的光波长是由分光光度计中的单色器或比色计中带色的滤光片选择的。单色器由棱镜或衍射光栅构成，在可见光区和紫外光区给出窄带波长的光。有色滤光片只在可见光区给出较宽的波长带。光经过可控制光强的可调狭缝进入样品，然后由光电管或光电倍增管探测透过的光，并被电流计和记录器所测量。

4. 紫外、可见光谱的应用及特点

①紫外和可见光谱最通常和最主要的应用是测量溶液中物质的浓度，当然，要知道消光系数并要服从朗伯 – 比耳定律。如果一种反应物或产物是有吸收的，那么这一应用可被扩展到测量反应。

②通过测量反应物的消耗或产物的生成可以研究反应的进程。这种方法已被特别地应用到酶催化的反应，检验酶的影响。

③吸收光谱可以用来鉴别样品中的物质。

④近年来，由于一些新材料、新工艺和高新技术的应用，使得紫外－可见吸收光谱分析有了很大的发展，如新的光源、分光器、光敏元件及计算机等，使紫外－可见分光光度计发生了很大的变化。新型的紫外－可见分光光度计具有稳定性好、灵敏度高、分辨率高、应用广泛的特点。

五、质谱技术

（一）基本原理

1. 质谱

质量是物质的固有特征之一，不同的物质有不同的质量谱，即质谱，利用这一性质，可以进行物质的定性分析，包括其分子质量和相关的结构信息。通过一定手段使得待测的样品分子汽化，并用具有一定能量的电子束轰击气态分子，使其失去一个电子而成为带正电的分子离子，分子离子还可能断裂成各种碎片离子，所有的正离子在电场和磁场的综合作用下按质荷比大小依次排列而得到谱图的动态过程。

2. 质谱图

质谱图均用棒图表示，每一条线表示一个峰，代表一种离子。纵坐标为离子质荷比的相对强度，横坐标为离子数值，即每一个峰和最高峰的比值。质谱图记录了物质被电离后被收集到的各种不同质荷比的离子的相对强度。因绝大多数离子只带一个正电荷，所以质荷比就是离子的质量。质谱图得出了各种碎片的质量的相关信息，把这些碎片拼接起来，可得到原来的结构。通过测量各种离子谱峰的强度而实现分析目的。谱峰强度也与它代表的化合物的含量有关，因此也可以用于物质的定量分析。

3. 质谱仪

质谱仪是得到质谱图的分析技术，从而通过通过质谱图来测定物质的质量与含量，并推到其物质结构的仪器。质谱仪是利用电磁学原理，使气体分子产生带正电运动离子，并按质荷比将它们在电磁场中分离的装置。以线型单聚焦质谱仪为例，样品从进样器进入离子源，在离子源中产生正离子。正离子加速进入质量分析器，质量分析器将其按质荷比大小不同进行分离。分离后的离子先后进入检测器，检测器得到离子信号，放大器将信号放大并记录在读出装置上。在后面的质谱仪器部分会详细介绍质谱仪的各个主要组成部分。

4. 质谱分析

质谱分析法是一种快速、有效的分析方法。利用质谱仪可进行多种物质分析、包括同位素分析、化合物分析、气体成分分析以及金属和非金属固体样品的超纯痕量分析等。在有机混合物的分析研究中证明了质谱分析法比化学分析法和光学分析法具有更加卓越的优越性，其中有机化合物质谱分析在质谱学中占最大的比重，现在的有机质谱法，不仅可以进行小分子的分析，而且可以直接分析糖、核酸、蛋白质等生物大分子的分析领域，质谱分析法成为最为普遍的应用技术，生物质谱学的时代已经到来，当代研究有机化合物已经离不开质谱分析法。

(二)常用质谱术语

1. 质荷比(m/z)

一般 z 为 1，故 m/z 也就被认为是离子的质量数。蛋白质等易带多电荷，$z > 1$。在质谱中不能用平均相对分子质量计算离子的化学组成。

2. 相对丰度

相对丰度又称同位素丰度比(isotopic abundance ratio)，同位素分离理论中常采用来表示轻组分的含量。通常用符号 R 表示。定义为气体中轻组分的丰度 C 与其余组分丰度之和的比值。以质谱中基峰(最强峰)的高度为 100%，其余峰按与基峰的比例加以表示的峰强度为相对丰度，又称相对强度。

3. 总离子流(TIC)

总离子流即一次扫描得到的所有离子强度之和。

4. 动态范围

动态范围即质谱图中最强峰与最弱峰峰高之比。

5. 基峰

质谱图中离子强度最大的峰，规定其相对强度或相对丰度为 100。

6. 精确质量

低分辨质谱中离子的质量为整数，高分辨质谱给出分子离子或碎片离子的精确质量，其有效数字视质谱计的分辨率而定。分子离子或碎片离子的精确质量的计算基于精确原子量。

(三)质谱中的离子

1. 分子离子

分子离子是由样品分子丢失一个电子而生成的带正电荷的离子。分子离子是质谱中所有离子的起源，它在质谱图中所对应的峰为分子离子峰。

2. 碎片离子

电离后，有过剩内能的分子离子，会以多种方式裂解，生成碎片离子，其本身还会进一步裂解生成质量更小的碎片离子，此外，还会生成重排离子。碎片峰的数目及其丰度则与分子结构有关，数目多表示该分子较容易断裂，丰度高的碎片峰表示该离子较稳定，也表示分子比较容易断裂生成该离子。如果将质谱中的主要碎片识别出来，则能帮助判断该分子的结构。

3. 重排离子

重排离子是经过重排反应产生的离子，其结构并非原分子中所有。在重排反应中，化学键的断裂和生成同时发生，并丢失中性分子或碎片。

4. 母离子与子离子

任何一个离子(分子离子或碎片离子)进一步裂解生成质荷比较小的离子，

前者称为后者的母离子(或前体离子),后者称为前者的子离子。

5. 奇电子离子和偶电子离子

带有未配对电子的离子为奇电子离子;无未配对电子的离子为偶电子离子。分子离子是奇电子离子。在质谱解析中,奇电子离子较为重要。

6. 多电荷离子

多电荷离子是指带有 2 个或更多电荷的离子,有机小分子质谱中,单电荷离子是绝大多数,只有那些不容易碎裂的基团或分子结构才会形成多电荷离子,它的存在说明样品是较稳定的。对于蛋白质等生物大分子,采用电喷雾的离子化技术,可产生带很多电荷的离子,最后经计算机自动换算成单质荷比离子。

7. 同位素离子

各种元素的同位素,基本上按照其在自然界的丰度比出现在质谱中,可利用稳定同位素合成标记化合物,再用质谱法检出这些化合物,在质谱图外貌上无变化,只是质量数的位移,从而说明化合物结构、反应历程等。

8. 负离子

通常碱性化合物适合正离子,酸性化合物适合负离子,某些化合物负离子谱灵敏度很高,可提供很有用的信息。

9. 亚稳离子

从离子源出口到达检测器之前产生并记录下来的离子称亚稳离子。离子从离子源到达检测器所需时间约 $10 \sim 5s$(随仪器及实验条件而变),寿命大于 $10 \sim 5s$ 的稳定离子足以到达检测器,而寿命小于 $10 \sim 5s$ 的离子可能裂解。

(四)质谱仪一般构造

质谱仪通常由六部分组成:真空系统、进样系统、离子源、质量分析器、离子检测器和计算机自动控制及数据处理系统,如图 1-9 所示。

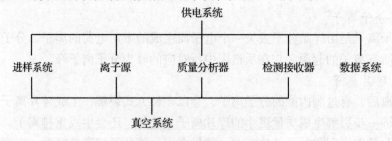

图 1-9 质谱仪组成部分

1. 高真空系统

质谱分析中,为了降低背景以及减少离子间或离子与分子间的碰撞,离子源、质量分析器及检测器必须处于高真空状态。由机械真空泵、扩散泵或分子泵组成真空机组,抽取离子源和质量分析器部分的真空。只有在足够高的真空度下,离子才能从离子源到达接收器,真空度不够则灵敏度低。离子源的真空度为 $10^{-4} \sim 10^{-5}$ Pa,质量分析器应保持 10^{-6} Pa,要求真空度十分稳定。一般先用机械泵或分子泵预抽真空，然后用高效扩散泵抽至高真空。

2. 进样系统

进样系统是把分析样品导入离子源的装置。在真空条件下，固体和沸点较高的液体样品可通过进样推杆将少量样品送入离子源并在其中加热汽化，低沸点样品在贮气器中汽化后进入离子源，气体样品可经贮气器进入离子源。质谱进样系统多种多样，一般有如下几种方式：

①间接进样　一般气体或易挥发液体试样采用此种进样方式。试样进入贮样器，调节温度使试样蒸发，依靠压差使试样蒸气经漏孔扩散进入离子源。

②直接进样　高沸点试液、固体试样可采用探针或直接进样器送入离子源，调节温度使试样汽化。

③色谱进样　色谱－质谱联用仪器中，经色谱分离后的流出组分，通过接口元件直接导入离子源。

3. 离子源

离子源的作用是使试样分子或原子离子化，同时具有聚焦和准直的作用，使离子汇聚成具有一定几何形状和能量的离子束。离子源的结构和性能对质谱仪的灵敏度、分辨率影响很大。常用的离子源有电子轰击离子源、化学电离源、高频火花离子源等。目前，最常用的离子源为电子轰击离子源。下面介绍几种常见的离子源及其优缺点：

①电子轰击电离（electron impact ionization）　简称 EI，是最经典常规的方式，其他均属软电离。EI 使用面广，峰重现性好，碎片离子多。缺点：不适合极性大、热不稳定性化合物，且可测定相对分子质量有限。

②化学电离（chemical ionization）　简称 CI，其核心是质子转移，与 EI 相比，在 EI 法中不易产生分子离子的化合物，得到碎片少，谱图简单，但结构信息少一些。与 EI 法同样，样品需要汽化，对难挥发性的化合物不太适合。

③电喷雾电离（electrospray ionization）　简称 ESI，与 LC、毛细管电泳联用最好，亦可直接进样，属最软的电离方式，混合物直接进样可得到各组分的相对分子质量。

④大气压化学电离（atmospheric pressure chemical ionization）　简称 APCI，更适宜做小分子。

⑤基质辅助激光解吸电离（matrix assisted laser desorption）　简称 MALDI，是一种用于大分子离子化的方法，利用对使用的激光波长范围具有吸收并能提供质子的基质(一般常用小分子液体或结晶化合物)，将样品与其混合溶解并形成混合体，在真空下用激光照射该混合体，基质吸收激光能量，并传递给样品，从而使样品解吸电离。MALDI 的特点是准分子离子峰很强，特别适合分析蛋白质和DNA 等大分子。

4. 质量分析器

质量分析器是质谱仪中将离子按质荷比分开的部分，离子通过质量分析器后，按不同质荷比(m/z)分开，将相同的 m/z 离子聚焦在一起，组成质谱。各种离子在质量分析器中按其质荷比(m/z)的大小进行分离并加以聚焦，经过质量分衡器分离后的离子束，按质荷比的大小先后通过出口狭缝，到达收集极，它们的信号经放大后用记录仪记录在感光纸上或送入数据处理系统，由计算机处理以获得各种处理结果。衡量质谱仪性能的一个重要指标是其分辨率的高低，高分辨质谱仪可测量离子的精确质量。质量分析器的种类很多，常见的有单聚焦质量分析器、双聚焦质量分析器和四极滤质器等等。下面集中对常见的质量分析器进行介绍。

（1）单聚焦质量分析器

单聚焦质量分析器构造如图 1-10 所示，其主要部件为一个一定半径的圆形管道，在其垂直方向上装有扇形磁铁，产生均匀、稳定磁场，从离子源射入的离子束在磁场作用下，由直线运动变成弧形运动。不同 m/z 的离子，运动曲线半径 R 不同，被质量分析器分开。由于出射狭缝和离子检测器的位置固定，即离子弧形运动的曲线半径 R 是固定的，故一般采用连续改变加速电压或磁场强度，使不同 m/z 的离子依次通过出射狭缝，以半径为 R 的弧形运动方式到达离子检测器。若固定加速电压 U，连续改变磁场强度 B，称为磁场扫描，若固定磁场强度 B，连续改变加速电压 U，称为电场扫描。无论磁场扫描或电场扫描，凡 m/z 相同的离子均能汇聚成为离子束，即方向聚焦。由于提高加速电压 U 仪器的分辨率得到提高，因而宜采用尽可能高的加速电压。当取 U 为定值时，通过磁场扫描，顺次记录下离子的 m/z 和相对强度，得到质谱图，单聚焦质量分析器结构简单，操作方便，但分辨率低。

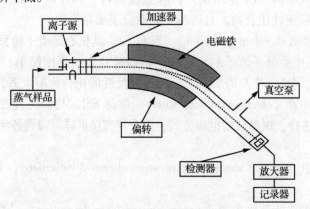

图 1-10　单聚焦质量分析器构造

（2）双聚焦质量分析器

在单聚焦质量分析器中，离子源产生的离子由于被加速初始能量不同，即速度不同，即使质荷比相同的离子，最后也不能全部聚焦在检测器上，致使仪器分辨率不高。为了提高分辨率，通常采用双聚焦质量分析器，即在磁分析器之前加一个静电分析器。其聚焦原理如图 1-11 所示。

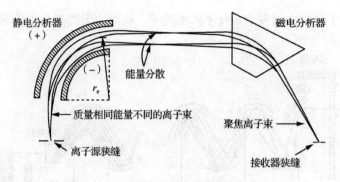

图1-11 双聚焦质量分析器聚焦原理

（3）四极滤质器

如图1-12所示，四极滤质器是由四根平行的圆柱形金属极杆组成的，相对的极杆被对角地连接起来，构成两组电极。在两电极间加有数值相等方向相反的直流电压和射频交流电压。四根极杆内所包围的空间便产生双曲线形电场。从离子源入射的加速离子穿过四极杆双曲线形电场时，会受到电场作用，只有选定的质荷比离子以限定的频率稳定地通过四极滤质器，其他离子则碰到极杆上被吸滤掉，不能通过四极杆滤质器。实际上在一定条件下，被检测离子（m/z）与电压呈线性关系。因此，改变直流和射频交流电压可达到质量扫描的目的，这就是四极滤质器的工作原理。由于四极滤质器结构紧凑，扫描速度快，适用于色谱-质谱联用仪器。

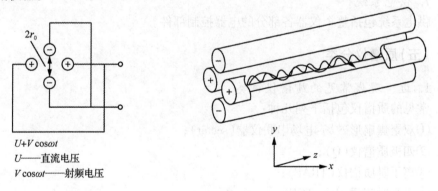

$U+V\cos\omega t$
U——直流电压
$V\cos\omega t$——射频电压

图1-12 四极滤质器

5. 检测接收器

检测接收器是接收离子束流的装置。常用的离子检测器是静电式电子倍增器。电子倍增器一般由一个转换极、10~20个倍增极和一个收集极组成。一定能量的离子轰击阴极导致电子发射，电子在电场的作用下，依次轰击下一级电极而被放大，电子倍增器的放大倍数一般在10^5~10^8。电子倍增器中电子通过的时间很短，利用电子倍增器可以实现高灵敏、快速测定。但电子倍增器存在质量歧视效应，且随使用时间增加，增益会逐步减小。近代质谱仪中常采用隧道电子倍增器，其工作原理与电子倍增器相似，因为体积小、多个隧道电子倍增器可以串列起来，用于同时检测多个 m/z 不同的离子，从而大大提高分析效率，具体如图 1-13 所示。

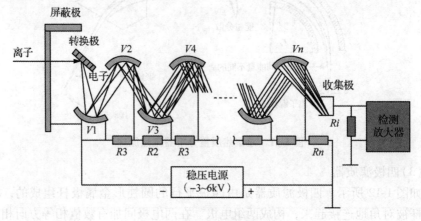

图 1-13　检测接收器工作原理

6. 数据系统

数据系统是将接收来的电信号放大、处理并给出分析结果的仪器部分。经离子检测器检测后的电流，经放大器放大后，用记录仪快速记录到光敏记录纸上，或者用计算机处理结果。例如终端显示器、打印机等。现代计算机接口，还可反过来控制质谱仪各部分工作。

7. 供电系统

供电系统包括整个仪器各部分的电器控制部件。

(五)质谱仪分类

1. 近、现代常见的质谱仪种类

常见的质谱仪包括下列几种：

①双聚焦扇形磁场-电场串联仪器(sector)；

②四极质谱仪(Q)；

③离子阱质谱仪(TRAP)；

④飞行时间质谱仪(TOF)；

⑤傅里叶变换-离子回旋共振质谱仪(FT-ICRMS)。

2. 用于质谱分析的软电离技术

近年来涌现出较成功地用于生物大分子质谱分析的软电离技术主要有以下几种：

①电喷雾电离质谱；

②基质辅助激光解吸电离质谱；

③快原子轰击质谱；

④离子喷雾电离质谱；

⑤大气压电离质谱。

在这些软电离技术中，以前面三种近年来研究得最多，应用得也最广泛。

(六)由质谱推断化合物结构

1. 一般原则

①确定分子离子，即确定相对分子质量。

②确定元素组成，即确定分子式或碎片化学式。

③确定峰强度与结构的关系。

2. 质谱解析的一般步骤

①核对获得的谱图，扣除本底等因素引起的失真，考虑操作条件是否适当，是哪种离子化法的谱图，是否有基质的峰存在，有否二聚体峰等。

②综合样品其他知识，例如熔点、沸点、溶解性等理化性质，样品来源、光谱、波谱数据等。多数情况下可给出明确的指导方向。

③标出各峰的质荷比数，尤其注意高质荷比区的峰。

④识别分子离子峰，尽可能判断出分子离子。由分子离子峰的相对强度了解分子结构的信息。

⑤由特征离子峰及丢失的中性碎片了解可能的结构信息。

⑥假设和排列可能的结构归属。分析同位素峰簇的相对强度比。丰度大反映离子结构稳定，在元素周期表中自上而下，自右至左，杂原子外层未成键电子越易被电离，容纳正电荷能力越强，含支链的地方易断，这同有机化学基本一致，总是在分子最薄弱的地方断裂。

⑦假设一个分子结构。推导分子式，计算不饱和度。与已知参考谱图对照，或取类似的化合物，并做出它的质谱进行对比。目前计算机自动检索还不完善，尤其是 ESI 等谱图，因操作条件很难完全一致，不是绝对准确，而且许多天然产物、合成的新化合物谱库中没有。

⑧综合分析以上得到的全部信息，结合分子式及不饱和度，提出化合物的可能结构。

⑨分析所推导的可能结构的裂解机理，看其是否与质谱图相符，确定其结构，并进一步解释质谱，或与标准谱图比较，或与其他谱(如 NMR 核磁共振谱图)配合，确证结构。

(七)有机质谱的特点

1. 优点

①测定相对分子质量准确，其他技术无法比。适用于复杂体系中痕量物质的鉴定或结构测定，同时具有准确性、易操作性、快速性及很好的普适性。

②灵敏度高，常规 $10^{-7} \sim 10^{-8}$ g，单离子检测可达 10^{-12} g，能为亚微克级试样提供信息。

③快速，几分钟甚至几秒内完成。

④便于混合物分析，GC/MS、LC/MS、MS/MS 对于难分离的混合物特别有

效，如药物代谢产物、中草药中微量有效成分的鉴定等，其他技术无法胜任。

⑤多功能，广泛适用于各类化合物。X射线分析要求好的结晶，NMR（核磁共振谱）要溶。

⑥能最有效地与色谱联用。

2. 局限性

①异构体，立体化学方面区分能力差。

②重复性稍差，要严格控制操作条件。所以不能像低场NMR、IR等自己动手，须专人操作。

③有离子源产生的记忆效应、污染等问题。

④价格昂贵，操作复杂。所以与其他分析方法配合，能发挥更大作用，可以先做一下质谱，提供指导信息，如结构类型、纯度等。

（八）质谱的应用

1. 生化医药领域

①在蛋白质、多肽研究，前沿生命科学等领域，质谱可测相对分子质量达几十万的生物大分子，定氨基酸序列，十几个肽，比氨基酸分析仪快且准。

②天然产物研究，这也是最重要的应用内容之一。将核磁共振谱仪得出的物质碳氢谱图结构与质谱图得出的物质质荷比进行对比，从而推断天然产物的物质结构及所需要的有效成分的物质结构。

2. 有机化工领域

①合成中原料及产品杂质。

②中间步骤监测。

③反应机理的研究。

3. 环保领域

①农药残毒检测。

②大气污染。

③水分析。

④特定成分定量测定，单离子和多离子检测，灵敏度可达10^{-12}g，借助于内标或标定曲线，可定量，在痕量分析中非常有用。

4. 食品、香料领域

①酒：判断真酒、假酒，有害、无害，GC/MS是唯一客观准确的。

②化妆品中除基料外，香料起关键性作用，通过质谱找出天然产物中有效成分后合成。

5. 法医、毒化领域

体液、代谢物等，兴奋剂检测，质谱图是必要的证据之一。

（九）质谱联用技术

质谱联用技术包括液相色谱-质谱联用技术、气相色谱-质谱联用技术及芯片-

质谱联用技术等多种联用技术。联用技术色谱可作为质谱的样品导入装置，并对样品进行初步分离纯化，因此色谱-质谱联用技术可对复杂体系进行分离分析。因为色谱可得到化合物的保留时间，质谱可给出化合物的相对分子质量和结构信息，故对复杂体系或混合物中化合物的鉴别和测定非常有效。在这些联用技术中，芯片-质谱联用（Chip/MS）为近年兴起的新兴质谱联用技术，显示了良好前景，但目前尚不成熟，而气相色谱-质谱联用和液相色谱-质谱联用等已经广泛用于药物分析。

1. 气相色谱/质谱联用（GC/MS）

气相色谱的流出物已经是气相状态，可直接导入质谱。由于气相色谱与质谱的工作压力相差几个数量级，开始联用时在它们之间使用了各种气体分离器以解决工作压力的差异。随着毛细管气相色谱的应用和高速真空泵的使用，现在气相色谱流出物已可直接导入质谱。

2. 液相色谱/质谱联用（LC/MS）

液相色谱/质谱联用的接口前已论及，主要用于分析 GC/MS 不能分析或热稳定性差、强极性和高相对分子质量的物质，如生物样品（药物与其代谢产物）和生物大分子（肽、蛋白质、核酸和多糖）。

3. 毛细管电泳/质谱联用（CE/MS）和芯片/质谱联用（Chip/MS）

毛细管电泳（CE）适用于分离分析极微量样品（nL）和特定用途（如手性对映体分离等）。CE 流出物可直接导入质谱，或加入辅助流动相以达到和质谱仪相匹配。微流控芯片技术是近年来发展迅速，可实现分离、过滤、衍生等多种实验室技术于一块芯片上的微型化技术，具有高通量、微型化等优点，目前也已实现芯片和质谱联用，但尚未商品化。

4. 超临界流体色谱/质谱联用（SFC/MS）

常用超临界流体二氧化碳作流动相的 SFC 适用于弱极性和中等极性物质的分离分析，通过色谱柱和离子源之间的分离器可实现 SFC 和 MS 联用。

5. 等离子体发射光谱/质谱联用（ICP/MS）

由 ICP 作为离子源和 MS 实现联用，主要用于元素分析和元素形态分析。

六、色谱技术

(一)概念

色谱技术是一组相关分离方法的总称，色谱柱的一般结构含有固定相（多孔介质）和流动相，根据物质在两相间的分配。

色谱技术是在特定的色谱柱当中，利用不同物质与固定相的亲和力差异而实现分离的一组技术。其优点是分辨率高，是生化产品纯化、分析的重要手段，这一切均源于其特殊的分离模式，即塔板理论。

目前使用最多的是高效液相色谱（high performance liauid chromatography，HPLC）。高效液相色谱已经被广泛地应用，成为一项不可缺少的技术。它的主要优点是：

①分辩率高于其他色谱法；

②速度快，十几分钟到几十分钟可完成；

③重复性高；

④高效相色谱柱可反复使用；

⑤自动化操作，分析精确度高；

⑥应用广泛。高效液相色谱在生物领域中广泛用于下列产物的分离和鉴定：氨基酸及其衍生物、有机酸、甾体化合物、生物碱、抗菌素、糖类、卟啉、核酸及其降解产物、蛋白质、酶和多肽、脂类等。

(二) 色谱分类及特点

色谱分类方法大约有几十种，以下列举常见的几种色谱分类方法。

1. 按两相状态分类

①气相色谱　以气体为流动相，又分为气液色谱和气固色谱。

②液相色谱　以液体为流动相。

2. 按固定相的外形分类

①柱色谱。

②平面色谱　薄层色谱、纸色谱等。

3. 按分离机理分类

①吸附色谱法　吸附能力强弱。

②分配色谱法　分配系数大小。

③离子交换色谱法　离子交换能力大小。

④排阻色谱法　分子大小。

(三) 色谱分离的基本概念

1. 系数分配

可由 Langmuir 方程得出：

$$K_d = \frac{q}{c}$$

式中：K_d——一般分配系数；

q、c——溶质在固相和液相中的浓度。

2. 保留时间(t_R)和保留体积(V_R)

反映样品在柱子中的保留或阻滞能力，是色谱过程的基本热力学参数之一。

3. 色谱柱的理论塔板、塔板高度

反应不同时刻溶质在色谱柱中的分布以及分离度与柱高之间的关系。

理论塔半数的计算方法如下：

$$N = 5.54 \left(\frac{t_R}{W_{1/2}}\right)^2 \qquad N = 16 \left(\frac{t_R}{W_b}\right)^2$$

式中：N——理论塔板数；

　　　t_R——保留时间；

　　　$W_{1/2}$——半峰宽；

　　　W_b——峰底宽度。

理论塔板高度：

$$H = \frac{L}{N}$$

式中：L——柱长。

（四）色谱仪基本组成部分

色谱仪基本组成部分如图 1-14 所示。

图 1-14　色谱仪基本组成部分

1. 流动相（mobile phase）

在色谱柱中存在着相对运动的两相，一相为固定相，一相为流动相。流动相是指在色谱过程中载带样品（组分）向前移动的那一相。在气相色谱中，流动相是气体，称为载气（不参与分离作用）。在液相色谱中，流动相是液体，称为洗脱液或淋洗剂（参与分离作用）。流动相的作用是载带样品进入色谱柱进行分离（参与或不参与），再载带被分离组分进入检测器进行检测，最后流出色谱系统放空或收集。

2. 进样系统

色谱进样原理是将待测样品置入一密闭的容器中，通过加热升温使挥发性组分从样品基体中挥发出来，在气液或气固两相中达到平衡，直接抽取顶部气体进行色谱分析，从而检验样品中挥发性组分的成分和含量。目前，样品设备有十多种，主要有自动进样器、顶空进样器、六通阀进样器、手动进样器、液体进样器、色谱进样器、气体进样器、固体进样器等。

3. 色谱分离系统

高效液相色谱的分离过程是在色谱柱内进行的，这个分离系统包括固定相、流动相和色谱柱。液相色谱分离效率和分离能力取决于这三者的精心设计和配合。固定相和流动相的合理选择，使得千变万化的复杂样品获得满意的分离，体现了高效液相色谱应用范围广泛的特点，色谱分离系统是色谱系统的核心组成部分。后面将详细介绍不同种类色谱固定相及流动相系统。

4. 色谱检测系统

检测器的作用是将柱流出物中样品组成和含量的变化转化为可供检测的信号，常用检测器有紫外吸收、荧光、示差折光、化学发光等。

紫外-可见吸收检测器（UVD）是 HPLC 中应用最广泛的检测器之一，几乎所有的液相色谱仪都配有这种检测器。其特点是灵敏度较高，线性范围宽，噪声低，适用于梯度洗脱，对强吸收物质检测限可达1ng，检测后不破坏样品，可用于制备，并能与任何检测器串联使用。紫外－可见吸收检测器的工作原理与结构同一般分光光度计相似，实际上就是装有流动的紫外－可见光度计。

（1）紫外吸收检测器

紫外吸收检测器常用氘灯作光源，氘灯则发射出紫外－可见光区范围的连续波长，并安装一个光栅型单色器，其波长选择范围宽（190～800nm）。它有两个流通池，一个作参比，一个作测量用，光源发出的紫外光照射到流通池上，若两流通池都通过纯的均匀溶剂，则它们在紫外光波长下几乎无吸收，光电管上接收到的辐射强度相等，无信号输出。当组分进入测量池时，吸收一定的紫外光，使两光电管接收到的辐射强度不等，这时有信号输出，输出信号大小与组分浓度有关。

局限：流动相的选择受到一定限制，即具有一定紫外吸收的溶剂不能作流动相，每种溶剂都有截止波长，当小于该截止波长的紫外光通过溶剂时，溶剂的透光率降至10%以下，因此，紫外吸收检测器的工作波长不能小于溶剂的截止波长。

（2）光电二极管阵列检测器（photodiode array detector，PDAD）

PDAD也称快速扫描紫外，可见分光检测器，是一种新型的光吸收式检测器。它采用光电二极管阵列作为检测元件，构成多通道并行工作，同时检测由光栅分光，再入射到阵列式接收器上的全部波长的光信号，然后对二极管阵列快速扫描采集数据，得到吸收值是保留时间和波长函数的三维色谱光谱图。由此可及时观察与每一组分的色谱图相应的光谱数据，从而迅速决定具有最佳选择性和灵敏度的波长。

5. 谱数据处理系统

谱数据处理系统是一个集化学、色谱学、微电子学、电子电路技术、光电技术、A/D（模/数转换）技术、嵌入式编程技术、计算机通讯、计算机语言、数据处理等多门学科为一体的高科技产品（图1-15）。

记录器用自动记录的电子电位差计采集检测器输出的信号，绘出色谱图，然后手工测量色谱峰的保留值（或用秒表计时）供定性用，测量出峰面积或峰高供

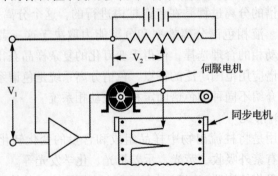

图 1-15　记录器的工作原理

定量用。积分仪可以自动绘出色谱图，并根据预先设好的方法处理色谱图及进行定量计算并打印出报告。但积分仪对色谱图不能进行二次处理。色谱工作站随着微型计算机的发展，积分仪也逐渐被色谱工作站取代。国产的色谱工作站一般只能单向采集色谱仪输出的模拟信号，然后进行处理计算，打印报告，所需硬件是A/D 转换卡。国外的色谱仪所配备的工作站功能要强大得多，除了采集色谱数据外，也可以控制色谱仪，设置色谱分析条件，数据传输是双向的。其通讯方式也是多样的，其信号采集也主要是数字信号。色谱工作站的优点是可以对采集到的色谱图进行再处理；可以实现数据上网传输；可以实现色谱仪的自动控制，大大提高工作效率。

(五)常用色谱技术分类介绍

1. 吸附色谱

①原理　利用溶质与吸附剂之间的分子吸附力(范德华力，包括色散力、诱导力、定向力以及氢键)的差异而实现分离。

②关键要素　吸附剂(固定相)和展开剂(流动相)的选择。

③吸附剂　氧化铝、硅胶、聚酰胺等，均含有不饱和的氧原子或氮原子以及能够形成氢键的基团。

④常用的吸附剂　氧化铝、硅胶、活性炭、纤维素、聚酰胺、硅藻土。

⑤展开剂的选择　展开剂极性越大，对同一化合物的洗脱能力越大。因此，可以根据实验结果调整展开剂的极性以获得最佳的分离的效果。

⑥展开剂选择的原则　对被分离组分应具有一定的解吸附能力，极性应比被分离物质的极性略小；展开剂应对被分离物质具有一定的溶解能力。

⑦吸附色谱的操作程序　根据要分离组分的性质(包括极性、相对分子质量、分子结构)选择合适的固定相和流动相；选择合适的操作条件(温度、pH 值、流速)，进行装柱、平衡、上样，测定穿透样品含量以调整操作参；洗脱采用有机溶剂洗涤、调节 pH 值以及体系离子强度，最大限度地回收目标产物。

2. 分配色谱

①原理　利用溶质在固定相和流动相之间的分配系数不同而分离的方法。

②构成要素　固定相、载体、流动相。

③HPLC(high performance liquid chromatography)　是一种典型的分配色谱，它是基于化合物在固定相和流动相之间分配系数的差异而实现分离的，由于经过了多次的吸附—解析—吸附的过程，其理论塔板数可高达数万(分析性 HPLC)。

④反相液相色谱　反相液相色谱分离多肽和蛋白质使基于蛋白质的疏水性，因此通常采用非极性的烷基固定相作为填料，其表面化学性质和流动相的选择应最大限度地满足疏水的要求。

固定相：C_{18}、C_8 烷基链，C_8 适于分离蛋白质；C_{18} 适于分离核酸、苯基。流动相的选择，通常采用有机溶剂，如乙腈、异丙醇、正丙醇和四氢呋喃。

3. 离子交换色谱

①概念　以离子交换树脂作为固定相，选择合适的溶剂作为流动相，使溶质

按照其离子交换亲合力的不同而得到分离的方法。

②常用的离子交换树脂　葡聚糖凝胶型；纤维素系列离子交换剂；琼脂糖系列离子交换剂。

4. 分子筛凝胶色谱(gel penetration chromatography，GPC)

①概念　在样品通过一定孔径的凝胶固定相时，由于流经体积的不同，使不同相对分子量的组分得以分离。

②特点　操作简便分、离效果好、重复性高、回收率高、分离条件温和、应用广泛、适用于生物大分子的初级分离。

③分子筛凝胶色谱原理　不同的化合物由于其大小差异，在流经 GPC 柱时，不同分子量的化合物流经体积不同，大分子不能或难以进入凝胶网格结构的内部，直接从凝胶颗粒之间穿过，保留时间短；而小分子恰恰相反，保留时间较长，而得以分离。

5. 疏水作用层析(hydrophobic interaction chromatography，HIC)

①原理　依据生物大分子疏水性差异实现分离，由于不同蛋白质分子氨基酸组成差异，其疏水性也不尽相同，HIC 技术是基于生物大分子的疏水性差异而实现分离的，该方法弥补了 HPLC 难以用于蛋白质等生物大分子的分离的不足。

②具体方法　在高盐环境下，蛋白质表面的疏水区域暴露，固定相表面修饰了一些疏水的基团，这样蛋白质的疏水部分即可与固定相发生较强的疏水相互作用，从而被结合在固定相表面，而一旦降低流动相的盐浓度即可实现蛋白质的洗脱，方便易行，是蛋白质分离的常用手段之一。

6. 亲和色谱(affinity chromatography)

所谓亲和色谱就是将亲和技术和色谱技术集成得到的一种高效分离手段，其原理与亲和吸附基本类似，所不同的是经过修饰的载体颗粒是填充在色谱柱中，以实现连续的色谱分离 载体活化、配基连接、吸附、洗脱。

7. 蛋白质分离常用的色谱方法

(1)免疫亲和层析

属于吸附色谱中的一种，利用抗原—抗体作用的高度专一性以及较强的吸附力，实现特殊蛋白质的分离。

(2)疏水层析

在载体表面连接上疏水的直链碳链或其他疏水基团，如苯基，可以与蛋白质的某些疏水基团相互作用，从而实现多组分的分离。

(3)离子交换色谱是最常用的蛋白质分离手段

操作要点：由于蛋白质是两性电解质，在不同的 pH 值下，其解离程度是不同的，因此既可以采用阳离子交换，也可以用阴离子交换，可视具体情况而定。

由于蛋白质的极性基团很多，为了避免洗脱困难，通常采用弱阳或弱阴离子交换剂。适当调节缓冲溶液的 pH 值，使蛋白质适当解离，通常采用的 pH 值靠近其等电点。

(六) 色谱技术易出现的问题

1. 涡流扩散 (eddy diffusion)

流动相碰到较大的固体颗粒，就像流水碰到石头一样产生涡流。如果柱装填得不均匀，有的部分松散或有细沟，则流动相的速度就快；有的部位结块或装柱紧密则流速就慢，多条流路有快有慢，就使区带变宽。因此，固相载体的颗粒要小而均匀，装柱要松紧均一，这样涡流扩散小，柱效率高。

2. 分子扩散 (molecular diffusion)

分子扩散就是物质分子由浓度高的区域向浓度低的区域运动，也称纵向分子扩散。要减少分子扩散就要采用小而均匀的固相颗粒装柱。同时在操作时，如果流速太慢，被分离物质停留时间长，则扩散严重。

3. 质量转移 (mass transfer)

被分离物质要在流动相与固定相中平衡，这样才能形成较窄的区带。在液相色谱中，溶质分子要在两个液相之间进行分配，或在固相上被吸附和解吸附均需要一定的时间。当流速快时，转移速度慢，来不及达到平衡流动相就向前移，各物质的非平衡移动，使区带变宽。

4. 流动相流速

当流速太低时，分子扩散严重，特别是在气相色谱中尤为突出。如将理论塔板高度对流速作图，理论塔板高度随流速增加而急速下降，当达到最低值时，流速再加大则质量转移起主要作用，理论塔板高度又加大。在高效液相色谱中，流速稍快影响不大，但在凝胶过滤色谱中，因为物质要渗透到凝胶内部，所以质量转移影响大，流速加大会降低柱效率。

5. 固定相颗粒大小

定相颗粒越小柱效率越高，对流动相流动的阻力越大，需要加大压力才能使它流动。

(七) 制备色谱法

1. 制备色谱的目的

分析出混合物中一个 (或者几个) 纯物质的含量。制备色谱可从混合物中得到纯物质。为了加快分离的时间与提高分离的效率，制备色谱的进样品量很大，导致制备色谱柱子的分离负荷的相应加大，也就必须加大色谱柱填料，增大制备色谱的直径和长度，使用相对多的流动相。然而，当色谱柱上样品负载加大的时候，往往导致柱效急剧下降而得不到纯的产品。制备色谱，要解决容量与柱子效果之间的矛盾，对重现性也要考虑。从经济上来说，制备色谱要争取少用填料，少用溶剂，要尽可能多地得到产品。

2. 样品的前处理

制备色谱柱子由于处理的样品多，比分析柱子更容易受污染，所以，必要的前处理就显得非常必要。萃取、过滤、结晶、固相萃取等简单的分离方法，如果用得上，而且还不是很麻烦，就要尽可能多地采用以去掉杂质。

3. 制备色谱柱的材质及其特点

各种规格的玻璃柱子在实验室里很容易得到，而且价格低廉，但玻璃柱子致命的弱点是它能承受的压力很小，且非常容易破碎。当由于压力太小而导致流动相流速很慢的时候，高位液面或加高压空气（或者氮气）的采用是一个简单的解决办法。在底下加真空，也能在一定程度上解决这个问题。

不锈钢柱子具有良好的耐腐蚀、抗压力性能，但其价格相对很贵。如果，只有很小的分离任务且经费也允许，市面上直径为 1cm 的小型制备柱就是首选。有机玻璃柱子也能抗压力、耐腐蚀，相对不锈钢柱子而言，它是半透明的，可以看到液体的运行状态，对有色的物质其特点就更为突出。

4. 固定相的选择

硅胶、键合固定相（如 C18）、离子交换树脂、聚酰胺、氧化铝、凝胶等都可以作为色谱柱的填料。有不少文献报道，对填料可以进行处理从而提高分离效果。

5. 装柱方法的选择

根据固定相颗粒度和柱子的尺寸，采用不同的装柱方法，往往装填越好分离效果越好。装柱效果跟填料的颗粒度关系很大，颗粒度的减少会导致装柱的难度。一般来说，颗粒直径小于 $20 \sim 30 \mu m$ 的固定相采用湿法装填。所谓"敲击—装填"技术适用于颗粒直径大于 $25 \mu m$ 的固定相。湿法的目的是迫使相对稀松的固定相悬浆以高速装入色谱柱子，从而减少空隙的形成。然而，当柱直径大于 20mm，所加压力为 $30 \sim 40 bar (1 bar = 10^5 Pa)$ 时，高压悬浆装填技术就变得十分复杂。为将小颗粒固定相装入更大的制备型色谱柱，可采用柱长压缩技术。这种方法，先将固定相悬浆（或偶尔是干填充物）装入柱中加压，利用物理方法将其压紧。压紧的方法有两种：径向压缩和轴向压缩。湿法装柱需要一定的设备，在柱子填完后，应用有柱效的测量，对柱效低的柱子应该重填。

6. 流动相的选择

除了和分析色谱同样的考虑外，在选用流动相时，要考虑色谱分离后面加有旋转蒸发等二次分离操作。一般来说，不宜采用高毒性溶剂，对多元溶剂要尽可能地少用。

7. 检测器的选用

一般的分析池的最大允许流速仅为 5mL/min 或者 10mL/min。而专门的制备池的最大允许流速可为 150mL/min。有时，采用旁路分离管将少量流体导入分析池进行检测，是一个不错的办法，但其浓度的误差会相对较大。

8. 组分保留时间的估计

用分析柱子在同等色谱条件下（同样的固定相和流动相）测定保留时间后，按照单一组分的线流速（不是体积流速）一定，通过计算可以知道组分的大致保留时间区域。分析谱图的峰形状，对确定保留时间也有很大的参考价值。

9. 产品的收集

手工馏分收集费时费力，自动馏分收集器有很大的方便。许多实验室和工厂都采用了馏分收集器。

10. 超载、边缘切割、中心切割、放大技术与非线性效用

在制备色谱中，因为没有必要达到分析色谱那样的分离度，可以在一定范围内大大加大进样的浓度和体积。

11. 柱转换技术

通过接头或者阀门，实现柱子的简单延长，或者比较方便地实现对其中一个（或几个）组分的精制。

12. 比较新的制备色谱技术

模拟移动床可以连续进样，并可以利用边缘切割效用，而且采用了柱切换技术，能更好地利用溶剂和填料，已经应用于工业化生产。其理论和技术也日益完善。迎头色谱、超临界流体色谱、逆流色谱、环形色谱、气相制备色谱等在科研和工业生产中也得到了应用。

（八）色谱联用技术

1. 色谱-质谱联用技术

色谱技术可为质谱分析提供纯化的样品，而质谱则提供准确的结果信息，色谱、质谱的联用能够使样品的分离、定性、定量一次完成。

（1）气相色谱-质谱联用法（GC-MS）

GC-MS 检测灵敏度高，但对样品的极性和热稳定性有一定要求，有时需要衍生化才能检测。

（2）液相色谱-质谱联用法（LC-MS）

液相色谱-质谱联用（LC-MS）是目前最重要的分离分析方法之一，HPLC 的高分离性能和 MS 的高选择性、高灵敏度及丰富的结构信息相结合，已成为体内药物分析研究中强有力的工具。分析前样品预处理简单，一般无需衍生化或水解，更适合于体内药物的分离和鉴定。

2. 色谱/色谱联用技术

色谱技术应用于样品复杂组分的分析，提高了分离能力。多维色谱技术中常用的方法是二维色谱，即色谱/色谱联用法。其一般多指两种色谱方法的联用，它将分离机制不同而又相互独立的两支色谱柱以串联方式结合起来，目的是用一种色谱法补充另一种色谱法分离效果上的不足。

常见的联用方法有：气相色谱/气相色谱（GC-GC）联用法、高效液相色谱/气相色谱（HPLC-GC）联用法、高效液相色谱/高效液相色谱（HPLC-HPLC）联用法等。其中 HPLC-HPLC 联用法亦称柱切换技术（CS），是指用切换阀来改变流动相走向和流动相系统，从而使洗脱液在一特定时间内从预处理柱入到分析柱的在线固相分离技术。

CS 技术具有以下优势：①分辨率和选择性高；②使待测组分密集，灵敏度高；③在一个色谱系统中，实现多个分离目标；④在线衍生化，灵敏度高，重现性好；⑤在线净化样品，使预处理过程自动化。CS 技术近年来发展迅速，广泛

应用于各种分析领域，尤其在体内药物分析中应用最多。

待测物的极性是应用 CS 技术是所需考虑的最重要参数。低极性和中等极性的药物宜使用反相色谱法，选用中等极性的氰基柱和二醇键合柱，用水为预处理柱的流动相。极性高的组分用正相柱作预处理柱，待测生物样品需用大体积与水相溶的有机溶剂萃取后进样。采用 CS 技术可使衍生化在线完成，不仅提高了分析的自动化程度，而且还有助于得到较好的精密度和重现性。

3. 高效液相/核磁共振联用技术

近年来，随着 NMR 仪在灵敏度、分辨率、动态范围等方面技术的提高，色谱，特别是 HPLC 与 NMR 仪直接联用已成为可能，并已经成为体内药物分析中有力的结构鉴定技术之一。液相色谱/核磁共振联用技术（HPLC-NMR）能一次性地完成从样品分离纯化到峰的检测、结构测定和定量分析。但这种分析手段目前还存在检出限高、不能分析太大分子等缺点。含量较少的组分可以进行 NMR 累加扫描，甚至作二维谱图，以得到更大量的结构信息。目前 HPLC-NMR 联用进行体内药物分析研究主要集中于对尿液中的代谢产物的研究。

4. 色谱和原子光谱技术的联用

液相色谱最大的优点是无需衍生即能直接分离，简单快速，且分离效率高，而与原子光谱联用具有多元素同时选择性检测能力，成为在元素形态分析中极为有效的方法之一。尤其是具有较好应用前景的热喷雾化器接口，它是由一个石英气化管的雾化器和一个适合微柱 LC 的去溶装置组成的，拥有较高的雾化效率和其所要求的流速适合等离子体对有机溶剂的要求等特点，解决了 HPLC-ICP-AES 联用的难题。

5. 多维色谱

多维色谱是采用多种色谱系统实现理想分离的方法。高速逆流色谱（high-speed counter-current chromatography，HSCCC）由于其不需要固定相，理论上能保证样品的 100% 回收。

七、核酸提取原理及测序

核酸分为核糖核酸（RNA）和脱氧核糖核酸（DNA）两大类。DNA 储存遗传信息，在细胞分裂过程中复制，使每个子细胞接受与母细胞结构和信息含量相同的 DNA；RNA 主要在蛋白质合成中起作用，负责将 DNA 的遗传信息转变成特定蛋白质的氨基酸序列。

核酸的基本结构单元是核苷酸，核苷酸含有含氮碱基、戊糖和磷酸 3 种组分。碱基与戊糖构成核苷，核苷的磷酸酯为核苷酸。DNA 和 RNA 中的戊糖不同，RNA 中的戊糖是 D-核糖，因此为核糖核酸；DNA 不含核糖而含 D-2-脱氧核糖（核糖中 2 位碳原子上的羟基为氢所取代），因此为脱氧核糖核酸。核酸就是根据其中戊糖种类来分类的，DNA 和 RNA 的碱基也有所不同。

DNA 的碱基组成规律：是 A、G、C、T 四种碱基组成的脱氧核糖苷酸通过磷酸二酯键相连而成的多脱氧核苷酸链，DNA 碱基含量是 A = T，G = C，A + G

= C + T。

RNA 是 A、G、C、U 四种碱基组成的核糖苷酸通过磷酸二酯键相连而成的多核苷酸链。有三种主要的 RNA：据其作用可分转运 RNA（tRNA）、信使 RNA（mRNA）和核蛋白体 RNA（rRNA）。

（一）核酸分离纯化的一般原则

核酸分离与纯化的方法很多，应根据具体生物材料的性质与起始量、待分离核酸的性质与用途而采取不同的方案。无论采取何种方法，都应遵循总的原则：①保证核酸一级结构的完整性，因为完整的一级结构是核酸结构和功能研究的最基本的要求；②尽量排除其他分子的污染，保证核酸样品的纯度；③核酸样品中不应存在对酶有抑制作用的有机溶剂和过高浓度的金属离子。

核酸提取包含样品的提取和纯化两大步骤。提取是使样品中的核酸游离在裂解体系中的过程；纯化则是使核酸与裂解体系中的其他成分，如蛋白质、盐及其他杂质彻底分离的过程。

分离提纯某一特定的核酸，首先要使核酸从原来的组织或细胞中以溶解的状态释放出来，但 DNA 和 RNA 的分离提取都有不同，在细菌中存在一种环形的 DNA 质粒，质粒是一些存在于多种细菌染色体外的遗传单位，它们是一类双链、闭合的 DNA 分子，其大小范围从 1kb 到 20kb 以上。它的分离纯化与线性核酸不同，因此核酸的分离纯化因核酸的种类和组织不同而异。

（二）DNA 的提取

在核酸提取过程中，细胞裂解是非常重要的。经典的裂解液几乎都含有去污剂（如 SDS、Triton X－100、NP－40、Tween 20 等）和盐（如 Tris、EDTA、NaCl 等）。盐的作用，除了提供一个合适的裂解环境（如 Tris），还包括抑制样品中的核酸酶在裂解过程中对核酸的破坏（如 EDTA）、维持核酸结构的稳定（如 NaCl）等。去污剂则是通过使蛋白质变性，破坏膜结构及解开与核酸相连接的蛋白质，从而实现核酸游离在裂解体系中。

1. 根据抽提试剂不同的分离方法

（1）浓盐法

利用 RNA 和 DNA 在电解质溶液中溶解度不同，将二者分离，常用的方法是用 1mol/L 氯化钠抽提，得到的 DNP（脱氧核糖核蛋白）黏液与含有少量辛醇的氯仿一起摇荡，使之乳化，再离心除去蛋白质，此时蛋白质凝胶停留在水相及氯仿相中间，而 DNA 位于上层水相中，用 2 倍体积 95% 乙醇可将 DNA 钠盐沉淀出来；也可用 0.15mol/L NaCl 溶液反复洗涤细胞破碎液除去 RNP（核糖核蛋白），再以 1mol/L NaCl 提取脱氧核糖蛋白，再按氯仿－异醇法除去蛋白质。两种方法比较，后一种方法使核酸降解可能少一些；以稀盐酸溶液提取 DNA 时，加入适量去污剂，如 SDS 可有助于蛋白质与 DNA 的分离。在提取过程中为抑制组织中的核酸酶（Dnase）对 DNA 的降解作用，在氯化钠溶液中加入柠檬酸钠作为金属离子的络合剂。

（2）阴离子去污剂法

用 SDS 或二甲苯酸钠等去污剂使蛋白质变性，可以直接从生物材料中提取 DNA。由于细胞中 DNA 与蛋白质之间常借静电引力或配位键结合，因为阴离子去污剂能够破坏这种结合力，所以常用阴离子去污剂提取 DNA。

（3）苯酚抽提法

苯酚作为蛋白质变性剂，同时抑制了 DNase 的降解作用。用苯酚处理匀浆液时，由于蛋白质与 DNA 联结键已断，蛋白分子表面又含有很多极性基团与苯酚相似相溶。蛋白分子溶于酚相，而 DNA 溶于水相。离心分层后取出水层，多次重复操作，再合并含 DNA 的水相，利用核酸不溶于醇的性质，用乙醇沉淀 DNA。此时 DNA 是十分黏稠的物质，可用玻璃棒慢慢绕成一团，取出。此法的特点是使提取的 DNA 保持天然状态。

（4）水抽提法

利用核酸溶解于水的性质，将组织细胞破碎后，用低盐溶液除去 RNA，然后将沉淀溶于水中，使 DNA 充分溶解于水中，离心后收集上清液。在上清液中加入固体氯化钠调节浓度至 2.6mol/L，加入 2 倍体积 95% 乙醇，立即用搅拌法搅出。然后分别用 66%、80%、95% 乙醇以及丙酮洗涤，最后在空气中干燥，即得 DNA 样品。此法提取的 DNA 中蛋白质含量较高，故一般不用。为除蛋白质可将此法加以改良，在提取过程中加入 SDS。

2. 因组织不同来划分

（1）动物细胞 DNA 分离纯化

在 EDTA 和 SDS 等去污剂存在下，用蛋白酶 K 消化细胞，随后用酚抽提，可以得到哺乳动物 DNA，此方法得到的 DNA 长度为 100 ~ 150kb，适用于噬菌体构建基因组文库和 Southern 杂交分析。氯仿 - 异戊醇能降低分子表面张力，所以能减少抽提过程中产生的泡沫，同时异戊醇有助于分相，使离心后的上层水相，中层变性蛋白质及下层有机溶剂相维持稳定。冰无水乙醇会夺去 DNA 周围的水分子，使 DNA 失去水分而易于聚合，可除去残余的氯仿。70% 乙醇洗涤可除残余的盐离子。盐离子存在会使之不易溶解，并可抑制酶反应。

（2）植物核酸提取

利用液氮对植物组织进行研磨，从而破碎细胞。细胞提取液中含有的 SDS 溶解膜蛋白而破坏细胞膜，使蛋白质变性而沉淀下来。EDTA 抑制 DNA 酶的活性。再用酚、氯仿抽提的方法除去蛋白质，得到的 DNA 溶液经异丙醇沉淀。

有些植物样品富含多糖，CTAB 法是抽提富含多糖样品的首选裂解方法。CTAB（十六烷基三甲基溴化铵）可以从含多糖的裂解体系中将核酸沉淀下来。CTAB 方法因简便、快速而使用最广泛。收集和保存植物组织的方法对于 DNA 的产量和质量也有很大影响。采用新鲜材料能产生最好的结果，特别是对于产生大量单宁、酚或其他次级代谢产物的种。如材料不能马上进行提取，应保存在冷而湿的地方，例如保存在冰盒中。如有必要可以冷冻保存。提取 DNA 的过程中有许多因素能导致 DNA 降解。首先是物理因素。因为 DNA 分子量较大，机械张力或高温很容易使 DNA 分子发生断裂。因此，在实际操作过程中应尽可能轻缓，尽量避免过多的溶液转移及剧烈的振荡等，以减少机械张力对 DNA 的损伤，同时也应避免过高的温度。其次，细胞内源 DNA 酶及细胞破裂释放的次级产物也会导致 DNA 降解。

所以在提取 DNA 的实验中，设计了许多可供选择的分离缓冲液，以适应不同的植物材料。分离缓冲液的 pH 值有时需要进行改进，pH 应避免接近降解酶的最适点。大多数降解酶和脂肪氧合酶 pH 值的最适点在 5.0～6.0 之间，而 DNA 酶 pH 值最适点在 7.0 左右。由于在过酸的条件下，DNA 脱嘌呤会导致 DNA 的不稳定，极易在碱基脱落的地方发生断裂，所以大多植物 DNA 提取缓冲液的 pH 值为 8.0，有的甚至为 9.0。

3. 细菌 DNA 提取

对于细菌的染色体 DNA 提取，首先可以利用溶菌酶水解大肠杆菌的肽聚糖，从而破碎细胞。再用酚、氯仿抽提的方法除去蛋白，得到的 DNA 溶液经乙醇沉淀即为基因组 DNA。

当提取样品为土壤中细菌，一定要除去腐殖质，因为腐殖质的性质与 DNA 很相似，DNA 提取过程中会将腐殖质等物质一起纯化，而这些腐殖质会抑制聚合酶链式反应(PCR)及限制性酶切等。因而，从土壤中提取 DNA，腐殖质等抑制因子的除去干净是重中之重，采用传统的 DNA 提取方法来除去腐殖质等抑制因子是十分困难的。因此要使用高效的腐殖酸吸附剂，再结合硅胶柱纯化的技术。就可得到土壤中细菌的 DNA。

4. 质粒抽提

(1)SDS 碱裂解法

是质粒抽提的首选裂解方法，具有快速、得率高、几乎无基因组 DNA 污染的特点。控制好裂解液/菌体的比例和操作的温和是该方法成功的关键。尽管碱性溶剂使碱基配对完全被破坏，闭环的质粒 DNA 双链仍不会彼此分离，这因为它们在拓扑学上是相互缠绕的。只要 OH-处理的强度和时间不要太过，当加入 pH 为 4.8 的乙酸钾高盐缓冲液恢复 pH 至中性时，质粒 DNA 双链就会再次形成，因此复性迅速而准确，而线性的染色体 DNA 因两条互补链已完全分开，复性就不那么准确而迅速了，在裂解过程中，变性的染色体 DNA 会和细菌蛋白质、破裂的细胞壁相互缠绕成大型复合物。当用 K⁺ 取代 Na⁺ 时，复合物会从溶液中有效地沉淀下来，离心除去变性剂后，就可以从上清液中回收复性的质粒 DNA。

(2)煮沸法

是将细菌悬浮于含有 Triton X - 100 和能消化细胞壁的溶菌酶的缓冲液中，然后加热到 100℃使其裂解。加热除了破坏细菌外壁，还有助于解开 DNA 链的碱基配对，并使蛋白质和染色体 DNA 变性。但是。闭环质粒 DNA 链彼此不会分离，这是因为它们的磷酸二酯骨架具有互相缠绕的拓扑结构。当温度下降后，闭环 DNA 的碱基又各就各位，形成超螺旋分子，离心除去变性的染色体 DNA 和蛋白质，就可从上清液中回收质粒 DNA。煮沸裂解法对于小于 15kb 的小质粒很有效，可用于提取少至 1 mL（小量制备），多至 250mL（大量制备）菌液的质粒，并且对大多数的大肠杆菌菌株都适用。但对于那些经变性剂、溶菌酶及加热处理后能释放大量碳水化合物的大肠杆菌菌株，则不推荐使用该法。这是因为碳水化合物很难除去，会抑制限制酶和聚合酶活性。若碳水化合物的量很大，在 CsCl-溴化乙锭梯度离心中会使超螺旋质粒 DNA 带变得模糊不清。大肠杆菌菌株 HB101 及其衍生菌株（其中包括 TGl）能产生大量的碳水化合物，不适于用煮沸法裂解。

（三）RNA 提取

（1）Trizol 法

即异硫氰酸胍 – 苯酚法。Trizol 试剂是一个包含酚、异硫氰酸胍和 SDS 的单相酸性溶液，最关键的是其在裂解细胞的同时抑制 Rnase（核糖核酸酶）的活性，随后加入氯仿，酚会大量地溶解在氯仿中。由于 DNA 和 RNA 在酸性酚中的溶解性不同，造成 DNA 分布在下层的氯仿-酚溶液中，RNA 则分布在上层的水相中，最后用异丙醇沉淀水相中的 RNA，并用 70% 乙醇洗涤沉淀，这样就可以得到比较纯净的总 RNA。

（2）CTAB 法

CTAB（十六烷基三甲基溴化铵），是一种阳离子去污剂，具有从低离子强度溶液中沉淀核酸与酸性多聚糖的特性。在高离子强度的溶液中（ > 0.7mol/L NaCl），CTAB 与蛋白质和多聚糖形成复合物，只是不能沉淀核酸。通过有机溶剂抽提，去除蛋白质、多糖、酚类等杂质后加入乙醇沉淀即可使核酸分离出来。CTAB 溶液在低于 15℃ 时会形成沉淀析出，因此，在将其加入冰冷的植物材料之前必须预热，且离心时温度不要低于 15℃。对于多糖含量高的样品还牵涉到多糖杂质的有效除去。高盐法去除多糖，用乙醇沉淀时，在待沉淀溶液中加入 1/2 体积的 5mol/L NaCl，高盐可溶解多糖。用多糖水解酶将多糖降解。在提取缓冲液中加一定量的氯苯（1/2 体积），氯苯可以与多糖的羟基作用，从而去除多糖。

（四）核酸质量的检测问题

（1）电泳检测

主要是核酸的完整性和大小，只要核酸不是太小或者太大（超出电泳分离范围），该方法还是非常可信的；电泳还可以用于估计核酸的浓度，但其准确度与经验有关；另外，电泳也可能提供某些杂质污染的信息，但是同样与经验有关。

（2）紫外分光光度仪

主要是纯度和核酸含量，$A_{230} : A_{260} : A_{280} = 1 : 2$（DNA 为 1.8）:1，如果 $A_{260}/A_{230} > 2$ 就是纯的，如果 $A_{260}/A_{280} > 2$ 就是核酸降解。A_{260}/A_{230} 如果比 2.0 大许多，一定是有杂质残留的。

(五)核酸测序原理

1. Sanger 法测序的原理

就是利用一种 DNA 聚合酶来延伸结合在待定序列模板上的引物。直到掺入一种链终止核苷酸为止。每一次序列测定由一套四个单独的反应构成，每个反应含有所有四种脱氧核苷酸三磷酸(dNTP)，并混入限量的一种不同的双脱氧核苷三磷酸(ddNTP)。由于 ddNTP 缺乏延伸所需要的 3-OH 基团，使延长的低聚核苷酸选择性地在 G、A、T 或 C 处终止。终止点由反应中相应的双脱氧核苷三磷酸而定。每一种 dNTP 和 ddNTP 的相对浓度可以调整，使反应得到一组长几百至几千碱基的链终止产物。它们具有共同的起始点，但终止在不同的核苷酸上。可通过高分辨率变性凝胶电泳分离大小不同的片段，凝胶处理后可用 X 射线胶片放射自显影或非同位素标记进行检测。

2. 化学修饰法测序原理

化学试剂处理末段 DNA 片段，造成碱基的特异性切割，产生一组具有各种不同长度的 DNA 链的反应混合物，经凝胶电泳分离。化学切割反应包括：碱基的修饰，修饰的碱基从其糖环上转移出去，在失去碱基的糖环处 DNA 断裂。

3. 454 焦磷酸测序

由 454 公司发展的并行焦磷酸测序方法。emPCR 是 454 测序的一个关键步骤，将富集到的文库与测序磁珠、各反应物混合，加入特定的矿物油和表面活性剂，再利用振荡器剧烈振荡，使反应体系形成油包水的稳定乳浊液。该方法在油溶液包裹的水滴中扩增 DNA(即 emulsion PCR，emPCR)，每一个水滴中开始时仅包含一个包被大量引物的磁珠和一个链接到微珠上的 DNA 模板分子(控制 DNA 浓度出现的大概率事件)。将 emPCR 产物加载到特制的 PTP 板(PicoTiter Plate)上，板上有上百万个孔，每个微孔只能容纳一个磁珠。焦磷酸测序依靠生物发光进行 DNA 序列分析的新技术；在 DNA 聚合酶、ATP 硫酸化酶、荧光素酶和双磷酸酶的协同作用下，将引物上每一个 dNTP 的聚合与一次荧光信号释放偶联起来。通过检测荧光信号释放的有无和强度，就可以达到实时测定 DNA 序列的目的。此技术不需要荧光标记的引物或核酸探针，也不需要进行电泳；具有分析结果快速、准确、灵敏度高和自动化的特点。

Roche GS FLX System 是一种基于焦磷酸测序原理而建立起来的高通量基因组测序系统。在测序时，使用了一种叫做"Pico Titer Plate"(PTP)的平板，它含有 160 多万个由光纤组成的孔，孔中载有化学发光反应所需的各种酶和底物。测序开始时，放置在四个单独的试剂瓶里的四种碱基，依照 T、A、C、G 的顺序依次循环进入 PTP 板，每次只进入一个碱基。如果发生碱基配对，就会释放一个焦磷酸。这个焦磷酸在各种酶的作用下，经过一个合成反应和一个化学发光反应，最终将荧光素氧化成氧化荧光素，同时释放出光信号。此反应释放出的光信号实时被仪器配置的高灵敏度 CCD(charge‐coupled device，电荷耦合装置)捕获到。有一个碱基和测序模板进行配对，就会捕获到一个分子的光信号；由此一一对应，就可以准确、快速地确定待测模板的碱基序列。

4. 自动测序法

基因分析仪(即 DNA 测序仪),采用毛细管电泳技术取代传统的聚丙烯酰胺平板电泳,应用 Perkin Elmer(PE)公司专利的四色荧光染料标记的 ddNTP(标记终止物法),因此通过单引物 PCR 测序反应,生成的 PCR 产物则是相差 1 个碱基的 3′末端为 4 种不同荧光染料的单链 DNA 混合物,使得四种荧光染料的测序PCR 产物可在一根毛细管内电泳,从而避免了泳道间迁移率差异的影响,大大提高了测序的精确度。由于分子大小不同,在毛细管电泳中的迁移率也不同,当其通过毛细管读数窗口段时,激光检测器窗口中的 CCD 摄影机检测器就可对荧光分子逐个进行检测,激发的荧光经光栅分光,以区分代表不同碱基信息的不同颜色的荧光,并在 CCD 摄影机上同步成像,分析软件可自动将不同荧光转变为DNA 序列,从而达到 DNA 测序的目的。分析结果能以凝胶电泳图谱、荧光吸收峰图或碱基排列顺序等多种形式输出。

基因分析仪是一台能自动灌胶、自动进样、自动收集分析数据等全自动电脑控制的测定 DNA 片段的碱基顺序或大小和定量的高档精密仪器。PE 公司还提供凝胶高分子聚合物,包括 DNA 测序胶(POP 6)和 GeneScan 胶(POP 4)。这些凝胶颗粒孔径均一,避免了配胶条件不一致对测序精度的影响。它主要由毛细管电泳装置、Macintosh 电脑、彩色打印机和电泳等附件组成。电脑中则包括资料收集、分析和仪器运行等软件。它使用最新的 CCD 摄影机检测器,使 DNA 测序缩短至2.5h,PCR 片段大小分析和定量分析为 10~40min。

5. 非同位素银染色法

SILVER SEQUENCETM DNA 测序系统是一种无放射性的序列分析系统,它通过灵敏的银染方法检测凝胶中的条带。银染法灵敏度低于放射性同位素和荧光染料,因此它需要的 DNA 量也多。银染测序系统利用线性扩增、热循环等步骤产生出能足够银染检测的 DNA。这种方法可视为链终止法和 PCR 的结合。在银染测序系统中包含有类似于双脱氧链终止法所含的成分,模版、引物、脱氧核苷三磷酸和双脱氧核苷三磷酸也需要设置 4 组反应,但是其使用的酶为 Taq DNA 聚合酶。与双脱氧链终止法相似,双脱氧核苷酸可以将新合成的 DNA 链终止于所有不同的 A、T、G、C 位点的低聚核苷酸,这些片段有着共同的引物的 5′末端,但 3′末端各不相同。由于使用了 Taq DNA 聚合酶(在 95℃时有极强的热稳定性),采用热循环系统,这使得分别终止于 A、T、G、C 位点,长度不同的 DNA 链大量扩增,经过若干循环后产生的 DNA 能够进行银染检测。将四组反应混合液加在变性聚丙烯酰胺凝胶的相邻泳道上进行高压电泳,电泳结束后将测序胶进行银染。在凝胶上会显示出 DNA"阶梯"。染色结果可以用于直接阅读 DNA 序列,也可以通过 EDF 胶片真实再现银染结果并长期保存。

银染法提供了一种相对于放射性法或荧光法来说更加快速、廉价的替代方法。测序结果可以在同一天内得到;电泳完成后经 90min 就可读序,这是常规的放射性测序法做不到的。此外,SILVER SEQUENCETM 系统用未修饰的 5′-OH 低聚核苷酸作为引物，减少了特殊修饰低聚核苷酸的花费。该系统不需要放射性方法中对同位素的谨慎操作，也不需要荧光法或化学发光技术的昂贵试剂。另外，也不需要像大多数荧光法那样用仪器来检测序列条带。

八、蛋白质提取与测序技术

蛋白质是生物体中功能最多样化的生物大分子，它们在功能上的多样化取决于结构构象上的多样化。蛋白质的基本结构是由氨基酸残基构成的多肽链，再由一条或一条以上的多肽链按一定的方式组合成的具有特定结构的生物活性分子。随着肽链数目、氨基酸的组成及其排列顺序不同就形成了不同的蛋白质。

(一)蛋白质分离纯化的一般原则

蛋白质在组织或细胞中都是以复杂的混合物形式存在的，每种类型的细胞都含有上千种不同类型的蛋白质，分离纯化的目的就是要从复杂的混合物中将所需要的某种蛋白质提取出来并达到一定的纯度。因纯度是相对的，因此提纯的目标是尽量提高蛋白质的纯度或比活性(即增加单位质量中所需蛋白质的含量或生物活性)，设法除去变性的和不需要的杂蛋白，并尽可能提高蛋白质的产量。

分离提纯某一特定的蛋白质，首先要使蛋白质从原来的组织或细胞中以溶解的状态释放出来，并保持原有的天然状态(不失去生物活性)。为此，动物组织的细胞膜可用电动捣碎机或匀浆器破碎，细菌和植物的细胞壁可用超声波或加沙研磨等物理方法破碎，但更常用的是低温冰冻、化学试剂及溶菌酶处理。破壁后再用适当溶剂提取。

获得蛋白质溶液后，再用适当的分离方法将所需蛋白质和其他蛋白质分开。一般采用等电点沉淀、盐析和有机溶剂分级分离，然后再用离子交换、凝胶过滤等色谱方法进行纯化。如果有必要和可能的话，还可用亲和色谱以及各种电泳等方法进行高度纯化。

蛋白质分离提纯的最后目标往往是制成晶体，尽管结晶往往要经过反复多次的分级分离与纯化，而重结晶又是除去少量杂蛋白的有效措施。同时，由于变性蛋白不会结晶出来，因此蛋白质的结晶也是判断制品是否处于天然状态的有利依据之一。

蛋白质纯度越高、溶液越浓就越容易结晶。结晶的最佳条件是使溶液略处于过饱和状态。这可利用控制温度、加盐盐析、加有机溶剂或调节 pH 等方法实现。

在制备具生物活性的蛋白质(如酶试剂)时，均需注意上述各步骤中蛋白质的变性、蛋白酶的作用以及微生物的污染等，总的原则是要求条件温和，并加入少量杀菌剂。

(二)蛋白质分离纯化的方法

对于蛋白质分离与纯化的方法，可根据蛋白质的分子大小、溶解度、电荷、吸附性质及对其他分子的生物学亲和力等选择。

1. 根据分子大小不同的分离方法

蛋白质分子都是大分子，在提取过程中，与混合物中的其他"杂质"相对分子质量相差较大，而且不同的蛋白质其大小也不同。根据这种性质而采用的分离方法有如下几种：

（1）透析和超过滤

透析和超过滤是根据蛋白质分子不能通过半透膜的性质使蛋白质和其他小分子物质（如无机盐、单糖等）分开，常用的半透膜是玻璃纸（cellophone，赛璐玢）、火棉纸（celluloid，赛璐珞）等合成材料。

透析是将待提纯的蛋白质溶液装在半透膜的透析袋里放在蒸馏水或流水中，蛋白质溶液中的无机盐等小分子通过透析袋扩散入纯水中以此除去。超过滤是利用外加压力或离心力使水和其他小分子通过半透膜，而蛋白质留在膜上。这两种方法只能将蛋白质和小分子物质分开，而不能将不同的蛋白质分离开。

（2）密度梯度离心

蛋白质颗粒的沉降不仅决定于它的大小，而且也取决于它的密度。如果蛋白质颗粒在具有密度梯度的介质中离心时，则质量和密度大的颗粒比质量和密度小的颗粒沉降得快，而且每种蛋白质颗粒沉降到自身密度相等的介质梯度时，即停止不前，最后各种蛋白质在离心管中被分离成各自独立的区带，分成区带的蛋白质可以在管底刺小孔逐滴放出，分部收集，然后再对每个组分进行小样分析以确定区带位置。

常用的密度梯度为制糖梯度，在管底的密度最大，向上逐渐减少。密度梯度离心时对蛋白质有一种稳定作用，即可清除由于温度变化或机械振动引起的区带界面的扰乱。

（3）凝胶过滤

凝胶过滤又称分子筛色谱法（molecular-sieve chromatography），是根据分子大小分离蛋白质混合物最有效的方法之一。凝胶过滤是一种柱色谱，柱中的填充物是大分子的惰性聚合物，最常用的有葡聚糖凝胶（商品名为 Sephadex）和琼脂糖凝胶（商品名为 Sepharose）等。葡聚糖凝胶是具有不同交联度的网状结构物，它的"网孔"大小可以通过控制交联剂与葡聚糖的比例来达到。由于不同大小的分子所经路程不同而得以分离，大分子先洗下来，小分子后洗下来。

2. 利用溶解度差别的分离方法

各种蛋白质的溶解度大小在相同的外界条件下，主要取决于它们的结构特点，如分子中极性的亲水基团与非极性的疏水基团的比例，它们在蛋白质分子表面的排布等。因此，根据各种蛋白质的不同溶解度，选择适当的外部条件，即能加以分离。

（1）等电点沉淀法

由于蛋白质分子在等电点时净电荷为零，减少了分子间的静电斥力（非等电点时，蛋白质带同种电荷而相互排斥），因而容易聚集而沉淀，此时溶解度最小。由于不同蛋白质的等电点不同，所以调节 pH 达某蛋白质的等电点时，则该蛋白质首先沉淀。这种方法分离出的蛋白质保持着天然构象，改变 pH 又可重新溶解。

（2）盐溶与盐析

中性盐对蛋白质的溶解度有显著的影响，这种影响具有双重性。低浓度的中性盐可以增加蛋白质的溶解度，称为盐溶；高浓度的中性盐可降低蛋白质的溶解度，使蛋白质发生沉淀，这种由于在蛋白质溶液中加入大量中性盐，使蛋白质沉淀析出的作用称为盐析。对于难溶于水的蛋白质（如植物球蛋白），由于盐离子的加入增加了水溶液的极性，减弱了蛋白质分子间的作用力，从而促进其溶解；但当加入的盐浓度达到一定程度后，在继续加盐，蛋白质的溶解度反而降低，自溶液中析出。这是因为高浓度的盐与水结合后降低了水的相对浓度，争夺了蛋白质分子水膜层的水分子；而且中性盐都是强电解质，完全解离，离子浓度的增大大量地中和了蛋白质的表面电荷。换言之，由于大量加入中性盐，破坏了蛋白质的稳定因素，因而发生沉淀。

不同蛋白质由于所带电荷不同以及水化程度不同，因而盐析时所需盐的浓度也不同，在蛋白质溶液中逐渐增大盐（常用硫酸铵）的浓度，不同蛋白质就会先后析出，这种方法称为分段盐析，血清中加入一定饱和度的硫酸铵可使所有球蛋白沉淀下来，留在上清液中的蛋白质可用饱和硫酸铵使之沉淀。临床上可用此法来测定血清中清蛋白与球蛋白的比例，作为诊断的一个指标。

（3）有机溶剂沉淀法

在蛋白质溶液中，加入一定量的与水相溶的有机溶剂，由于这些溶剂与水的亲和力大，能夺取蛋白质颗粒上的水膜，使蛋白质的溶解度降低而沉淀，常用的有机溶剂有乙醇、丙酮等。由于有机溶剂往往能使蛋白质变性失活，因此宜用低浓度有机溶剂，并在低温下操作。

3. 根据电荷不同的分离方法

根据蛋白质所带电荷不同进行分离的方法主要是电泳与离子交换法。各种蛋白质在电场中的运动速度取决于缓冲溶液的 pH 值及蛋白质分子的大小和形状。缓冲溶液的 pH 值与蛋白质的等电点不同，在某一 pH 值时，所带电荷不同。加之，分子大小也不完全相同，因而就可通过电泳将它们分离。

用离子交换色谱分离蛋白质也是根据其带电荷的情况。常用于蛋白质分离的离子交换剂有弱酸性的羧甲基纤维素和弱碱性的二乙基氨基乙基纤维素，前者为阳离子交换剂，后者为阴离子交换剂。对离子交换法的一个改进是，将离子交换与凝胶过滤相结合，效果更佳。可用于这种层析的材料有 CM-Sephadex 或 DEAE-Sephadexdeng。

蛋白质对离子交换剂的结合力取决于彼此间相反电荷的静电吸引，这与溶液的 pH 值有关，因为 pH 值决定离子交换剂与蛋白质的电离程度，盐类的存在可以降低离子交换剂的离子基团和蛋白质的相反电荷基团之间的静电吸引。因此，蛋白质混合物的分离可用改变溶液中盐类离子强度（加盐梯度洗脱）和 pH 值来完成。对离子交换剂结合力最小的蛋白质，首先由色谱柱中洗脱出来。

(1)蛋白质的选择吸附分离

某些物质，如极性的硅胶和氧化铝以及非极性的活性炭等粉末具有吸附能力，能够将其他种类的分子吸附在其粉末颗粒的表面，而吸附力又因被吸附的物质性质不同而异。吸附结合的真实性人们知道得还很少，但认为与非极性吸附剂的作用可能主要是靠范德华力和疏水作用；而与极性吸附剂作用的主要作用力，可能是离子吸引和氢键连接的力。

蛋白质提纯中使用最广泛和最有效的吸附剂是结晶磷酸钙，即羟基磷灰石，据推测，蛋白质分子中带负电荷的基团是与羟基磷灰石晶体的钙离子结合的，蛋白质可用磷酸缓冲液从羟基磷灰石石柱上洗脱下来。

(2)根据配体特异性份额分离——亲和层析

亲和层析法是分离蛋白质的一种极为有效的方法，它通常只需经过一步处理，即可使某种待提纯的蛋白质从复杂的蛋白质混合物中分离出来，并且纯度很高，这种方法是根据某些蛋白质所具有的生物学性质，即它们与另一种称为配体的分子能特异而非共价地结合。例如，某些酶可以通过非共价键与其特异的辅酶牢固地连接到像琼脂糖一类的多糖颗粒表面的官能团上，这种多糖材料在其他性能方面允许蛋白质自由通过；当含有待提纯的蛋白质的混合样品加到这种多糖材料的色谱柱上时，待提纯的蛋白质则与其特异的配体结合，因而吸留在配体的载体——琼脂糖颗粒的表面上，而其他的蛋白质，因对这个配体不具有特异的结合点，将通过柱子而流出；被特异地结合在柱子上的蛋白质，可用含自由配体的溶液洗脱下来。

(三)蛋白质的分析测定

对于已分离纯化的蛋白质样品，必须知道它的纯度和含量，即蛋白质的定性、定量测定。这里介绍常用测定方法的基本原理。

1. 蛋白质含量的测定

(1)凯氏定氮法

这是 19 世纪丹麦化学家凯道尔(Johan Kjedahl，1883)所创造的方法，继后又出现了一系列改良的凯氏法。由于这个方法是将样品蛋白质中的氮通过消化全部转变成无机氮，再通过分析化学的手段测出氮的含量，从而得出蛋白质含量，其所得结果误差较小，比较准确，因而至今仍常采用。

测定时将蛋白质样品用浓硫酸消化分解，使其中的氮转变为铵盐，再与浓碱反应，放出的氨被酸吸收，滴定剩余的酸，算出氮的含量，测出样品中氮的含量后，即可求得样品中的蛋白质含量(氮量乘以 16% 的倒数，即 6.25)。

(2)双缩脲法

在强碱溶液中，蛋白质与硫酸铜反应，生成紫红色化合物，这个反应称为双缩脲反应。现多采用法因(J. Finr，1935)的方法进行蛋白质定量测定。

在碱性条件下，蛋白质溶液和硫酸铜反应所得溶液的颜色深浅与蛋白质的浓度成正比，而与蛋白质的相对分子质量及氨基酸组成无关。将样品同标准蛋白质同时实验，并于 540～560nm 波长下测吸光值，通过标准曲线即可求得蛋白质的含量。此法简便、迅速，不受蛋白质特异性的影响，但方法的灵敏性较差，所需样品量大约在 0.2～1.7mg/mL。

(3)福林-酚试剂法

福林-酚试剂法包括两组试剂，碱式铜试剂和磷钼酸及磷钨酸的混合试剂。碱性铜试剂与蛋白质发生双缩脲反应，这是蛋白质中肽链的反应。这种被作用的蛋白质中的酚基(酪氨酸)，在碱性条件下很容易将磷钼酸和磷钨酸还原为蓝色的钼蓝和钨蓝，所产生蓝色的深浅，与蛋白质的含量成正比。因此，在 650nm 或 660nm 波长处测定吸光值，即可测定蛋白质含量。

这个方法实际上是劳里(O. H. Lowry，1951)在原方法的基础上加以改进的，常称 Lowry 法，具有操作简便、灵敏度高(比双缩脲法灵敏 100 倍)等优点，蛋白质测定范围为 25～250μg/mL。但不同蛋白质显色强度稍有不同，而且酚类物质和柠檬酸有干扰。

(4)紫外吸收法

蛋白质分子中的酪氨酸、色氨酸在 280nm 左右具有最大吸收，由于在各种蛋白质中这几种氨基酸含量差别不大，所以 280nm 的吸收值与浓度成正相关，可用于蛋白质含量的测定。此种方法称为紫外吸收法，其方法简便，测定迅速，样品可回收，低浓度盐无干扰。但若样品蛋白质中酪氨酸含量与标准蛋白质的差别较大时，则测定有一定误差，其他具有紫外吸收的物质(如核酸类)有干扰。

另外，280nm 和 260nm 吸收差法也常用于蛋白质含量的测定，在被测样品中常含有核酸类物质。利用核酸类物质的吸收值在 260nm 大于 280nm，而蛋白质的吸收值在 280nm 大于 260nm 的特性，可分别于 280nm 和 260nm 波长处测定吸收光值(分别以 A_{280} 和 A_{260} 表示)，然后按下列经验公式计算蛋白质的含量：

$$蛋白质浓度(mg/mL) = 1.45A_{280} - 0.74A_{260}$$

2. 蛋白质纯度的鉴定

经分离纯化得到某种蛋白质样品后，常常需要测定它的纯度，以了解是否夹杂有其他蛋白质。测定纯度的方法有很多种，最常用的是聚丙烯酰胺凝胶电泳。用于蛋白质纯度鉴定时，将纯化的蛋白质样品在变性和非变性条件下进行电泳。如果在两种系统中电泳都得到均一的一条区带，一般说来，改样品即达到电泳纯；若得到几条区带，说明此样品中可能还含有其他蛋白质(或蛋白质分子具有几个亚基)。

3. 蛋白质相对分子量的测定

测定蛋白质的相对分子量是实践中经常遇到的问题。对一个样品蛋白质相对分子量的测定，除前面介绍的分析蛋白质分子中的特殊化学组成及超离心法外，普通实验室更常采用下述两种方法：

(1)SDS—聚丙烯酰胺凝胶电泳法测相对分子量

(2)凝胶过滤测相对分子量

在实际测定时，用已知相对分子量的几种蛋白质作为标准，分别求出凝胶柱上的洗脱体积，用相对分子量的对数对洗脱体积作图。测出待测样品在同一凝胶柱上的洗脱体积，然后由图求出相对分子量。该法设备简单，操作方便，重复性好，而且样品不太纯同样可测定。但要求样品蛋白质与标准蛋白质应具有相同的分子形状，否则结果不够准确。

（四）蛋白质的测序技术

蛋白质测序，主要指的是蛋白质的一级结构的测定。蛋白质的一级结构（Primary structure）包括组成蛋白质的多肽链数目。很多场合多肽和蛋白质可以等同使用。多肽链的氨基酸顺序，是蛋白质生物功能的基础。

目前，蛋白质的测序有三种策略：第一种直接测序策略；第二种根据基因测序的结果，从 cDNA 演绎肽和蛋白质序列，这种策略简单、快捷，甚至可以得到未分离出的蛋白质或多肽的序列信息，但是，用这一策略得到的一级结构不含蛋白质翻译后修饰及二硫键位置等信息；第三种质谱测序是与生物信息学搜索相结合的策略（第二种策略可参考分子生物学的有关专著，第三种策略将在本书蛋白质组与蛋白质组分析一章中介绍，本章介绍直接测序策略）。

1. 测序前准备

（1）纯度鉴定

进行蛋白质序列测定，要求样品具备足够的纯度（ > 97% 以上）。因此，在测定序列之前，必须对样品进行纯度鉴定，N 端测序样品和 C 端测序样品的纯度鉴定方法基本相同，如反相 HPLC、SDS-PAGE、毛细管电泳、阴离子或阳离子的FPLC 等鉴定方法，并可采用多种互补有效的手段对样品的纯度进行鉴定。

（2）脱盐

脱盐过程中采用的试剂、仪器必须是测序级的，才能保证脱盐完全，避免引入新的杂质。凝胶过滤、透析、超滤、反相 HPLC 等均可作为脱盐的有效方法。Perkin-Elmer 公司推出的 ProSpin 装置，十分适合对蛋白质含量少的 N 端测序样品的脱盐处理，它采用 ProBlott PVDF 膜与分子质量 3000Da 截留过滤膜，通过离心方式除去样品中的缓冲盐、去垢剂及其他小分子杂质。而对 C 端测序样品的脱盐，则普遍采用结构和操作方法与 ProSpin 类似的 ProSorb 装置。

（3）巯基修饰方法

N 端测序样品和 C 端测序样品的巯基修饰方法基本相同，主要包括丙烯酰胺修饰和4-乙烯吡啶修饰两种方法。

（4）N 端封闭基团的去除

对使蛋白质和多肽的 N 端发生封闭的一些基团，N-乙酰丝氨酸和 N-乙酰苏氨酸残基，去除 N 端甲酰甲硫氨酸中的甲酰基，N 端的焦谷氨酸。N-乙酰基封闭的氨基酸残基。可采用下述方法去除。三氟乙酸、HCl 溶液、焦谷氨酸水解酶、胰蛋白酶

2. 蛋白质和多肽氨基酸顺序的测定

（1）确定不同的多肽链数目

首先应该确定蛋白质中不同的多肽链数目，根据蛋白质 N 端或 C 端残基的

物质的量(mol)和蛋白质的相对分子质量可确定蛋白质分子中的多肽链数目。如果是单体蛋白质,蛋白质分子只含一条多肽链,则蛋白质的物质的量应与末端残基的物质的量相等;如果蛋白质分子是由多条多肽链组成,则末端残基的物质的量是蛋白质的物质的量的倍数。

(2)肽链的裂解

当蛋白质分子是由 2 条或 2 条以上多肽链构成时,必须裂解这些多肽链。如果多肽链是通过非共价相互作用缔合的寡聚蛋白质,可采用 8mol/L 尿素、6mol/L盐酸胍或高浓度盐等变性剂处理,使寡聚蛋白质中的亚基裂解;如果多肽链之间是通过共价二硫键交联的,可采用氧化剂或还原剂断裂二硫键。然后再根据裂解后的单个多肽链的大小不同或电荷不同进行分离、纯化。

太长的多肽片段不能直接进行序列测定,一般肽片段长度不超过 50 个左右残基的肽段,当肽段超过这个长度时,由于反应的不完全以及副反应产生的杂质积累将影响测定结果,因此,必须通过特定的反应将它们裂解为更小的肽段。通过两种或几种不同的断裂方法(即断裂点不同)将每条多肽链样品降解成为两套或几套重叠的肽段或肽碎片,每套肽段分别进行分离、纯化,再对纯化后的每一肽段进行氨基酸组成和末端残基的分析。

使肽链中某些特殊位置上的肽键发生断裂,可采用化学反应或酶反应裂解产生若干能够进行测序的小片段。一般将蛋白质样品分为两等份,采用不同的试剂裂解产生两套不同的片段,两套片段在测序完成后,根据他们之间的重叠情况即可重新排序。

(3)二硫键的裂解

二硫键(disulfide bond)在两个半胱氨酸(Cys)残基之间形成,可出现在一条多肽链中不同的氨基酸残基之间,也可出现在不同多肽链中的氨基酸残基之间。测序之前,必须裂解存在于多肽链中或不同多肽链之间的二硫键以便于分离和展开亚基,同时,蛋白质原有结构的分解也使测序中采用的蛋白质分解试剂能够更好地发挥作用。

裂解反应最好在变性条件下进行,例如,通过加入盐酸胍或诸如 SDS 等变性剂,使紧密结合的蛋白质结构展开而暴露出所有的二硫键,然后加入氧化剂或还原剂使二硫键裂解。

常用的氧化剂是过甲酸,它能使蛋白质中所有的 Cys 残基均被氧化为磺基丙氨酸(无论是否通过二硫键连接)。由于磺基丙氨酸在酸、碱性条件下都稳定,因此可通过产生的磺基丙氨酸数量推断 Cys 残基总量。

(4)氨基酸组成分析

在裂解二硫键后,需要对每个多肽链中氨基酸的组成进行测定。一般将分离、纯化后的多肽链样品分为两部分,一部分样品经过完全水解,测定其氨基酸组成,并计算出氨基酸各种残基的含量;另一部分样品则进行 N 端或 C 端测序。

一个未知蛋白质的氨基酸组成,可以通过测量氨基酸残基的相对百分比并与数据库进行比较而确定。其测量可通过两个步骤来完成,首先通过酸水解、碱水解或酶水解等方式裂解蛋白质中所有的肽键，继而分离游离氨基酸并进行定量测定。

在二硫键裂解之后，蛋白质不同亚基可通过电泳方法如 SDS-PAGE 或色谱方法如 SEC 或 RP-HPLC 等进行分离。由于每一个氨基酸残基具有大约 110Da 的分子质量，根据每个亚基分子质量的大小，即可确定氨基酸残基的数量。以往，一般采用 SDS-PAGE 或 SEC 等方法确定蛋白质的分子质量，生物质谱法因为准确度更高、分析速度更快，现在越来越被普遍采用。

在酸催化水解中，要寻找理想的水解条件是比较困难的，因为要裂解所有的肽键，必须对氨基酸残基的降解平衡进行综合考虑。一般情况下，不同氨基酸的降解反应是在各自不同的条件下进行的，实际的氨基酸组成是从不同的降解实验中推断得到的。通常，为防止氨基酸中的硫被空气氧化，在真空条件下对多肽用 6mol/L HCl 进行处理，反应混合物需要在 $100 \sim 120℃$ 保温 24h，而 Leu、Val、Ile 等脂肪氨基酸则可能需要较长的反应时间才能完全水解。但是，在这样的反应条件下，部分氨基酸残基会发生降解，Trp 将被完全降解。此外，在酸催化水解中，Asn 和 Gln 分别转化为 Asp 和 Glu 并消去 NH_4^+。对这些氨基酸，必须测定 Asx（Asn + Asp）、Glx（Gln + Glu）和 NH_4^+（Asn + Gln）的总含量并进行比较。

碱催化水解一般仅用于特殊情况下，多肽在 100℃ 条件下与 4mol/L NaOH 反应 $4 \sim 8h$，Arg、Cys、Ser、Thr 被分解，其他的氨基酸则被脱氨基和外消旋。正因如此，应用碱水解测定 Trp 含量就受到了限制。

由于具有高度的专一性，内肽酶和外肽酶都可用作催化某些肽键水解的酶，Asn、Gln、Trp 等的含量的测定常常采用酶法。为保证所有肽键的完全水解，一般都采用这些酶的混合物进行催化水解。但是酶本身也是蛋白质，在反应条件下也可以发生降解而污染反应混合物，所使用的酶浓度不能过高，在 1% 左右。

上面几种方法都可应用于某些氨基酸的定量测定。但是，要保证使所有的肽键完全水解，而又不引起氨基酸残基的降解，单独采用任何一种方法都不能满足这个要求。因此，要实现多肽中的所有氨基酸的定量测定，可采用两种或三种水解方法的联合应用。

水解完成后所得到的游离氨基酸混合物采用离子交换色谱或 RP-HPLC 进行分离，然后根据洗脱时间进行鉴定，根据峰面积或峰高进行定量测定。为增加分析的灵敏度，可以采用丹磺酰氯（dansyl chloride）、Edman 试剂（PITC）、邻苯二醛（OPA）及 2-巯基乙醇等试剂对氨基酸进行柱前或柱后衍生化，形成具有强荧光性的加成化合物之后进行检测。

（5）肽段氨基酸序列的测定

肽和蛋白质序列测定（protein sequencing）直接测序策略的步骤通常包括：①采用化学法或酶法从蛋白质多肽链的 N 端或 C 端将氨基酸残基依次从蛋白质或多肽的末端切割下来；②对每次切割下来的氨基酸残基进行正确的鉴定，氨基酸残基的鉴定通常采用在氨基酸残基上衍生一个生色基团，利用高效液相色谱法进行分离鉴定。随着生物质谱法、自动化技术和生物信息学的不断发展，尤其是生物质谱法中生物分子的电离技术的改进，使蛋白质序列测定技术已经发生了革命性的变化，蛋白质序列分析的时间大大缩短。

（6）N端序列分析（Edman 降解）分析原理

蛋白质和多肽的 N 端分析可通过与丹磺酰氯（dansyl chloride）、氨肽酶（amin opeptidase）或 Edman 试剂（异硫氰酸苯酯，phenyl isothiocyanate，PITC）的反应进行分析。其中，1950 年由 P. Edman 公布的氨基酸序列测定技术，即运用苯异硫氰酸酯与氨基酸的反应（Edman 反应）进行 N 端分析特别有用。该技术采用每次从蛋白质的 N 端解离和鉴定一个氨基酸残基的方法，是蛋白质序列分析革命化的一项技术。目前，整个测序过程都可通过测序仪自动进行。

（7）C 端序列分析原理

C 端序列分析方法是对 Edman 降解法的一种有益的补充，它适合于 N 端封闭的肽和蛋白质的测序、DNA 序列数据的确认、寡核苷酸探针的设计以及重组蛋白产物的质量控制等方面。

羧肽酶作为一种肽链外切酶，可用于多肽的 C 端残基的切割，能够应用于蛋白质和多肽的 C 端分析，但是不同类型的羧肽酶对个别氨基酸残基具有不同的选择性，因而在切割过程中，某些氨基酸残基由于比较稳定或切割速度很慢，从而使羧肽酶的应用不尽完美。

化学法采用化学试剂（例如肼）与蛋白质和多肽的 α-羧基反应进行 C 端分析。在温和的酸性条件下，多肽与无水肼在 90℃反应 20～100h，反应生成除 C 端残基之外的所有氨基酸残基的氨酰肼衍生物，C 端残基以游离氨基酸形式释放出来。通过色谱分离反应后的混合物，可对游离氨基酸进行鉴定。

3. 蛋白质测序技术平台

（1）N 端蛋白质序列仪

①液相旋转杯序列仪　液相旋转杯序列仪的核心是一个反应杯，通过导管将溶解后的蛋白质或多肽样品注入反应杯中，利用旋转离心力将样品均匀涂在反应杯壁上，形成一层薄膜，薄膜的厚度可通过反应杯的旋转速度进行控制。反应试剂及溶剂分别通过导管进入反应杯，与杯内薄膜上的样品的 N 端发生 Edman 反应，通过另一导管引出并收集降解产物苯氨基噻唑啉酮（ATZ）氨基酸衍生物，ATZ 氨基酸转化为苯基海硫因（PTH）氨基酸后进行鉴定，依次循环分析。该仪器的缺点是样品消耗量较大。

②固相序列分析仪　对不易吸附在旋转杯上的小肽和疏水性多肽，可通过蛋白质和多肽的氨基或羧基与载体的活性基团间的共价结合作用，将其固定在惰性载体上，再进行 Edman 降解反应。由于是通过共价结合，在有机溶剂洗涤、抽提过程中没有样品的损失，因此循环次数较多。但是谷氨酸、天冬氨酸、赖氨酸等氨基酸残基除 α-氨基或 α-羧基会与载体结合外，含有的其他氨基或羧基也会发生结合，对含有这类氨基酸残基的蛋白质和多肽，固相序列分析仪不能正确鉴定。

③气相序列仪　20 世纪 80 年代初，为了满足分子生物学对蛋白质进行微量分析的需要，针对原有自动化蛋白质序列仪样品消耗量大的缺点，Hewick 和

Hunkpiller 等采用弹筒型玻璃反应室代替旋转反应杯，以四级铵盐聚合物 poly-brene 固定样品，以气体方式输送 Edman 降解反应中的部分试剂（如三甲胺）。通过改进后的自动化序列仪灵敏度高，样品消耗量为 50 ~ 100pmol，试剂和溶剂消耗量为液相序列仪的十分之一，每步降解循环时间也大大缩短。

20 世纪 80 年代末改进的脉冲液相序列仪，采用载有活性基团的功能性 PVDF 膜共价固定蛋白质和多肽样品，将由气体方式输送的三氟乙烯改为液相脉冲输送。同上仪器一样，Edman 降解反应生成的 PTH 氨基酸衍生物直接从转化腔中进入 HPLC 系统进行定性、定量分析，可满足不同样品的分析要求。

（2）C 端蛋白质序列仪

C 端序列仪一般由 N 端序列仪改装，基本结构与 N 端序列仪类似。与 N 端序列仪不同，C 端序列仪的所有化学反应在弹筒型反应室进行，ATH-AA 切割下来后，在转化腔中干燥和溶解后即进入 HPLC 系统进行分离分析。由于采用不同的试剂，C 端序列仪和 N 端序列仪互不兼容，否则容易发生管道堵塞。

九、PCR 扩增技术

聚合酶链反应（polymerase chain reaction，PCR）是 20 世纪 80 年代中期发展起来的体外核酸扩增技术。它具有特异、敏感、产率高、快速、简便、重复性好、易自动化等突出优点；能在一个试管内将所要研究的目的基因或某一 DNA 段于数小时内扩增至十万乃至百万倍，使肉眼能直接观察和判断；可从一根毛发、一滴血、甚至一个细胞中扩增出足量的 DNA 供分析研究和检测鉴定。过去几天、几星期才能做到的事情，用 PCR 技术几小时便可完成。PCR 技术是生物医学领域中的一项革命性创举和里程碑。

（一）PCR 技术简史

（1）PCR 的最早设想

核酸研究已有 100 多年的历史，20 世纪 60 年代末、70 年代初人们致力于研究基因的体外分离技术，Korana 于 1971 年最早提出核酸体外扩增的设想："经过 DNA 变性，与合适的引物杂交，用 DNA 聚合酶延伸引物，并不断重复该过程便可克隆 tRNA 基因"。

（2）PCR 的实现

1985 年美国 PE-Cetus 公司人类遗传研究室的 Mullis 等发明了具有划时代意义的聚合酶链反应。其原理类似于 DNA 的体内复制，只是在试管中给 DNA 的体外合成提供一种合适的条件——模板 DNA，寡核苷酸引物，DNA 聚合酶，合适的缓冲体系，DNA 变性、复性及延伸的温度与时间。

（3）PCR 的改进与完善

Mullis 最初使用的 DNA 聚合酶是大肠杆菌 DNA 聚合酶 I 的 Klenow 片段，其缺点是：①Klenow 酶不耐高温，90℃会变性失活，每次循环都要重新加；②引物链延伸反应在 37℃下进行，容易发生模板和引物之间的碱基错配，其 PCR 产物特异性较差，合成的 DNA 段不均一。此种以 Klenow 酶催化的 PCR 技术虽较传统的基因扩增具备许多突出的优点，但由于 Klenow 酶不耐热，在 DNA 模板进行热变性时，会导致此酶钝化，每加入一次酶只能完成一个扩增反应周期，给 PCR 技术操作程序添了不少困难。这使得 PCR 技术在一段时间内没能引起生物医学界的足够重视。

1988 年年初，Keohanog 改用 T4 DNA 聚合酶进行 PCR，其扩增的 DNA 段很均一，真实性也较高，只有所期望的一种 DNA 段。但每循环一次，仍需加入新酶。

1988 年 Saiki 等从温泉中分离的一株水生嗜热杆菌（thermus aquaticus）中提取到一种耐热 DNA 聚合酶。此酶具有以下特点：①耐高温，在 70℃下反应 2h 后其残留活性大于原来的90%，在 93℃下反应 2h 后其残留活性是原来的60%，在 95℃下反应 2h 后其残留活性是原来的40%；②在热变性时不会被钝化，不必在每次扩增反应后再加新酶；③大大提高了扩增片段特异性和扩增效率，增加了扩增长度（2.0kb）。由于提高了扩增的特异性和效率，因而其灵敏性也大大提高。为与大肠杆菌多聚酶 I 的 Klenow 片段区别，将此酶命名为 Taq DNA 多聚酶（Taq DNA polymerase）。此酶的发现使 PCR 广泛地被应用。

（二）PCR 扩增的基本原理

1. PCR 的基本原理

PCR 技术的基本原理类似于 DNA 的自然复制过程，其特异性依赖于与靶序列两端互补的寡核苷酸引物。PCR 由变性、退火、延伸三个基本反应步骤构成：

（1）模板 DNA 的变性

模板 DNA 经加热至 93℃左右一定时间后，使模板 DNA 双链或经 PCR 扩增形成的双链 DNA 解离，使之成为单链，以便它与引物结合，为下轮反应做准备。

（2）模板 DNA 与引物的退火（复性）

模板 DNA 经加热变性成单链后，温度降至 55℃左右，引物与模板 DNA 单链的互补序列配对结合。

（3）引物的延伸

DNA 模板——引物结合物在 Taq DNA 聚合酶的作用下，以 dNTP 为反应原料，靶序列为模板，按碱基配对与半保留复制原理，合成一条新的与模板 DNA 链互补的半保留复制链重复循环变性—退火—延伸过程，就可获得更多的"半保留复制链"，而且这种新链又可成为下次循环的模板。每完成一个循环需 2 ~ 4min，2 ~ 3h 就能将待扩目的基因扩增放大几百万倍。

2. PCR 的反应动力学

PCR 的三个反应步骤反复进行，使 DNA 扩增量呈指数上升。反应最终的 DNA 扩增量可用 $Y = (1 + X)_n$ 计算。Y 代表 DNA 段扩增后的拷贝数，X 表示平均每次的扩增效率，n 代表循环次数。平均扩增效率的理论值为 100%，但在实际反应中平均效率达不到理论值。反应初期，靶序列 DNA 段的增加呈指数形式，随着 PCR 产物的逐渐积累，被扩增的 DNA 片段不再呈指数增加，而进入线性增长期或静止期，即出现"停滞效应"，这种效应称平台期。大多数情况下，平台期的到来是不可避免的。

3. PCR 扩增产物

PCR 扩增产物可分为长产物片段和短产物片段两部分。短产物片段的长度严格地限定在两个引物链 5′端之间，是需要扩增的特定片段。短产物片段和长产物片段是由于引物所结合的模板不一样而形成的，以一个原始模板为例，在第一个反应周期中，以两条互补的 DNA 为模板，引物是从 3′端开始延伸，其 5′端是固定的，3′ 端则没有固定的止点，长短不一，这就是"长产物片段"。进入第二周期后，引物除与原始模板结合外，还要同新合成的链（即"长产物片段"）结合。引物在与新链结合时，由于新链模板的 5′端序列是固定的，这就等于这次延伸的片段 3′端被固定了止点，保证了新片段的起点和止点都限定于引物扩增序列以内、形成长短一致的"短产物片段"。不难看出"短产物片段"是按指数倍数增加的，而"长产物片段"则以算术倍数增加，几乎可以忽略不计，这使得 PCR 的反应产物不需要再纯化，就能保证足够纯 DNA 段供分析与检测用。

(三)PCR 反应体系的组成

在一个典型的 PCR 反应体系中需加入适宜的缓冲液、微量的模板 DNA、$4 \times dNTPs$、耐热性多聚酶、Mg^{2+} 和两个合成的 DNA 引物。

1. PCR 缓冲液（PCR buffer）

用于 PCR 的标准缓冲液：于 72℃时，反应体系的 pH 值将下降 1 个单位，接近于 7.2；二价阳离子的存在至关重要，影响 PCR 的特异性和产量。实验表明，Mg^{2+} 优于 Mn^{2+}，而 Ca^{2+} 无任何作用。

（1）Mg^{2+} 浓度

Mg^{2+} 的最佳浓度为 1.5mmol/L（当各种 dNTP 浓度为 200mmol/L 时），但并非对任何一种模板与引物的结合都是最佳的。首次使用靶序列和引物结合时，都要把 Mg^{2+} 浓度调到最佳，其浓度变化范围为1~10mmol /L。Mg^{2+} 过量易生成非特异性扩增产物，Mg^{2+} 不足易使产量降低。

样品中存在的较高浓度的螯合剂如 EDTA 或高浓度带负电荷的离子基团如磷酸根，会与 Mg^{2+} 结合而降低 Mg^{2+} 有效浓度。因此，用作模板的 DNA 应溶于 Tris-HCl(pH = 7.6，10mmol/L) 和 EDTA(0.1mmol/L) 的混合液中。dNTP 含有磷酸根，其浓度变化将影响 Mg^{2+} 的有效度。标准反应体系中 $4 \times dTNPs$ 的总浓度为 0.8mmol/L，低于 1.5mmol/L 的 Mg^{2+} 浓度。因此，在高浓度 DNA 及 dNTP 条件时，必须相应调整 Mg^{2+} 的浓度。

（2）Tris-HCl 缓冲液

在 PCR 中使用 10~50mmol/L 的 Tris-HCl 缓冲液，很少使用其他类型的缓冲液。Tris 缓冲液是一种双极化的离子缓冲液，pK_a 为 8.3 （20℃），ΔpK_a 为 0.021/℃。因此，20mmol/L Tris-HCl pH = 8.3 （20℃）时，在典型的热循环条件

下，真正的 pH 值在 7.8~6.8 之间。

（3）KCl 浓度

K$^+$浓度在 50mmol/L 时能促进引物退火。但现在的研究表明，NaCl 浓度在 50mmol/L 时，KCl 浓度高于 50mmol/L 将会抑制 Taq DNA 聚合酶的活性，少加或不加 KCl 对 PCR 结果没有太大影响。

（4）明胶和血清蛋白（BSA）或非离子型去垢剂

明胶和 BSA 或非离子型去垢剂具有稳定酶的作用，一般用量为 100μg/mL，但现在的研究表明，加或不加都能得到良好的 PCR 结果，影响不大。

（5）二甲基亚砜（DMSO）

在使用 Klenow 片段进行 PCR 时，DMSO 是有用的，加入 10%DMSO 有利于减少 DNA 的二级结构，使 G + C 含量（%）高的模板易于完全变性，在反应体系中加入 DMSO 使 PCR 产物直接测序更易进行，但超过 10% 时会抑制 Taq DNA 聚合酶的活性，因此，大多数并不使用 DMSO。

2. 四种脱氧三磷酸核苷酸（4 × dNTPs）

在 PCR 反体系中 dNTP 终浓度高于 50mmol/L 会抑制 Taq DNA 聚合酶的活性，使用低浓度 dNTP 可以减少在非靶位置启动和延伸时核苷酸错误掺入，高浓度 dNTPs 易产生错误掺入，而浓度太低，势必降低反应物的产量。PCR 常用的浓度为 50~200μmol/L，不能低于 10~15μmol/L。四种 dNTP 的浓度应相同，其中任何一种浓度偏高或偏低，都会诱导聚合酶的错误掺入，降低合成速率，过早终止反应。

决定最低 dNTP 浓度的因素是靶序列 DNA 的长度和组成，例如，在 100μL 反应体系中，4 × dNTPs 浓度若用 20μmol/L，基本满足合成 2.6μg DNA 或 10pmol 的 400bp 序列。50μmol/L 的 4 × dNTPs 可以合成 6.6μg DNA，而 200μmol/L 足以合成 25 μg DNA。

购自厂商的 dNTP 溶液一般均未调 pH 值，应用 1mol/L NaOH 将 dNTP 贮存液 pH 值调至 7.0，以保证反应的 pH 值不低于 7.1。市购的游离核苷酸冻干粉，溶解后要用 NaOH 中和，再用紫外分光光度计定量。

3. 引物

引物是 PCR 特异性反应的关键，PCR 产物的特异性取决于引物与模板 DNA 互补的程度。理论上，只要知道任何一段模板 DNA 序列，就能按其设计互补的寡核苷酸链作引物，利用 PCR 就可将模板 DNA 在体外大量扩增。设计引物应遵循以下原则：

①引物长度　15~30bp，常用为 20bp 左右。

②引物扩增跨度　以 200~500bp 为宜，特定条件下可扩增长至 10kb 的片段。

③引物碱基　G + C 含量以 40%~60% 为宜，G + C 太少扩增效果不佳，G + C 过多易出现非特异条带。A、T、G、C 最好随机分布，避免 5 个以上的嘌呤或嘧啶核苷酸的成串排列。

④避免引物内部出现二级结构，避免两条引物间互补，特别是 3′端的互补，

否则会形成引物二聚体，产生非特异的扩增条带。

⑤引物3′端的碱基，特别是最末及倒数第二个碱基，应严格要求配对，以避免因末端碱基不配对而导致 PCR 失败。

⑥引物中有或能加上合适的酶切位点，被扩增的靶序列最好有适宜的酶切位点，这对酶切分析或分子克隆很有好处。

⑦引物的特异性　引物应与核酸序列数据库的其他序列无明显同源性。

⑧引物量　引物在 PCR 反应中的浓度一般在 $0.1 \sim 1\mu mol / L$ 之间。浓度过高易形成引物二聚体且产生非特异性产物。一般来说用低浓度引物经济、特异，但浓度过低，不足以完成 30 个循环的扩增反应，则会降低 PCR 的产率。

4. Taq DNA 聚合酶

目前有两种 Taq DNA 聚合酶供应，一种是从栖热水生杆菌中提纯的天然酶，另一种为大肠埃希氏菌合成的基因工程酶。催化一典型的 PCR 反应约需酶量 2.5U，常用范围为 $1 \sim 4U$（指总反应体积为 $100\mu L$ 时）。由于 DNA 模板的不同和引物不同，以及其他条件的差异，聚合酶的用量亦有差异，酶量过多会导致非特异产物的增加，过低则合成产物量减少。由于生产厂家所用配方、制造条件以及活性定义不同，不同厂商供应的 Taq DNA 聚合酶性能也有所不同。

5. 模板

单、双链 DNA 或 RNA 都可以作为 PCR 的模板。若起始材料是 RNA，须先通过逆转录得到第一条 cDNA。虽然 PCR 可以仅用极微量的样品，甚至是来自单一细胞的 DNA，但为了保证反应的特异性，还应用纳克级的克隆 DNA，微克水平的单拷贝染色体 DNA 或 10^4 拷贝的待扩增片段作为起始材料，模板可以是粗品，但不能混有任何蛋白酶、核酸酶、Taq DNA 聚合酶抑制剂以及能结合 DNA 的蛋白质。

DNA 的大小并不是关键的因素，但当使用极高相对分子质量的 DNA（如基因组的 DNA）时，如用超声处理或用切点罕见的限制酶（如 Sal I 和 Not I）先行消化，则扩增效果更好。闭环靶序列 DNA 的扩增效率略低于线状 DNA，因此，用质粒作反应模板时最好先将其线状化。

模板靶序列的浓度因情况而异，往往非实验人员所能控制，实验可按已知靶序列量逆减的方式（1ng，0.1ng，0.001ng 等），设置一组对照反应，以检测扩增反应的灵敏度是否符合要求。

(四)PCR 扩增的反应条件

PCR 反应条件为温度、时间和循环次数。

温度与时间的设置：基于 PCR 原理三步骤而设置变性—退火—延伸过程三个温度点。在标准反应中采用三温度点法，双链 DNA 在 $90 \sim 95℃$ 变性，再迅速冷却至 $40 \sim 60℃$，引物退火并结合到靶序列上，然后快速升温至 $70 \sim 75℃$，在 Taq DNA 聚合酶的作用下，使引物链沿模板延伸。对于较短靶基因（长度为$100 \sim 300bp$ 时）可采用二温度点法，除变性温度外、退火与延伸温度可合二为一，一般采用94℃变性, 65℃左右退火与延伸(此温度下 Taq DNA 酶仍有较高的催化活性)。

1. 变性温度与时间

变性温度低, 解链不完全是导致 PCR 失败的最主要原因。一般情况下, 93~94℃1min 足以使模板 DNA 变性, 若低于 93℃则需延长时间, 但温度不能过高, 因为高温环境对酶的活性有影响。此步若不能使靶基因模板或 PCR 产物完全变性, 就会导致 PCR 失败。

2. 退火(复性)温度与时间

退火温度是影响 PCR 特异性的较重要因素。变性后温度快速冷却至 40~60℃, 可使引物和模板发生结合。由于模板 DNA 比引物复杂得多, 引物和模板之间的碰撞结合机会远远高于模板互补链之间的碰撞。退火温度与时间, 取决于引物的长度、碱基组成及其浓度, 还有靶基序列的长度。对于 20 个核苷酸, G + C 含量约 50% 的引物, 55℃为选择最适退火温度的起点较为理想。引物的复性温度可通过以下公式帮助选择合适的温度:

$$T_m(解链温度) = 4(G + C) + 2(A + T)$$
$$复性温度 = T_m - (5 \sim 10℃)$$

在 T_m 值允许范围内, 选择较高的复性温度可大大减少引物和模板间的非特异性结合, 提高 PCR 反应的特异性。复性时间一般为 30~60s, 足以使引物与模板之间完全结合。

3. 延伸温度与时间

Taq DNA 聚合酶的生物学活性如下:

70~80℃, 150 核苷酸/(s·酶分子);

70℃, 60 核苷酸/(s·酶分子);

55℃, 24 核苷酸/(s·酶分子);

高于 90℃时, DNA 合成几乎不能进行。

PCR 反应的延伸温度一般选择在 70~75℃之间, 常用温度为 72℃, 过高的延伸温度不利于引物和模板的结合。PCR 延伸反应的时间, 可根据待扩增片段的长度而定, 一般 1kb 以内的 DNA 段, 延伸时间 1min 是足够的。3~4kb 的靶序列需 3~4min; 扩增 10kb 需延伸至 15min。延伸时间过长会导致非特异性扩增带的出现。对低浓度模板的扩增, 延伸时间要稍长些。

4. 循环次数

循环次数决定 PCR 扩增程度。PCR 循环次数主要取决于模板 DNA 的浓度。一般的循环次数选在 30~40 次之间, 循环次数越多, 非特异性产物的量亦随之增多。

(五)PCR 扩增常见问题分析与对策

1. PCR 污染与对策

(1)污染原因

标本间交叉污染: 标本污染主要有收集标本的容器被污染, 或标本放置时,由于密封不严溢于容器外，或容器外粘有标本而造成相互间交叉污染；标本核酸模板在提取过程中，由于吸样枪污染导致标本间污染；有些微生物标本尤其是病毒可随气溶胶或形成气溶胶而扩散，导致彼此间的污染。

PCR 试剂的污染：主要是由于在 PCR 试剂配制过程中，由于加样枪、容器、双蒸水及其他溶液被 PCR 核酸模板污染。

PCR 扩增产物污染：这是 PCR 中最主要、最常见的污染问题。因为 PCR 产物拷贝量大(一般为 1013 拷贝/mL)，远远高于 PCR 检测数个拷贝的极限，所以极微量的 PCR 产物污染，就可造成假阳性。

还有一种容易忽视、最可能造成 PCR 产物污染的形式是气溶胶污染；在空气与液体面摩擦时就可形成气溶胶，在操作时比较剧烈地摇动反应管，开盖时、吸样时及污染进样枪的反复吸样都可形成气溶胶而污染。据计算一个气溶胶颗粒可含 48000 拷贝，因而由其造成的污染是一个值得特别重视的问题。

(2)污染的监测

一个好的实验室，要时刻注意污染的监测，考虑有无污染，是什么原因造成的污染，以便采取措施，防止和消除污染。

①对照试验　对照试验包括阳性对照试验和阴性对照试验。

阳性对照：在建立 PCR 反应时，实验室及一般的检验单位都应设有 PCR 阳性对照，它是 PCR 反应是否成功、产物条带位置及大小是否合乎理论要求的一个重要的参考标志。阳性对照要选择扩增度中等、重复性好，经各种鉴定是该产物的标本，如以重组质粒为阳性对照，其含量宜低不宜高(100 拷贝以下)。但阳性对照尤其是重组质粒及高浓度阳性标本，其对检测或扩增样品污染的可能性很大。因而当某一 PCR 试剂经自己使用稳定，检验人员心中有数时，在以后的实验中可免设阳性对照。

阴性对照：每次 PCR 实验务必做阴性对照，它包括：a. 标本对照。被检的标本是血清就用鉴定后的正常血清作对照；被检的标本是组织细胞就用相应的组织细胞作对照。b. 试剂对照。在 PCR 试剂中不加模板 DNA 或 RNA，进行 PCR扩增，以监测试剂是否污染。

②重复性试验　选择不同区域的引物进行 PCR 扩增。

(3)防止污染的方法

合理分隔实验室：将样品的处理、配制 PCR 反应液、PCR 循环扩增及 PCR产物的鉴定等步骤分区或分室进行，特别注意样本处理及 PCR 产物的鉴定应与其他步骤严格分开。最好能划分标本处理区、PCR 反应液制备区、PCR 循环扩增区、PCR 产物鉴定区，其实验用品及吸样枪应专用。实验前应将实验室用紫外线消毒以破坏残留的 DNA 或 RNA。

吸样枪：吸样枪污染是一个值得注意的问题。由于操作时不慎将样品或模板核酸吸入枪内或粘上枪头是一个严重的污染源，因而加样或吸取模板核酸时要十分小心，吸样要慢，吸样时尽量一次性完成，忌多次抽吸，以免交叉污染或产生气溶胶污染。

预混和分装 PCR 试剂：所有的 PCR 试剂都应小量分装，如有可能，PCR 反应液应预先配制好，然后小量分装，−20℃保存，以减少重复加样次数，避免污染机会。另外，PCR 试剂、PCR 反应液应与样品及 PCR 产物分开保存，不应放于同一冰盒或同一冰箱，防止操作人员污染，使用一次性手套、吸头、小离心管。

设立适当的阳性对照和阴性对照，阳性对照以能出现扩增条带的最低量的标准病原体核酸为宜，并注意交叉污染的可能性，每次反应都应有一管不加模板的试剂对照及相应不含有被扩增核酸的样品作阴性对照。

减少 PCR 循环次数，只要 PCR 产物达到检测水平就适可而止。

选择质量好的 Eppendorf 管，以避免样本外溢及外来核酸的进入，打开离心管前应先离心，将管壁及管盖上的液体甩至管底部，开管动作要轻，以防管内液体溅出。

2. PCR 产物的电泳检测时间

一般为 48h 以内，有些最好于当日进行电泳检测，大于 48h 后带型不规则甚至消失。

3. 假阴性，不出现扩增条带

PCR 反应的关键环节有：模板核酸的制备；引物的质量与特异性；酶的质量；PCR 循环条件。寻找原因亦应针对上述环节进行分析研究。

模板：①模板中含有杂蛋白质；②模板中含有 Taq DNA 聚合酶抑制剂；③模板中蛋白质没有消化除净，特别是染色体中的组蛋白；④在提取制备模板时丢失过多，或吸入酚；⑤模板核酸变性不彻底。在酶和引物质量好时，不出现扩增带，极有可能是标本的消化处理、模板核酸提取过程出了毛病，因而要配制有效而稳定的消化处理液，其程序亦应固定，不宜随意更改。

酶失活：需更换新酶，或新旧两种酶同时使用，以分析是否因酶的活性丧失或不够而导致假阴性。需注意的是有时忘加 Taq DNA 聚合酶或溴乙锭。

引物：引物质量、引物的浓度、两条引物的浓度是否对称，是 PCR 失败或扩增条带不理想、容易弥散的常见原因。有些批号的引物合成质量有问题，两条引物一条浓度高，一条浓度低，造成低效率的不对称扩增，对策为：①选定一个好的引物合成单位。②引物的浓度不仅要看光密度（OD）值，更要注重引物原液做琼脂糖凝胶电泳，一定要有引物条带出现，而且两引物带的亮度应大体一致，如一条引物有条带，一条引物无条带，此时做 PCR 有可能失败，应和引物合成单位协商解决。如一条引物亮度高，一条亮度低，在稀释引物时要平衡其浓度。③引物应高浓度小量分装保存，防止多次冻融或长期放冰箱冷藏部分，导致引物变质降解失效。④引物设计不合理，如引物长度不够，引物之间形成二聚体等。

Mg^{2+} 浓度：Mg^{2+} 浓度对 PCR 扩增效率影响很大，浓度过高可降低 PCR 扩增的特异性，浓度过低则影响 PCR 扩增产量甚至使 PCR 扩增失败而不出扩增条带。

反应体积的改变：通常进行 PCR 扩增采用的体积为 20μL、30μL、50μL 或 100μL，应用多大体积进行 PCR 扩增，是根据科研和临床检测不同目的而设定，

在做小体积如 $20\mu L$ 后，再做大体积时，一定要摸索条件，否则容易失败。

物理原因：变性对 PCR 扩增来说相当重要，如变性温度低，变性时间短，极有可能出现假阴性；退火温度过低，可致非特异性扩增而降低特异性扩增效率退火温度过高影响引物与模板的结合而降低 PCR 扩增效率。有时还有必要用标准的温度计，检测一下扩增仪或水溶锅内的变性、退火和延伸温度，这也是 PCR 失败的原因之一。

靶序列变异：如靶序列发生突变或缺失，影响引物与模板特异性结合，或因靶序列某段缺失使引物与模板失去互补序列，其 PCR 扩增是不会成功的。

4. 假阳性

出现的 PCR 扩增条带与目的靶序列条带一致，有时其条带更整齐，亮度更高。

引物设计不合适：选择的扩增序列与非目的扩增序列有同源性，因而在进行 PCR 扩增时，扩增出的 PCR 产物为非目的性的序列。靶序列太短或引物太短，容易出现假阳性。需重新设计引物。

靶序列或扩增产物的交叉污染：这种污染有两种原因。一是整个基因组或大片段的交叉污染，导致假阳性。这种假阳性可用以下方法解决：①操作时应小心轻柔，防止将靶序列吸入加样枪内或溅出离心管外。②除酶及不能耐高温的物质外，所有试剂或器材均应高压消毒。所用离心管及进样枪头等均应一次性使用。③必要时，在加标本前，反应管和试剂用紫外线照射，以破坏存在的核酸。二是空气中的小片段核酸污染，这些小片段比靶序列短，但有一定的同源性。可互相拼接，与引物互补后，可扩增出 PCR 产物，而导致假阳性的产生，可用巢式 PCR 方法来减轻或消除。

5. 出现非特异性扩增带

PCR 扩增后出现的条带与预计的大小不一致，或大或小，或者同时出现特异性扩增带与非特异性扩增带。非特异性条带的出现，其原因一是引物与靶序列不完全互补或引物聚合形成二聚体；二是与 Mg^{2+} 浓度过高、退火温度过低及 PCR 循环次数过多有关；三是酶的质和量，往往一些来源的酶易出现非特异条带而另一来源的酶则不出现，酶量过多有时也会出现非特异性扩增。其对策有：①必要时重新设计引物；②减低酶量或调换另一来源的酶；③降低引物量，适当增加模板量，减少循环次数；④适当提高退火温度或采用二温度点法（93℃变性，65℃左右退火与延伸）。

6. 出现片状拖带或涂抹带

PCR 扩增有时出现涂抹带或片状带或地毯样带。其原因往往由于酶量过多或酶的质量差，dNTP 浓度过高，Mg^{2+} 浓度过高，退火温度过低，循环次数过多引起。其对策有：①减少酶量，或调换另一来源的酶；②减少 dNTP 的浓度；③适当降低 Mg^{2+} 浓度；④增加模板量，减少循环次数。

(六)PCR 扩增种类

1. 反向 PCR(inverse PCR, IPCR)技术

反向 PCR 是克隆已知序列旁侧序列的一种方法。其主要原理是用一种在已知序列中无切点的限制性内切酶消化基因组 DNA,后酶切片段自身环化,以环化的 DNA 作为模板,用一对与已知序列两端特异性结合的引物,扩增夹在中间的未知序列。该扩增产物是线性的 DNA 片段,大小取决于上述限制性内切酶在已知基因侧翼 DNA 序列内部的酶切位点分布情况。用不同的限制性内切酶消化,可以得到大小不同的模板 DNA,再通过反向 PCR 获得未知片段。

该方法的不足是:①需要从许多酶中选择限制酶,或者说必须选择一种合适的酶进行酶切才能得到合理大小的 DNA 片段。这种选择不能在非酶切位点切断靶 DNA。②大多数有核基因组含有大量中度和高度重复序列,而在酵母人工染色体(YAC)或黏粒(Cosmid)中的未知功能序列中有时也会有这些序列,这样,通过反向 PCR 得到的探针就有可能与多个基因序列杂交。

2. 锚定 PCR(anchored PCR, APCR)技术

用酶法在一通用引物反转录 cDNA 3′末端加上一段已知序列,然后以此序列为引物结合位点对该 cDNA 进行扩增,称为 APCR。它可用于扩增未知或全知序列,如未知 cDNA 的制备及低丰度 cDNA 文库的构建。

3. 不对称 PCR(asymmetric PCR)技术

两种引物浓度比例相差较大的 PCR 技术称为不对称 PCR。在扩增循环中引入不同的引物浓度,常用(50~100):1 比例。在最初的 10~15 个循环中主要产物还是双链 DNA,但当低浓度引物被消耗尽后,高浓度引物介导的 PCR 就会产生大量单链 DNA。该技术可制备单链 DNA 片段用于序列分析或核酸杂交的探针。

4. 反转录 PCR(reverse transcription PCR, RT-PCR)技术

当扩增模板为 RNA 时,需先通过反转录酶将其反转录为 cDNA 才能进行扩增。RT-PCR 应用非常广泛,无论是分子生物学还是临床检验等都经常采用。

5. 修饰引物 PCR 技术

为达到某些特殊应用目的,如定向克隆、定点突变、体外转录及序列分析等,可在引物的 5′端加上酶切位点、突变序列、转录启动子及序列分析结合位点等。

6. 巢式 PCR(NEST PCR)技术

先用一对靶序列的外引物扩增以提高模板量,然后再用一对内引物扩增以得到特异的 PCR 带,此为巢式 PCR。若用一条外引物作内引物则称之为半巢式 PCR。为减少巢式 PCR 的操作步骤可将外引物设计得比内引物长些,且用量较少,同时在第一次 PCR 时采用较高的退火温度,而第二次采用较低的退火温度,这样在第一次 PCR 时,由于较高退火温度下内引物不能与模板结合,故只有外引物扩增产物,经过若干次循环,待外引物基本消耗尽,无需取出第一次 PCR 产物,只需降低退火即可直接进行 PCR 扩增。这不仅减少操作步骤,同时也降低了交叉污染的机会。这种 PCR 称中途进退式 PCR(drop-in, drop-out PCR)。上述三种方法主要用于极少量 DNA 模板的扩增。

7. 等位基因特异性 PCR(allele-specific PCR, ASPCR)技术

ASPCR 依赖于引物 3′ 端的一个碱基错配, 不仅减少多聚酶的延伸效率, 而且降低引物-模板复合物的热稳定性。这样有点突变的模板进行 PCR 扩增后检测不到扩增产物, 可用于检测基因点突变。

8. 单链构型多态性 PCR(single-strandconformational polymorphism PCR, SSCP-PCR)技术

SSCP-PCR 是根据形成不同构象的等长 DNA 单链在中性聚丙烯酰胺凝胶中的电泳迁移率变化来检测基因变异的。在不含变性剂的中性聚丙烯酰胺凝胶中, 单链 DNA 迁移率除与 DNA 长度有关外, 更主要取决于 DNA 单链所形成的空间构象, 相同长度的单链 DNA 因其顺序不同或单个碱基差异所形成的构象就会不同, PCR 产物经变性后进行单链 DNA 凝胶电泳时, 每条单链处于一定的位置, 靶 DNA 中若发生碱基缺失、插入或单个碱基置换时, 就会出现泳动变位, 从而提示该片段有基因变异存在。

9. 低严格单链特异性引物 PCR(low stringency single specific primer PCR, LSSP-PCR)技术

LSSP-PCR 是建立在 PCR 基础上的又一种新型基因突变检测技术。要求是"二高一低": 高浓度的单链引物(5′ 端/ 3′ 端引物均可), 约 4.8pM; 高浓度的 Taq 酶(16 pM/100mL); 低退火温度(30℃)。所用的模板必须是纯化的 DNA 片段。在这种低严格条件下, 引物与模板间发生不同程度的错配, 形成多种大小不同的扩增产物, 经电泳分离后形成不同的带型。对同一目的基因而言, 所形成的带型是固定的, 因而称之为"基因标签"。这是一种检测基因突变或进行遗传鉴定的快速敏感方法。

10. 多重 PCR(multiplex PCR)技术

在同一反应中用多组引物同时扩增几种基因片段, 如果基因的某一区段有缺失, 则相应的电泳谱上这一区带就会消失。多重 PCR 主要用于同一病原体的分型及同时检测多种病原体、多个点突变的分子病的诊断。

11. 重组 PCR 技术

重组 PCR 技术是在两个 PCR 扩增体系中, 两对引物分别由其中之一在其 5′ 端和 3′ 端引物上带上一段互补的序列, 混合两种 PCR 扩增产物, 经变性和复性, 两组 PCR 产物互补序列发生粘连, 其中一条重组杂合链能在 PCR 条件下发生聚合延伸反应, 产生一个包含两个不同基因的杂合基因。

12. 随机引物扩增技术(arbitrary primed PCR, AP-PCR)

AP-PCR 技术通过随意设计或选择一个非特异性引物, 在 PCR 反应体系中, 首先在不严格条件下使引物与模板中许多序列通过错配而复性。如果在两条单链上相距一定距离有反向复性引物存在, 则可经 Taq DNA 聚合酶的作用使引物延伸而发生 DNA 片段的扩增, 经一至数轮不严格条件下的 PCR 循环后, 再于严格条件下进行扩增。扩增的产物经 DNA 测序凝胶电泳分离后，经放射性自显影或荧光显示即可得到 DNA 指纹图。AP-PCR 用于肿瘤的抑制基因、癌基因的分离；菌种、菌株及不同物种的鉴定；遗传作图；不同分化程度或某些不同状态下的组织的基因表达差异等方面的研究。

13. 差示 PCR（differential PCR，d-PCR）技术

d-PCR 可以定量检测标本靶基因的拷贝数。它是将目的基因和一个单拷贝的参照基因置于一个试管中进行 PCR 扩增。电泳分离后呈两条区带，比较两条区带的丰度，或在引物 5′端标记上放射性核素后，通过检测两条区带放射性强度即可测出目的基因的拷贝数。

14. 定量 PCR（quantitative PCR，q-PCR）技术

q-PCR 技术是用合成的 RNA 作为内标来检测 PCR 扩增目的 mRNA 的量，涉及目的 mRNA 和内标用相同的引物共同扩增，但扩增出不同大小片段的产物，可容易地电泳分离。一种内标可用于定量多种不同目的 mRNA。q-PCR 可用于研究基因表达，能提供特定 DNA 基因表达水平的变化，在癌症、代谢紊乱及自身免疫性疾病的诊断和分析中很有价值。

15. 竞争性 PCR（competitive PCR，c-PCR）技术

c-PCR 技术是竞争 cDNA 模板与目的 cDNA 同时扩增，使用同样的引物，但一经扩增后，能从这些目的 cDNA 区别开来。通常使用突变性竞争 cDNA 模板，其序列与目的 cDNA 序列相同，不过模板中仅有一个新内切位点或缺少内切位点，突变性的 cDNA 模板可用适当的内切酶水解，并用分光计测定其浓度。cDNA目的序列和竞争模板相对应的含量，可用溴化乙锭染色，电泳胶直接扫描进行测定，或掺入放射性同位素标记的方法测定。竞争模板开始时的浓度是已知的，则 cDNA 目的序列的最初浓度就能测定。这种方法能精确测定 mRNA 中 cDNA 靶序列，可用于几个到 10 个细胞中 mRNA 的定量。

16. 半定量 PCR（semiquantitative PCR，sq-PCR）技术

sq-PCR 不同于 c-PCR 的是参照物 ERCC－2 的 PCR 产物与目的 DNA 的 PCR 产物相似，并分别在试管中扩增。sq-PCR 的流程为样品和内参照 RNA 分别经反转录为 cDNA，然后样品 cDNA 和一系列不同量参照 cDNA 分别在不同管进行扩增，PCR 产物在琼脂糖凝胶上电泳拍照，光密度计扫描，做出标准曲线，通过回归公式便可定量表达基因量。虽然管与管之间的扩增效率难以控制，但由 PCR 扩增的所有样本和参照物在不同的实验中差异很小。这种敏感的技术可用于其他低表达的基因定量。

17. 原位 PCR（in situ PCR）技术

原位 PCR 综合了 PCR 和原位杂交（in situ hybridization，ISH）的优点，是一种在组织切片或细胞涂片上原位对特定的 DNA 或 RNA 进行扩增，再用特异性的探针原位杂交检测。原位 PCR 标本一般需先经化学固定，以保持组织细胞的良好形态结构。细胞膜和核膜有一定的通透性，PCR 扩增所需的各种成分可进入细胞内或核内，在原位对特定的 DNA 或 RNA 进行扩增。扩增产物由于相对分子质

量较大或互相交织，不易透过细胞膜向外弥散，故保留在原位。这样就很容易应用 ISH 将其检出，同时还可对目的 DNA 序列的组织细胞进行形态学分析。

18. 免疫 PCR(immuno PCR)技术

抗原-抗体反应与 PCR 技术的结合产生了免疫 PCR，是目前为止最为敏感的检测方法，理论上可测到一个抗原分子的存在。通过用一个具有对 DNA 和抗体双重结合活性的连接分子，使作为标记物的 DNA 分子特异地结合到 Ag-Ab 复合物上，从而形成 Ag-Ab-DNA 复合物，附着的 DNA 标记物可用适宜的引物进行 PCR 扩增。特异性 PCR 产物的存在证明 DNA 标记物分子特异地附着于 Ag-Ab 复合物上，进而证明有 Ag 存在。吴自荣等将 Ab 通过化学交联剂直接连接到分子上构建成 Ab-DNA 探针，组成免疫 PCR 检测新模式，具有高度灵敏和特异性。免疫 PCR 可对流行性传染病(如肝炎、爱滋病等)进行检测，检测体液中致癌基因和癌基因表达的微量蛋白等。

19. 长片段 PCR(long-PCR)技术

长片段 PCR 是用高质量模板 DNA 保证其完整性，引物应较长(21 ~ 34bp)，使用高的退火温度及错配率更低的酶，将无 $3' \sim 5'$ 外切酶活性的 DNA 聚合酶和低浓度有 $3' \sim 5'$ 外切酶活性的 DNA 聚合酶组合使用，缓冲体系通过提高 Tris 的浓度或改用 Tricine 缓冲液以增强缓冲能力，并调高体系的 pH 值。热循环参数总的来说需增加延伸时间，一般 1kb/min，同时采用热启动。长片段 PCR 在限制性片段多态性及单体型分析、染色体基因步移、DNA 序列分析及基因突变的鉴定等方面得到应用。

十、分子标记技术

(一)遗传标记概述

遗传标记(genetic marker)是指可以明确反映遗传多态性的生物特性。在经典遗传学中，遗传多态性是指等位基因的变异。在现代遗传学中，遗传多态性是指基因组中任何座位上的相对差异。遗传标记可以帮助人们更好地研究生物的遗传与变异规律。在遗传学研究中遗传标记主要应用于连锁分析、基因定位、遗传作图及基因转移等。遗传标记经过多年的发展主要有形态学标记、细胞学标记、生化标记和分子标记 4 种。由生态学标记逐步向分子标记发展的过程，体现了人类对于基因由现象到本质的认识发展过程。在这个过程中，传统的形态标记和细胞学标记是遗传标记的发展基础，而生化标记和分子标记则是遗传学、生物化学和分子生物学不断发展的必然结果。

1. 形态学标记(morphological marker)

形态学标记主要包括肉眼可见的外部形态特征，如矮秆、紫鞘、卷叶等；也包括色素、生理特性、生殖特性、抗病虫性等有关的一些特性。其优点是简单直观、经济方便。缺点是：①数量在多数植物中是很有限的；②多态性较差，表现易受环境影响；③有一些标记与不良性状连锁；④形态学标记的获得需要通过诱变、分离纯合的过程，周期较长。

2. 细胞学标记(cytological marker)

植物细胞染色体的变异包括染色体核型(染色体数目、结构、随体有无、着丝粒位置等)和带型(C 带、N 带、G 带等)的变化。其优点是能进行一些重要基因的染色体或染色体区域定位。缺点是：①材料需要花费较大的人力和较长时间来培育，难度很大；②有些变异难以用细胞学方法进行检测。

3. 生化标记(biochemical marker)

生化标记主要包括同工酶和等位酶标记。分析方法是从组织蛋白粗提物中通过电泳和组织化学染色法将酶的多种形式转变成肉眼可辨的酶谱带型。其优点是直接反映了基因产物差异，受环境影响较小。缺点是：①目前可使用的生化标记数量还相当有限；②有些酶的染色方法和电泳技术有一定难度。

4. 分子标记(molecular marker)

生命的遗传信息存储于 DNA 序列的变异中，基因组 DNA 序列的变异是物种遗传多样性的基础。利用现代分子生物学技术揭示 DNA 序列的变异，就可以建立 DNA 水平上的遗传标记。从 1980 年人类遗传学家 Botstein 等首次提出 DNA 限制性片断长度多态性作为遗传标记的思想及 1985 年 PCR 技术的诞生至今，已经发展了 10 多种基于 DNA 多态性的分子标记技术。理想的分子标记应具备以下特点：①遗传多态性高；②共显性遗传，信息完整；③在基因组中大量存在且分布均匀；④稳定性、重现性好；⑤信息量大，分析效率高；⑥检测手段简单快捷，易于实现自动化；⑦开发成本和使用成本低。当前分子标记已广泛应用于物种资源研究、遗传图谱构建、目的基因定位和分子标记辅助选择等各个方面。分子标记检测技术大致可分为四类：第一类是基于 DNA 杂交的分子标记技术，主要有 RFLP 等；第二类是基于 PCR 分子标记技术，其代表性技术有 RAPD、SSR 等；第三类是基于 PCR 和限制性内切酶结合的分子标记技术，其代表性技术为 AFLP 等；第四类是基于单核苷酸多态性的分子标记。

(二)分子标记的概念和理想的分子标记的要求

广义的分子标记指可遗传的并可检测的 DNA 序列或蛋白质，如种子贮藏蛋白和同工酶及等位酶。狭义的分子标记专指 DNA 标记，即能反映生物个体或种群间基因组中某种差异特征的 DNA 片段，它直接反映基因组 DNA 间的差异。狭义的分子标记概念现在被广泛采纳。

与其他几种遗传标记——形态学标记、细胞学标记、生化标记相比，DNA 分子标记具有的优越性有：大多数分子标记为共显性，对隐性的性状的选择十分便利；基因组变异极其丰富，分子标记的数量几乎是无限的；在生物发育的不同阶段，不同组织的 DNA 都可用于标记分析；分子标记揭示来自 DNA 的变异；表现为中性，不影响目标性状的表达，与不良性状无连锁；检测手段简单、迅速。

理想的分子标记必须达到以下几个要求：①具有高的多态性，多态性(polymorphism)是指——群体内同一 DNA 序列的两种或多种变异形式，统计表明：群体内任何两个生物个体平均每 1000～10 000 个碱基对有一对有差别，这种差别就是 DNA 的多态性；②共显性遗传，即利用分子标记可鉴别二倍体中杂合和纯合基因型；③能明确辨别等位基因；④遍布整个基因组；⑤除特殊位点的标记外，要求分子标记均匀分布于整个基因组；⑥选择中性（即无基因多效性）；⑦检测手段简单、快速（如实验程序易自动化）；⑧开发成本和使用成本尽量低廉；⑨在实验室内和实验空间重复性好（便于数据交换）。

（三）分子标记的应用

1. 遗传多样性的分析

自然界的物种多种多样，而这种千姿百态正是由于其遗传物质的多样性造成的。通常植物学家借助于一些直观的形态特征来识别物种，随着科学的发展，传统的形态学知识很难适应现代植物学研究。人们开始应用分子标记来反应物种的遗传多样性。由于分子标记直接揭示 DNA 水平的差异，用它来描述植物界的遗传多样性就更为直观、准确。

应用分子标记研究植物的遗传多样性，可以进行生物亲缘关系的分析、生物系统分类及品种鉴定。

通过分子标记调查品种亲缘关系以及研究当今栽培品种的起源、栽培品种与野生型的进化关系方面已卓有成效。目前，人们发现分子标记更能直接从分子水平揭示个体间的差异及物种的相关性。分子标记技术的引入，使 DNA 分子研究成为常规的手段来区分物种、变种、品种，在分析系谱关系、理顺分类地位、评价亲缘类群间的系统发育关系方面发挥重要的作用。利用遗传多样性的结果可以对物种进行聚类分析，进而了解其系统发育与亲缘关系。分子标记的发展为研究物种亲缘关系和系统分类提供了有力的手段。植物界中的物种，尤其是与人类生活极其相关的栽培品种极其繁多。而有些作物乃通过无性繁殖繁衍后代，其个体差别并不十分明显；仅依靠传统的形态特征很难识别。然而通过 DNA 分子标记来鉴别就比较容易、准确。植物育种学家常采用这些方法识别不同的基因型、栽培品种、基因组突变体，及确定其在种群中的变异程度。由此可见，分子标记是一种行之有效的基因型鉴定手段，在鉴定品种、品种注册等方面将会发挥重要的作用。

2. 基因组作图和基因定位研究

长期以来，各种生物的遗传图谱几乎都是根据诸如形态、生理和生化等常规标记来构建的，所建成的遗传图谱仅限少数种类的生物，而且图谱分辨率大多很低，图距大，饱和度低，因而应用价值有限。分子标记用于遗传图谱构建是遗传学领域的重大进展之一。随着新的标记技术的发展，生物遗传图谱名单上的新成员将不断增加，图谱上标记的密度也将越来越高。建立起完整的高密度的分子图谱，就可以定位感兴趣的基因。

3. 基于图谱克隆基因

图位克隆（map-based cloning）是近几年随着分子标记遗传图谱的相继建立和

基因分子定位而发展起来的一种新的基因克隆技术。利用分子标记辅助的图位克隆无需事先知道基因的序列，也不必了解基因的表达产物，就可以直接克隆基因。图位克隆是最为通用的基因识别途径，至少在理论上适用于一切基因。基因组研究提供的高密度遗传图谱、大尺寸物理图谱、大片段基因组文库和基因组全序列，已为图位克隆的广泛应用铺平了道路。

4. 用于疾病诊断和遗传病连锁分析

RFLP（限制性片段长度多态性）是以孟德尔方式遗传，因此可以作为染色体上致病基因座位的遗传标志。许多与相连锁的致病基因得以定位。小卫星和微卫星因其高度多态性而被广泛用于疾病诊断和遗传病的连锁分析。随着高通量 SNP（单核苷酸多态性）检测技术方法的出现，作为数量最多且易于批量检测的多态标记，SNP 在连锁分析与基因定位，包括复杂疾病的基因定位、关联分析、个体和群体对环境致病因子与药物的易感性研究中将发挥愈来愈重要的作用。

（四）常见分子标记的分类、原理

依据对 DNA 多态性的检测手段，DNA 标记可分为四大类。

1. 基于 DNA-DNA 杂交的 DNA 标记

该标记技术是利用限制性内切酶酶解及凝胶电泳分离不同生物体的 DNA 分子，然后用经标记的特异 DNA 探针与之进行杂交，通过放射自显影或非同位素显色技术来揭示 DNA 的多态性。其中最具代表性的是发现最早和应用广泛的 RFLP 标记，RFLP 标记的多态性主要是由于 DNA 序列中单碱基的替换、DNA 片段的插入、缺失、易位和倒位引起的。另外还有 VNTR（数目可变串联重复多态性）标记，其多态性主要是由于重复序列数目差异产生的。

（1）RFLP 标记

RFLP（restriction fragment length polymorphism），即限制性片段长度多态性。这种多态性是由于限制性内切酶酶切位点或位点间 DNA 区段发生突变引起的。

限制性内切酶是一种能识别 DNA 上特定碱基组成的序列并在这些序列位点上切断 DNA 分子的酶。这些特定碱基组成的 DNA 序列叫相应内切酶的识别位点或限制性位点，长度一般在 4~8 个碱基对之间。通常 DNA 上存在大量的限制性内切酶酶切位点。因此，限制性内切酶能将很长的 DNA 分子酶解成许多长短不一的小片段，片段的数目和长度反映了 DNA 上限制性酶切位点的分布。特定的 DNA/限制性内切酶组合所产生的片段是特异的。它能作为某一 DNA 的特有"指纹"，这种"指纹"在 DNA 分子水平上直接反映了生物的遗传多态性。凡是可以引起酶解位点变异的突变，如点突变（新产生和去除酶切位点）和一段 DNA 的重新组织（如插入和缺失造成酶切位点间的长度发生变化）等均可导致限制性等位片段的变化，从而产生 RFLP。

由于基因组很大，某种限制性内切酶的酶切位点很多，经酶解后会产生大量大小不一的限制性片段，这些片段经电泳分离形成的电泳谱带是连续分布的，很难辨别出某一限制性片段大小的变化，必须利用单拷贝的基因组 DNA 克隆或

cDNA克隆作为探针，通过 Southern 杂交技术才能够检测到。RFLP 标记具有共显性、信息完整、重复性和稳定性好等优点。但 RFLP 技术的实验操作过程较复杂，需要对探针进行同位素标记，即使应用非放射性的 Southern 杂交技术，仍然是个耗时费力的过程。

（2）VNTR 标记

VNTR（variable number of tandem repeat），即数目可变串联重复多态性。许多生物体的 DNA 存在含有大量的串联重复序列的高变异区。通常将以 15～75 个核苷酸为基本单元的串联重复序列称为小卫星（minisatellites），以 2～6 个核苷酸为基本单元的简单串联重复序列称为微卫星（microsatellites）或简单序列重复（simple sequence repeat）。小卫星和微卫星也常常称作重复数可变串联重复（VNTR）标记。VNTR 标记产生的多态性是由同一座位上的串联单元数量的不同而产生的。

为了使 VNTR 成为有用的 DNA 标记，需发展一种能够快速鉴定 VNTR 座位的技术。理想的途径之一是利用 PCR 进行扩增，所得 PCR 产物通过电泳即可比较其长度变异。但是许多小卫星序列太长，无法通过 PCR 扩增获得满意的结果。因此，仍需利用 DNA Southern 杂交和放射性标记探针来检测。而微卫星序列常常比较短，利用 PCR 扩增可以获得满意的检测效果。鉴于上述原因，将微卫星标记归类于基于 PCR 技术的 DNA 标记。而 VNTR 主要指小卫星标记。

2. 基于 PCR 的 DNA 标记

PCR 技术问世不久，便以其简便、快速和高效等特点迅速成为分子生物学研究的有力工具，已被广泛地应用于分子克隆、遗传病的基因诊断、法医学、系统分类学、遗传学和育种学等方面，尤其是在 DNA 标记技术的发展上更是起到了巨大作用。PCR 技术是一种利用酶促反应对特定 DNA 片段进行体外扩增的技术，该技术只需非常少量（通常在纳克级范围内）的 DNA 样品，在短时间内以样品 DNA 为模板合成上亿个拷贝。经过电泳分离、染色或放射自显影，即可显示出所扩增的特定 DNA 区段。根据所用引物的特点，这类 DNA 标记可分为随机引物 PCR 标记和特异引物 PCR 标记。

（1）随机引物的 PCR 标记

随机引物 PCR 标记的特点是，其所用引物的核苷酸序列是随机的，其扩增的 DNA 区段是事先未知的。应用这种标记技术可在基因组中寻找未知的多态性座位作为新的 DNA 标记。随机引物 PCR 扩增的 DNA 区段产生多态性的分子基础是模板 DNA 扩增区段上引物结合位点的碱基序列发生了突变。因此，不同来源的基因组在该区段（座位）上将表现为扩增产物有无的差异或扩增片段大小的差异。其中第一种情况较为常见，因此随机引物 PCR 标记通常是显性的，但有时也会表现为共显性，即扩增片段大小的差异。目前，常用的随机引物 PCR 标记主要有可分为 RAPD、AP-PCR、DAF、ISSR 等。

①RAPD 标记　RAPD（random amplified polymorphism DNA），即随机扩增多态性 DNA。标记所用的引物长度通常为 9～10 个碱基，大约只有常规的 PCR 引物长度的一半。使用这么短的 PCR 引物是为了提高揭示 DNA 多态性的能力。由

于引物较短，所以在 PCR 中必须使用较低的退火温度，以保证引物能与模板 DNA 结合。RAPD 引物已经商品化，可以向供应商直接购买。商品化的 RAPD 引物基本能覆盖整个基因组，检测的多态性远远高于 RFLP。

RAPD 标记的优点是，对 DNA 需要量极少，对 DNA 质量要求不高，操作简单易行，不需要接触放射性物质，一套引物可用于不同生物的基因组分析，可检测整个基因组。在 RAPD 标记分析中，通常每次 PCR 只使用一种引物。在这种情况下，只有两端同时具有某种 PCR 引物结合位点的 DNA 区段才能被扩增出来。如果将 2 种引物组合使用，则还可扩增出两端分别具有其中一种引物的结合位点的 DNA 区段，产生新的带型，找到更多的 DNA 分子标记。在实验材料多态性程度较低时，可考虑用这种将不同引物组合的方法。RAPD 标记的不足之处是，一般表现为显性遗传，不能区分显性纯合和杂合基因型，因而提供的信息量不完整。另外，受实验条件的影响，结果的重复性较差。

②DAF 标记　DAF（DNA amplification fingerprinting），即 DNA 扩增指纹印迹。其原理上与 RAPD 标记相似，但它所使用的引物比 RAPD 标记的更短，一般为 5~8 个核苷酸，因而与模板 DNA 随机结合的位点更多，扩增得到的 DNA 条带也更多，检测多态性的能力更强。在多态性程度比较低的作物如小麦上，DAF 技术是一种很有用的寻找 DNA 分子标记的手段。但由于 DAF 使用了更短的引物，因而其 PCR 稳定性比 RAPD 更低。

③AP-PCR 标记　AP-PCR（arbitrarily primed polymerase chain reaction），即任意引物 PCR。AP-PCR 标记原理上也与 RAPD 相似，但所使用的引物较长，通常为 18~24 个碱基。因此，其 PCR 反应条件与常规一样，稳定性要比 RAPD 好，但揭示多态性的能力要比 RAPD 低。

④ISSR 标记　ISSR（inter simple sequence repeat），即简单序列重复间区 DNA 标记技术。该技术检测的是两个 SSR 之间的一段短 DNA 序列上的多态性。利用真核生物基因组中广泛存在的 SSR 序列，设计出各种能与 SSR 序列结合的 PCR 引物，对两个相距较近、方向相反的 SSR 序列之间的 DNA 区段进行扩增。一般在引物的 5′或 3′端接上 2~4 个嘌呤或嘧啶碱基，以对具有相同重复形式的许多 SSR 座位进行筛选，使得最终扩增出的 ISSR 片段不致太多。ISSR 技术所用的 PCR 引物长度在 20 个核苷酸左右，因此可以采用与常规 PCR 相同的反应条件，稳定性比 RAPD 好。ISSR 标记呈孟德尔式遗传，具显性或共显性特点。

（2）特异引物的 PCR 标记

特异引物 PCR 标记所用的引物是针对已知序列的 DNA 区段而设计的，具有特定核苷酸序列，引物长度通常为 18~24 个核苷酸，故可在常规 PCR 的复性温度下进行扩增，对基因组 DNA 的特定序列区域进行多态性分析。因此特异引物 PCR 标记技术依赖于对各个物种基因组信息的了解。根据引物序列的来源，主要可分为 SSR 标记、SCAR 标记、STS 标记等。

①SSR 标记　SSR（simple sequence repeat），即简单重复序列，也称微卫星 DNA。SSR 属高度重复序列，重复单元 2~6bp，如 $(CA)_n$、$(AT)_n$、$(GGC)_n$ 等，

重复区大多几十至几百 bp,分散在基因组中,大多不存在于编码序列内,具有较高的多态性。其多态性主要来源于串联数目的不同。重复单位数目 10 ~ 50 个,其高度多态性主要来源于串联数目的不同。SSR 标记的基本原理是:根据微卫星序列两端互补序列设计引物,通过 PCR 反应扩增微卫星片段,由于核心序列串联重复数目不同,因而能够用 PCR 的方法扩增出不同长度的 PCR 产物,将扩增产物进行凝胶电泳,根据分离片段的大小决定基因型并计算等位基因频率。

SSR 标记关键在于必须设计出一对特异的 PCR 引物,为此,必须事先了解 SSR 座位两侧的核苷酸序列,寻找其中的特异保守区。其过程是,首先建立 DNA 文库,筛选鉴定微卫星 DNA 克隆,然后测定该克隆的侧翼序列。也可通过 Genbank、EMBL 和 DDBJ 等 DNA 序列数据库搜索 SSR 序列,省去构建基因文库、杂交、测序等繁琐的工作。可见,开发新的 SSR 引物是一项费时耗财的工作。不过,目前许多物种已有现成的、商品化的 SSR 引物,对一般实验室而言,只需利用现成的 SSR 引物进行 PCR 扩增,即可分析 DNA 的多态性。

②SCAR 标记　SCAR(sequence-characterized amplified region),即序列特异性扩增区。SCAR 标记通常是由 RAPD 标记转化而来的。为了提高所找到的某一 RAPD 标记在应用上的稳定性,可将该 RAPD 标记片段从凝胶上回收并进行克隆和测序,根据其碱基序列设计一对特异引物(18 ~ 24 个碱基左右)。也可只对该 RAPD 标记片段的末端进行测序,根据其末端序列,在原来 RAPD 所用的 10 个碱基引物上增加相邻的 14 个左右碱基,成为与原 RAPD 片段末端互补的特异引物。以此特异引物对基因组 DNA 再进行 PCR 扩增,便可扩增出与克隆片段同样大小的特异带。这种经过转化的特异 DNA 分子标记就称为 SCAR 标记。SCAR 标记一般表现为扩增片段的有无,为一种显性标记;但有时也表现为长度的多态性,为共显性的标记。若待检 DNA 间的差异表现为扩增片段的有无,可直接在 PCR 反应管中加入溴化乙锭,通过在紫外灯下观察有无荧光来判断有无扩增产物,从而检测 DNA 间的差异,这样可省去电泳的步骤,使检测变得方便、快捷、可靠,可以快速检测大量个体。相对于 RAPD 标记,SCAR 标记由于所用引物较长及引物序列与模板 DNA 完全互补,因此,可在严谨条件下进行扩增,结果稳定性好、可重复性强。

③STS 标记　STS(sequence tagged sites),即序列标签位点。STS 标记是根据单拷贝的 DNA 片段两端的序列,设计一对特异引物,扩增基因组 DNA 而产生的一段长度为几百 bp 的特异序列。STS 标记采用常规 PCR 所用的引物长度,因此 PCR 分析结果稳定可靠。STS 引物的设计主要依据单拷贝的 RFLP 探针,根据已知 RFLP 探针两端序列,设计合适的引物,进行 PCR 扩增。与 RFLP 相比,STS 标记最大的优势在于不需要保存探针克隆等活体物质,只需从有关数据库中调出其相关信息即可。随着人类基因组研究的深入,表达序列标定(expressed sequence tags,ESTs)应运而生。由于它直接与一个表达基因相关,很易于转变成 STS。STS 标记表现共显性遗传,很容易在不同组合的遗传图谱间进行标记的转移,且是沟通植物遗传图谱和物理图谱的中介,它的实用价值很具吸引力。但

是，与 SSR 标记一样，STS 标记的开发依赖于序列分析及引物合成，目前仍显成本太高。

3. 基于 PCR 与限制性酶切技术结合的 DNA 标记

以限制性酶切和 PCR 技术为基础、将两种技术有机结合的 DNA 标记主要有两种，一种是通过对限制性酶切片段的选择性扩增来显示限制性片段长度的多态性，如 AFLP 标记；另一种是通过对 PCR 扩增片段的限制性酶切来揭示被扩增区段的多态性，如 CAPS 标记。

（1）AFLP 标记

AFLP（amplified fragment length polymorphism），即扩增片段长度多态性。AFLP 标记是一种将 RFLP 技术与 PCR 技术相结合检测限制性片段长度多态性的分子标记技术。首先选用稀有位点的酶（如 EcoR I）和多切点的酶（如 Mse I）同时完全酶切基因组 DNA，再用与限制性酶切片段具有相同黏性末端的双链人工接头与之连接，作为 PCR 扩增反应的模板，其黏性末端和接头序列作为 PCR 扩增反应的引物结合位点。引物由 3 部分组成：核心碱基序列，该序列与人工接头互补；限制性内切酶识别序列；引物 3′末端的选择碱基，选择碱基延伸到限制性酶切片段内使两端序列能与选择碱基配对的限制性酶切片段被选择性扩增。通过调节选择碱基的数目就可以控制每个 PCR 中扩增片段的数目。所以 AFLP 分析时常用两种特定引物对酶切片段进行 2 次选择性扩增。AFLP 已经被应用于遗传多样性研究、种质鉴定、构建遗传图谱和基因定位、分子标记辅助选择育种方面研究。

（2）CAPS 标记

CAPS（cleaved amplified polymorphism sequences），即酶切扩增多态性序列。它是特异引物 PCR 与限制性酶切相结合而产生的一种 DNA 标记，它实际上是一些特异引物 PCR 标记（如 SCAR 和 STS）的一种延伸。当 SCAR 和 STS 的特异扩增产物的电泳谱带不表现多态性时，一种补救办法就是用限制性内切酶对扩增产物进行酶切，然后再通过琼脂糖或聚丙烯酰胺凝胶电泳检测其多态性。用这种方法检测到的 DNA 多态性就称为 CAPS 标记。它揭示的是特异 PCR 产物。DNA 序列内限制性酶切位点变异信息，也表现为限制性片段长度的多态性。

4. 基于单核苷酸多态性的 DNA 标记

SNP（single nucleotide polymorphisms），即单核苷酸多态性，主要是指在基因组水平上由于单个核苷酸的变异所引起的 DNA 序列多态性。

研究 DNA 水平上的多态性的方法很多，其中最彻底、最精确的方法就是直接测定某特定区域的核苷酸序列并将其与相关基因组中对应区域的核苷酸序列进行比较，由此可以检测出单个核苷酸的差异。这种具有单核苷酸差异引起的遗传多态性特征的 DNA 区域，可以作为一种 DNA 标记，即 SNP 标记。SNP 在大多数基因组中存在较高的频率，在人类基因组中平均每 1.3kb 就有一个 SNP 存在。这种类型的 DNA 多态性仅有两个等位基因的差异，所以 SNP 的最大的杂合度为 50%。尽管单一的 SNP 所提供的信息量远小于现在常用的遗传标记，但是 SNP

数量丰富，可以进行自动化检测。鉴定 SNP 标记的途径主要有两条：①在 DNA 测序过程中，利用碱基的峰高和面积的变化来检测单个核苷酸改变所引起的 DNA 多态性；②通过对已有 DNA 序列进行分析比较来鉴定 SNP 标记。大规模的 SNP 鉴定则要借助于 DNA 芯片技术。

以上 4 大类 DNA 标记，都是基于基因组 DNA 水平上的多态性和相应的检测技术发展而来的，这些标记技术都各有特点。任何 DNA 变异能否成为遗传标记都有赖于 DNA 多态性检测技术的发展，DNA 的变异是客观的，而技术的进步则是人为的。随着现代分子生物学技术的迅速发展，随时可能诞生新的标记技术。

十一、免疫化学技术

现代免疫化学研究的是抗原与抗体的组成、结构以及抗原和抗体反应的机制。此外，还研究体内其他免疫活性物质，如补体分子的组成、结构及其功能。目前，免疫化学已应用于免疫性疾病发病机制的基础研究和临床检测等。

1959 年，Yalow 和 Berson 将放射性同位素测量的高度灵敏性与免疫反应的高度特异性结合起来，建立了放射免疫分析（RIA），可以快速、准确地测定体液中超微量的流性物质（pg/mL），是定量分析技术的一次重大突破，受到普遍重视，并于 1977 年荣获诺贝尔生物学医学奖。

随着免疫化学、细胞生物学及分子生物学的进展，免疫化学技术也有了飞速的发展，酶联免疫吸附分析技术（ELISA）、发光免疫测定技术（CLIA）、自旋免疫测定技术（SIA）、金属元素免疫测定技术（MIA）、电免疫测定（ELIA，免疫电极分析）、激光散射免疫测定（LSIA）、胶体金免疫测定（GIA）等新技术不断出现，应用日益广泛，现已成为当今生命科学研究的重要手段，尤其是在医学基础研究和临床实践中得到广泛应用。

下面介绍免疫的基本知识及几种主要的免疫化学实验技术。

（一）免疫的基本知识

1. 抗原

抗原（antigen，Ag）是一类能刺激机体免疫系统使之产生特异性免疫应答，并能与相应免疫应答产物即抗体和致敏淋巴细胞在体内或体外发生特异性结合的物质，也称为免疫原（immunogen）。前一种性能称为免疫原性（immunogenicity）或抗原性（antigenicity），后一种性能称为反应原性（reactogenicity）或免疫反应性（immunoreactivity）。

2. 抗体

抗体是机体受抗原刺激后，由淋巴细胞特别是浆细胞合成的一类能与相应抗原发生特异性结合的球蛋白，因其具有免疫活性，故又称作免疫球蛋白（immunoglobulin，Ig）。在免疫应答过程中，抗体主要由分化的 B 淋巴细胞产生，但有时也需要其他类型的细胞，如 T 淋巴细胞和巨噬细胞的协同作用。抗体主要分布在体内血清中或外分泌液中，对体液免疫应答起主要作用。目前已发现的人免疫球蛋白有五类，分别为 IgG、IgA、IgM、IgD 和 IgE。免疫球蛋白最显著的特点是与抗原特异性结合以及其分子的不均一性。

3. 抗原抗体的结合

体外抗原抗体反应又称血清学反应(serologic reaction)，因抗体主要存在于血清中，试验时一般都采用血清标本，故名。但抗原抗体反应亦常用于细胞免疫测定，如对淋巴细胞表面分化抗原的鉴定。因此，血清学一词已被广义的抗原抗体反应所取代。

抗原与抗体在体外结合时，可因抗原的物理性状不同或参与反应的成分不同而出现各种反应，例如凝集、沉淀、补体结合及中和反应等。在此基础上进行改进，又衍生出许多快速而灵敏的抗原抗体反应，例如从凝集反应衍生出间接凝集、反向间接凝集、凝集抑制试验、协同凝集试验等；从沉淀反应结合电泳，衍生出免疫电泳、对流免疫电泳、火箭电泳等。此外，还有各种免疫标记技术，如免疫荧光、酶免疫测定、放射免疫、免疫电镜及发光免疫测定等。

(二)双向免疫扩散及免疫电泳

1. 双向扩散法

将可溶性抗原(如小牛血清)与相应抗体(如兔抗小牛血清的抗体)混合，当两者比例合适并有电解质(如氯化钠、磷酸盐等)存在时，即有抗原-抗体复合物的沉淀出现，此为沉淀反应(precipitin reaction)。如以琼脂凝胶为支持介质，则在凝胶中出现可见的沉淀线、沉淀弧或沉淀峰。根据沉淀出现与否及沉淀量的多寡，可定性、定量地检测出样品中抗原或抗体的存在及含量。

双向扩散法(double diffusion)，最早由 Ouchterlony 创立，故又称 Ouchterlony 法。此法是利用琼脂凝胶作为介质的一种沉淀反应。琼脂凝胶是多孔的网状结构，大分子物质可以自由通过，这种分子的扩散作用使分别在两处的抗原和相应抗体相遇，形成抗原-抗体复合物，比例合适时出现沉淀。由于凝胶透明度高，可直接观察到复合物的沉淀线(弧)。沉淀线(弧)的特征与位置取决于抗原相对分子质量的大小、分子结构、扩散系数和浓度等因素。当抗原、抗体存在多种系统时，会出现多条沉淀线(弧)。依据沉淀线(弧)可以定性检测抗原。此法操作简便、灵敏度高，是最为常用的免疫学测定抗原和测定抗血清效价的方法。

2. 免疫电泳法

免疫电泳法是将凝胶内的沉淀反应与蛋白质电泳相结合的一项免疫检测技术。在一定电场强度下，由于血清中各种免疫球蛋白的分子大小、电荷状态和电荷量均有差异，因而它们的泳动速度也各不相同，加上电泳过程中电渗作用的影响，使各自组分得到分离。免疫电泳法具有灵敏度高、分辨力强、反应快速和操作简便等特点。

在一定电场强度下，抗原与相应抗体在琼脂介质中加速扩散相遇而形成复合物沉淀，这种检测方法称作电免疫扩散法(electroimmunodiffusion)。由于操作方法不同，电免疫扩散法可分为对流免疫电泳(countercurrent immuno electrophoresis)、交叉免疫电泳(crossed immuno electrophoresis)和火箭免疫电泳(rocket immuno electrophoresis)。

(1)对流免疫电泳

对流免疫电泳是将双向琼脂扩散法与电泳相结合的定向免疫扩散技术。

在琼脂板上打两排孔,在负电极侧的各孔内加入待检抗原溶液,在正电极侧的各孔内加入诊断抗体溶液。

在电场中,缓冲液 pH 值为 8.6 时,蛋白质抗原与抗体 IgG 均带负电荷,应都向正极泳动,与受电渗作用影响的水流方向(向负极流动)相反。但由于抗原等电点较低(pI 为 4~5),在电场中带净负电荷数量较多且相对分子质量相对较小,能克服逆向水流作用保持向正极泳动;而 IgG 由于等电点较高(pI 为 6~7)带净负电荷较少且相对分子质量大,不能克服逆向水流作用,因而顺水流方向朝负极泳动,致使抗原和抗体在电场中相向泳动。如果抗原与 IgG 对应,可在相遇的最适比例处形成沉淀线。

对流免疫电泳敏感度比双向扩散试验高 8~16 倍,可测出 1μg/L 量级的蛋白质。

(2)火箭免疫电泳

火箭免疫电泳原理是将单向扩散试验与电泳相结合的免疫扩散技术。

试验时,将抗体混合于琼脂中,样品孔中的抗原置于负极端,电泳时抗体不移动,抗原向正极泳动,随着抗原量的逐渐减少,抗原泳动的基底区越来越窄,抗原-抗体分子复合物形成的沉淀线逐渐变窄,形成形状如火箭的不溶性复合物沉淀峰。

当琼脂中抗体浓度固定时,峰的高度与抗原呈正相关,因此用已知标准抗原作对照,抗原浓度为横坐标,峰的高度为纵坐标,绘制标准曲线,待测样品浓度就可根据沉淀峰的高度在标准曲线中计算获得。

(3)交叉免疫电泳

交叉免疫电泳是将区带电泳和火箭免疫电泳相结合的免疫电泳分析技术。

交叉免疫电泳是一种有效的抗原蛋白定量技术,可一次同时对多种抗原进行定量。分辨率较高,有利于各种蛋白组分的比较,对于蛋白质遗传多态性、微小异质性、蛋白质裂解产物和不正常片段等进行定性分析。

(4)免疫电泳的主要影响因素

①抗原与抗体特性 抗原或抗体的泳动速度与其所带静电荷量、相对分子质量及物理形状等有关,静电荷量越多、颗粒越小,电泳速度越快,反之越慢。在同一电场中,单位时间内各种带电粒子的移动距离称电泳迁移率。当有多种带电荷的蛋白质电泳时,由于静电荷量不同而区分成不同区带,得以区分不同的抗原-抗体复合物。

②电场因素 电场强度、溶液 pH 值、离子强度、电渗现象(是指在电场中水对固相介质的相对移动,不影响蛋白质的分离,但影响其原点位置)等。

(三)酶免疫技术

酶免疫测定(enzyme immunoassay，EIA)或免疫酶技术(immunoenzymatic technique)是指用酶标记抗体或酶标记抗体进行的抗原抗体反应。它采用抗原与抗体的特异反应与酶连接，然后通过酶与底物产生颜色反应，用于定量测定。目前常用的方法称为酶联免疫吸附法(enzyme-linked immunosorbent assay，ELISA)，其方法简单，方便迅速，特异性强。酶免疫测定技术还包括生物素-亲和素系统(biotin-avidin system，BAS)、均相酶免疫测定法(homogeneous enzyme immunoassay，HEI)等。

1. 基本原理

ELISA 是由抗原(抗体)先结合在固相载体上，但仍保留其免疫活性，然后加一种抗体(抗原)与酶结合成的偶联物(标记物)，此偶联物仍保留其原免疫活性与酶活性，当偶联物与固相载体上的抗原(抗体)反应后，再加上酶的相应底物，即起催化水解或氧化还原反应而呈颜色。其所生成的颜色深浅与欲测的抗原(抗体)含量成正比。

2. ELISA 的方法类型

酶联免疫吸附试验的主要技术类型有双抗体夹心法、间接法、竞争法、捕获法等。

(1)双抗体夹心法

此法常用于检测抗原。它是利用待测抗原上的两个抗原决定簇 A 和 B 分别与固相载体上的抗体 A 和酶标记抗体 B 结合，形成抗体 A-待测抗原-酶标记抗体 B 复合物，复合物的形成量与待测抗原含量成正比，属非竞争性反应类型。本法只适用于二价或二价以上大分子抗原，而不能用于测定半抗原等小分子物质。

(2)间接法

此法常用于测定抗体。将已知抗原连接在固相载体上，待测抗体与抗原结合后再与酶标记第二抗体(酶标二抗)结合，形成抗原-待测抗体-酶标二抗的复合物，复合物的形成量与待测抗体量成正比，属非竞争性反应类型。

此间接结合在固相上的抗原远离载体表面，其抗原决定簇也得以充分暴露。间接包被的抗原经固相抗体的亲和层析作用，包被在固相上的抗原纯度大大提高，因此含杂质较多的抗原也可采用捕获包被法，试验的特异性、敏感性均由此得以改善，重复性亦佳。间接包被的另一优点是抗原用量少，仅为直接包被的1/10 乃至 1/100。

(3)竞争法

此法既可用于抗原和半抗原的定量测定，也可用于测定抗体。用酶标记抗原(抗体)与待测的非标记抗原(抗体)竞争性的与固相载体上的限量抗体(抗原)结合，待测抗原(抗体)多，则形成非标记复合物多，酶标记抗原与抗体结合就少，也就是酶标记复合物少，因此，显色程度与待测物含量成反比。

（4）捕获法（反向间接法）

主要用于测定血清中某种抗体亚成分。以目前最常用的 IgM 测定为例，因血清中针对某种抗原的特异性 IgM 和 IgG 同时存在，而后者可干扰 IgM 的测定。因此，先针对 IgM 的第二抗体（如羊抗人 IgMμ 链抗体）连接于固相载体上（称为固相二抗），用以"捕获"样品中所有 IgM；洗涤除去 IgG 等无关物质，然后加入特异性抗原与待测 IgM 结合；再次加入抗原特异的酶标记抗体；最后形成固相二抗 – IgM – 抗原 – 酶标记抗体复合物，加酶底物显色后，即可对 IgM 进行定性和定量测定。

（5）ABS-ELISA

ABS 为亲和素、生物素系统的略语。亲和素与生物素的结合，虽不属免疫反应，但特异性强，亲和力大，两者一旦结合就极为稳定。由于 1 个亲和素分子有 4 个生物素分子的结合位置，可以连接更多的生物素化的分子，形成一种类似晶格的复合体。因此把亲和素和生物素与 ELISA 偶联起来，就可大大提高 ELISA 的敏感度。这种包被法不仅可增加吸附的抗体或抗原量，而且使其结合点充分暴露。另外，在常规 ELISA 中的酶标记抗体也可用生物素化的抗体替代，然后连接亲和素-酶结合物，以放大反应信号。

（四）免疫印迹

免疫印迹又常称 Western blot，是一综合性的免疫学检测技术。它利用 SDS-PAGE 技术将生物样品中的蛋白质分子按相对分子质量的大小在凝胶上分离开，然后用电转移的方法将蛋白质转移到固相膜上（硝酸纤维素膜（NC）、尼龙或聚偏二氟乙烯膜（PVDF 膜），最后进行免疫学检测。由于免疫学检测敏感性高，并且通过 SDS-PAGE 样品中的待检蛋白质得到了浓缩，因此 Western blot 的灵敏度特别高，可达到放射免疫的分析水平。而使用一般的免疫学检测技术（如 ELISA、放射免疫沉淀）检测时，由于要求被检测蛋白质可溶，要求抗体效价高、亲和力高和特异性强，往往并不容易达到目的。而 Western blot 却没有这些缺点。因此，Western blot 广泛应用于生物样品中是否存在某一蛋白质（抗原）的检测。也可用于粗略测定抗原蛋白的相对含量和抗原多肽链的相对分子质量。

用有孔的塑料和泡沫将凝胶和 NC/PVDF 膜夹成"三明治"形状，而后浸入两个平行电极中间的缓冲液中进行电泳，选择适当的电泳方向就可以使蛋白质在电场力的作用下离开凝胶结合到 PVDF 膜上。转移后 PVDF 膜就称为一个印迹（blot），用于对蛋白质的进一步检测。印迹首先用蛋白溶液（如 1% 的 BSA 或脱脂奶粉溶液）处理以封闭 NC/PVDF 膜上剩余的疏水结合位点，而后用所要研究的蛋白质的抗体（一抗）处理，印迹中只有待研究的蛋白质与一抗特异结合形成抗原-抗体复合物，而其他的蛋白质不能与一抗结合，这样清洗除去未结合的一抗后，印迹中只有待研究的蛋白质的位置上结合着一抗。处理过的印迹进一步用适当标记的二抗处理，二抗是指一抗的抗体，如一抗是从兔中获得的，则二抗就是抗兔 IgG 的抗体。处理后，带有标记的二抗与一抗结合形成抗体复合物可以指示一抗的位置，即是待研究的蛋白质的位置。目前有结合各种标记物的抗体特定 IgG 的抗体（二抗）可以直接购买，最常用的一种是酶连的二抗，印迹用酶连二抗处理后，再用适当的底物溶液处理，当酶催化底物生成有颜色的产物时，就会产生可见的区带，指示所要研究的蛋白质位置。在酶连抗体中使用的酶通常是碱性磷酸酶（AP）或辣根过氧化物酶（HRP）。碱性磷酸酶可以将无色的底物 5-溴-4-氯吲哚磷酸盐（BCIP）转化为蓝色的产物；而辣根过氧化物酶可以 H_2O_2 为底物，将 3-氨基-9-乙基咔唑氧化成褐色产物或将 4-氯萘酚氧化成蓝色产物。另一种检测辣根过氧化物酶的方法是用增强化学发光法，辣根过氧化物酶在 H_2O_2 存在下，氧化化学发光物质鲁米诺并发光，通过将印迹放在照相底片上感光就可以检测出辣根过氧化物酶的存在，即目标蛋白质的存在。除了酶连二抗作为指示剂，也可以使用其他指示剂，比如荧光素异硫氰酸盐标记的二抗（可通过紫外灯产生荧光）、生物素结合的二抗等等。

除了使用抗体或蛋白质作为检测特定蛋白的探针以外，有时也使用其他探针，如放射性标记的 DNA，可以检测印迹中的 DNA 结合蛋白。

（五）免疫荧光技术

免疫荧光技术（immunofluorescence）即将免疫学方法（抗原抗体特异结合）与荧光标记技术结合起来研究特异蛋白抗原在细胞内分布的方法。由于荧光素所发的荧光可在荧光显微镜下检出，从而可对抗原进行细胞定位。

1. 基本原理

免疫荧光也称荧光抗体，是根据抗原抗体反应的原理，先将已知的抗原或抗体标记上荧光素（常用的有异硫氰酸盐荧光黄和四甲基异硫氰酸罗丹明）制成荧光标记物，再用这种荧光抗体（或抗原）作为分子探针检查细胞或组织内的相应抗原（或抗体）。在细胞或组织中形成的抗原-抗体复合物上含有荧光素，利用荧光显微镜观察标本，荧光素受激发光的照射而发出明亮的荧光（黄绿色或橙红色），可以看见荧光所在的细胞或组织，从而确定抗原或抗体的性质、定位，以及利用定量技术测定其含量。

2. 使用方法

用荧光抗体示踪或检查相应抗原的方法称荧光抗体法；用已知的荧光抗原标记物示踪或检查相应抗体的方法称荧光抗原法。这两种方法总称免疫荧光技术，以荧光抗体方法较常用。用免疫荧光技术显示和检查细胞或组织内抗原或半抗原物质的方法称为免疫荧光细胞（或组织）化学技术。

根据抗原抗体反应的结合步骤的不同，免疫荧光标记技术可分为直接法、间接法、补体法和双重免疫荧光法四种。

（1）直接法

直接法是将荧光素标记的特异性抗体直接与相应的抗原结合，以检查出相应的抗原成分。

（2）间接法

间接法是先用特异性抗体与相应的抗原结合，洗去未结合的抗体，再用荧光素标记的抗特异性抗体（间接荧光抗体）与特异性抗体相结合，形成抗原-特异性抗体-间接荧光抗体的复合物。因为在形成的复合物上带有比直接法更多的荧光抗体，所以间接法要比直接法更灵敏一些。

（3）补体法

补体法是用特异性的抗体和补体的混合液与标本上的抗原反应，补体就结合在抗原-抗体复合物上，再用抗补体的荧光抗体与之相结合，就形成了抗原-抗体-补体-抗补体荧光抗体复合物。荧光显微镜下所见到的发出荧光的部分即是抗原所在的部位。补体法灵敏度高，适用于各种不同种属来源的特异性抗体的标记显示。

（4）双重免疫荧光法

在对同一组织细胞标本上需要检测两种抗原时，可进行双重荧光染色，即将两种特异性抗体（例如抗 A 和抗 B）分别以发出不同颜色的荧光素进行标记，抗 A 抗体用异硫氰酸荧光素标记发出黄绿色荧光，抗 B 抗体用四甲基异硫氰酸罗丹明标记发出橙红色荧光，将两种荧光抗体按适当比例混合后，加在标本上（直接法）就分别形成抗原-抗体复合物，发出黄绿色荧光的即是抗 A 抗体结合部位，发出橙红色荧光的即是抗 B 抗体结合的部位，这样就明确显示出两种抗原的位置。

十二、细胞培养技术

（一）细胞培养的基本原理与技术

一般认为现代生物技术包括基因工程技术、细胞工程技术、酶工程技术和发酵工程技术，而这些技术的发展几乎都与细胞培养有密切关系，特别是在医药领域的发展，细胞培养更具有特殊的作用和价值。比如基因工程药物或疫苗在研究生产过程中很多是通过细胞培养来实现的。基因工程乙肝疫苗很多是以中国仓鼠卵巢细胞（CHO 细胞）作为载体；细胞工程中更是离不细胞培养，杂交瘤单克隆抗体完全是通过细胞培养来实现的，即使是现在飞速发展的基因工程抗体也离不开细胞培养。正在倍受重视的基因治疗、体细胞治疗也要经过细胞培养过程才能实现，发酵工程和酶工程有的也与细胞培养密切相关。总之，细胞培养在整个生物技术产业的发展中起到了很关键的核心作用。

1. 概念

（1）基本概念

体外培养（in vitro culture），就是将活体结构成分或活的个体从体内或其寄生体内取出，放在类似于体内生存环境的体外环境中，让其生长和发育的方法。细胞培养，是指将活细胞（尤其是分散的细胞）在体外进行培养的方法。

（2）体内、外细胞的差异和分化

细胞离体后，失去了神经体液的调节和细胞间的相互影响，生活在缺乏动态平衡的相对稳定环境中，日久天长，易发生各种变化，如分化现象减弱；形态功能趋于单一化，或生存一定时间后衰退死亡；或发生转化获得不死性，变成可无限生长的连续细胞系或恶性细胞系。因此，培养中的细胞可视为一种在特定的条件下的细胞群体，它们既保持着与体内细胞相同的基本结构和功能，也有一些不同于体内细胞的性状。实际上从细胞一旦被置于体外培养后，这种差异就开始发生了。

体外培养的细胞分化能力并未完全丧失，只是环境的改变，细胞分化的表现和在体内的不同。细胞是否表现分化，关键在于是否存在使细胞分化的条件，如小鼠红白血病细胞（MFL，即 Friend 细胞）在一定的因素作用下可以合成血红蛋白，血管内皮细胞在类似基膜物质底物上培养时能长成血管状结构，杂交瘤细胞能产生特异的单克隆抗体，这些均属于细胞分化行为。

2. 细胞培养的一般过程

（1）准备

内容包括器皿的清洗、干燥与消毒，培养基与其他试剂的配制、分装及灭菌，无菌室或超净台的清洁与消毒，培养箱及其他仪器的检查与调试。

（2）取材

在无菌环境下从机体取出某种组织细胞，经过一定的处理（如消化分散细胞、分离等）后接入培养器皿中，这一过程称为取材。从机体取出的组织细胞的首次培养称为原代培养。

理论上讲各种动物和人体内的所有组织都可以用于培养，实际上幼体组织（尤其是胚胎组织）比成年个体的组织容易培养，分化程度低的组织比分化程度高的容易培养，肿瘤组织比正常组织容易培养。取材后应立即处理，尽快培养，因故不能马上培养时，可将组织块切成黄豆般大的小块，置 4℃ 的培养液中保存。

（3）培养

将取得的组织细胞接入培养瓶或培养板中的过程称为培养。如果是组织块培养，则直接将组织块接入培养器皿底部，几个小时后组织块可贴牢在底部，再加入培养基。如果是细胞培养，一般应在接入培养器皿之前进行细胞计数，按要求以一定的量（以每毫升细胞数表示）接入培养器皿并直接加入培养基。细胞进入培养器皿后，立即放入培养箱中，使细胞尽早进入生长状态。

正在培养中的细胞每隔一定时间观察一次，观察的内容包括细胞是否生长良好，形态是否正常，有无污染，培养基的 pH 是否太酸或太碱（由酚红指示剂指示），培养温度和 CO_2 浓度等。

原代培养一般有一段潜伏期（数小时到数十天不等），在潜伏期细胞一般不分裂，但可贴壁和游走。过了潜伏期后细胞进入旺盛的分裂生长期。细胞长满瓶底后要进行传代培养，将 1 瓶中的细胞消化悬浮后分至 2~3 瓶继续培养。每传代一次称为“一代”。二倍体细胞一般只能传几十代，而转化细胞系或细胞株则可无限地传代下去。转化细胞可能具有恶性性质，也可能仅有不死性（immortality）而无恶性。

（4）冻存及复苏

为了保存细胞，特别是不易获得的突变型细胞或细胞株，要将细胞冻存。冻存的温度一般用液氮的温度 – 196℃，将细胞收集至冻存管中加入含保护剂（一般为二甲基亚砜或甘油）的培养基，以一定的冷却速度冻存，最终保存于液氮中。在极低的温度下，细胞保存的时间几乎是无限的。复苏一般采用快融方法，即从液氮中取出冻存管后，立即放入 37℃ 水中，使之在 1min 内迅速融解。然后将细胞转入培养器皿中进行培养。冻存过程中保护剂的选用、细胞密度、降温速度及复苏时温度、融化速度等都对细胞活力有影响。

（二）细胞培养的基本方法

1. 培养细胞的细胞生物学

（1）概念

体外培养的生物成分分为两种结构形式：其一是小块组织或称为组织块（tissue block），一般称为外植块；其二是将生物组织分散后制成的单个细胞，一般称为分离的细胞（isolated cell）或者分散的细胞（dissociated cell）。

分散的过程通常在培养液或平衡盐溶液中进行，分散的细胞被悬浮于培养液或平衡盐溶液中。单个细胞分散存在于培养液或其他平衡盐溶液中、缓冲溶液中，就称为细胞悬液（cell suspension）。狭义的细胞培养（cell culture）主要是指分离细胞培养，广义的细胞培养的概念还包括单细胞培养（single cell culture）。一种是群体培养（mass culture），将含有一定数量细胞的悬液置于培养瓶中，让细胞贴壁生长，汇合（confluence）后形成均匀的单细胞层；另一种是克隆培养（clonal culture），将高度稀释的游离细胞悬液加入培养瓶中，各个细胞贴壁后，彼此距离较远，经过生长增殖每一个细胞形成一个细胞群落，称为克隆（clone）。一个细胞克隆中的所有细胞均来源于同一个祖先细胞。

（2）分型

①贴附型　大多数培养细胞贴附生长，属于贴壁依赖性细胞，大致分成成纤维细胞型、上皮细胞型、游走细胞型和多型细胞型四型。

②悬浮型　见于少数特殊的细胞，如某些类型的癌细胞及白血病细胞。胞体圆形，不贴于支持物上，呈悬浮生长。这类细胞容易大量繁殖。

（3）生长和增殖过程

培养细胞的生存环境是培养瓶、皿或其他容器，生存空间和营养是有限的。当细胞增殖达到一定密度后，则需要分离出一部分细胞和更新营养液，否则将影响细胞的继续生存，这一过程叫传代（passage 或 subculture）。而细胞在培养中持续增殖和生长的时间叫培养细胞的生命期。正常细胞培养时，不论细胞的种类和供体的年龄如何，在细胞全生存过程中，大致都经历以下三个阶段：

①原代培养阶段　也称初代培养，即从体内取出组织接种培养到第一次传代阶段，一般持续 1~4 周。此阶段细胞呈活跃的移动，可见细胞分裂，但不旺盛。初代培养细胞与体内原组织在形态结构和功能活动上相似性大。细胞群是异质的

（heterogeneous），也即各细胞的遗传性状互不相同，细胞相互依存性强。

②传代阶段 初代培养细胞一经传代后便改称作细胞系（cell line）。在全生命期中此期的持续时间最长。在培养条件较好情况下，细胞增殖旺盛，并能维持二倍体核型，呈二倍体核型的细胞称二倍体细胞系（diploid cell line）。为保持二倍体细胞性质，细胞应在初代培养期或传代后早期冻存。当前世界上常用细胞均在不出十代内冻存。如不冻存，则需反复传代以维持细胞的适宜密度，以利于生存。但这样就有可能导致细胞失掉二倍体性质或发生转化。一般情况下当传代10～50次左右，细胞增殖逐渐缓慢，以至完全停止，细胞进入第三阶段。

③衰退阶段 此阶段细胞仍然生存，但增殖很慢或不增殖；细胞形态轮廓增强，最后衰退凋亡。

2. 细胞分离技术

（1）从原代组织中分离细胞

将组织块分离（散）成细胞悬液的方法有多种，最常用的是机械解离细胞法、酶学解离细胞法以及螯合剂解离细胞法。从原代组织中获得单细胞悬液的一般方法是酶解聚，如胰蛋白酶（trypsin）、胶原酶（collagenase）和分散酶（dispase）等。细胞暴露在酶中的时间要尽可能地短，以保持最大的活性。

（2）从原培养容器中分离细胞

使用不包含有钙、镁的平衡盐溶液或 EDTA（ethylene diamine tetraacetic acid，乙二胺四乙酸）清洗细胞。在培养瓶对着细胞的一面加入清洗溶液，通过转动培养瓶 1～2min 清洗细胞层，然后去除清洗液；加选择的分离液到培养瓶对着细胞的一面，在 37℃孵育培养瓶，在 5～15min 内，细胞就会脱落；垂直放置培养瓶，让细胞流到培养瓶的底部。在培养瓶中加入完全培养基，计数并再次培养细胞。对于无血清培养基，加入大豆胰蛋白酶抑制剂。

3. 细胞的冻存与复苏

细胞深低温保存的基本原理是：在 -70℃ 以下时，细胞内的酶活性均已停止，即代谢处于完全停止状态，故可以长期保存。细胞低温保存的关键，在于通过 0～20℃ 阶段的处理过程。在此温度范围内，水的晶体呈针状，极易招致细胞的严重损伤。

（1）细胞的冻存

为避免污染造成的损失，最小化连续细胞系的遗传改变和避免有限细胞系的老化和转化，需要冻存哺乳细胞。冻存细胞前，细胞应该特性化并检查是否污染。

有几种普通培养基用来冻存细胞。对于包含有血清的培养基，成分可能如下：包含 10% 甘油的完全培养基；包含 10% 二甲基亚砜（DMSO）的完全培养基；50% 细胞条件培养基和 50% 含有 10% 甘油的新鲜培养基；或 50% 细胞条件培养基和 50% 含有 10% 二甲基亚砜的新鲜培养基。

对于无血清培养基，一些普通的培养基成分可能是：50% 细胞条件无血清培养基和 50% 包含有 7.5% 二甲基亚砜的新鲜的无血清培养基；或包含有 7.5% 二甲基亚砜和 10% 细胞培养级 BSA 的新鲜无血清培养基。

（2）冻存细胞的复苏

冻存细胞较脆弱，要轻柔操作。冻存细胞要快速融化，并直接加入完全生长培养基中。若细胞对冻存剂（DMSO 或甘油）敏感，离心去除冻存培养基，然后加入完全生长培养基中。

（3）细胞的分化、衰老与死亡

①细胞的分化　一个成年人全身细胞总数约 1012 个，可以区分为 200 多种不同类型的细胞，它们的形态结构、代谢、行为、功能等各不相同。追根溯源，这么多种细胞均来自一个受精卵细胞。所以，通常把发育过程中，细胞后代在形态、结构和功能上发生差异的过程称为细胞分化。细胞分化发生在胚胎阶段，也发生在胎儿出生以后，乃至成人阶段。例如，人体血细胞的产生和分化，这个过程在人的一生中一直持续着。

由旺盛生长不断分裂的细胞，转入分化，通常从细胞周期中 G1 期开始时一个确定的点 G0 点"逃逸"出细胞周期。旺盛生长分裂的细胞和各种分化了的细胞，它们的基因表达和代谢活动各不相同。

②细胞的衰老　体外细胞培养实验证明：来自胎儿的成纤维细胞传代 50 次后衰老死亡，来自成人的成纤维细胞传代 20 次后衰老死亡（与具体年龄有关）；来自小鼠的成纤维细胞传代 14～28 次后衰老死亡，来自乌龟的成纤维细胞传代 90～125 次后衰老死亡。

细胞衰老过程中会发生一系列的变化，包括蛋白质合成速度降低、已有蛋白质结构变化、特异蛋白质成分出现；同时，细胞核、线粒体、膜系统、骨架系统等都有结构、功能的改变。

细胞衰老的原因尚无定论，出现过几种理论与假说，其中得到较广泛认可的是"自由基损伤假说"。

③细胞的死亡　细胞的死亡是个体存活的正常现象，常见的细胞死亡形式有 3 种：坏死、凋亡和细胞毒性。多细胞生物的生命活动中，因为环境因素的突然变化或病原物的入侵，导致一部分细胞死去，称为细胞的病理死亡，或细胞坏死。坏死是细胞暴露于严重的物理或化学刺激时导致的细胞死亡；细胞毒性是由细胞或者化学物质引起的单纯的细胞杀伤事件，不依赖于其他两种细胞死亡机理，如杀伤 T 细胞的细胞毒性作用。

还有一种情况，一部分细胞的死亡是生物个体正常生命活动（代谢、生长、发育、分化）的一个必要部分；似乎带有"牺牲局部，保全整体"的意味。这种情况下的细胞死亡，明显地受遗传控制，称为细胞凋亡。凋亡（apoptosis）是程序性的、正常的细胞死亡，是机体清除无用的或者不想要的细胞的手段。它与细胞坏死是两个截然不同的过程，无论从形态学、生物学还是生化的特征来说，都有明显的区别。细胞凋亡现象普遍存在于生物界。细胞凋亡与细胞增殖、分化和衰老起着互补与平衡的作用，在多细胞动物的发育、形态建成与维持中扮演至关重要的角色。作为细胞的一种基本生命现象，凋亡失控的结果将是可怕的：凋亡不足时，易发生癌变、病毒性疾病和自身免疫疾病；而凋亡过量则可能产生获得性免疫缺陷综合征（HIV）、重症肝炎与退行性神经疾病，如老年性痴呆症（Alzheimer's disease）、帕金森氏症（Parkinson's disease）。因此研究细胞凋亡及其机理具有重要的理论和实践意义。

④细胞凋亡与坏死的区别

坏死：

形态学特征——膜完整性丧失，胞浆和线粒体膨胀，全细胞裂解。

生化特征——离子内环境失调，非能量依赖性的被动过程（在4℃也可以发生），随机消化 DNA（电泳显示为 DNA 弥散状态），裂解后（postlytic）DNA 断裂。

生理学特征——影响群组细胞，由非生理学因素引起（如补体攻击、代谢中毒、缺氧等），被巨噬细胞吞噬，周围有明显的炎症反应。

凋亡：

形态学特征——胞膜出芽，但保持完整，染色体聚集在核膜周边，胞浆收缩、细胞核凝集，最后细胞分裂为凋亡小体，Bcl－2 家族蛋白导致线粒体膜通透性增加。

生化特征——ATP 依赖性的主动过程（在4℃不能发生），以核小体为单位剪切 DNA（电泳显示为 DNA 梯形现象，裂解前（prelytic）DNA 断裂，线粒体释放多种因子至胞浆中（细胞色素 c、凋亡诱导因子），半胱天冬氨酸酶（caspases）级联活化，膜对称性改变（磷脂酰丝氨酸外翻）。

生理学特征——只影响单个细胞，由生理学刺激诱导（如生长因子缺乏、激素环境改变等），被临近细胞和巨噬细胞吞噬，无炎症反应。

4. 细胞计数及活力测定

培养的细胞在一般条件下要求有一定的密度才能生长良好，所以要进行细胞计数。计数结果以每毫升细胞数表示。细胞计数的原理和方法与血细胞计数相同。

在细胞群体中总有一些因各种原因而死亡的细胞，总细胞中活细胞所占的比例叫做细胞活力，由组织中分离细胞一般也要检查活力，以了解分离的过程对细胞是否有损伤作用。复苏后的细胞也要检查活力，了解冻存和复苏的效果。

用台盼蓝染细胞，死细胞着色，活细胞不着色，从而可以区分死细胞与活细胞。利用细胞内某些酶与特定的试剂发生显色反应，也可测定细胞相对数和相对活力。

5. 细胞的分裂指数

体外培养细胞生长、分裂繁殖的能力，可用分裂指数来表示。它与生长曲线有一定的联系，如随着分裂指数的不断提高，细胞也就进入了指数生长期。分裂指数指细胞群体中分裂细胞所占的比例，它是测定细胞周期的一个重要指标，也是不同实验研究选择细胞的重要依据。

6. 细胞周期的测定

细胞周期指细胞一个世代所经历的时间。从一次细胞分裂结束到下一次分裂结束为一个周期。细胞周期反应了细胞增殖速度。

单个细胞的周期测定可采用缩时摄影的方法，但它不能代表细胞群体的周期，故现多采用其他方法测群体周期。测定细胞周期的方法很多，有同位素标记法、细胞计数法等，这里介绍一种利用 BrdU 渗入测定细胞周期的方法。

BrdU（5-溴脱氧尿嘧啶核苷）加入培养基后，可作为细胞 DNA 复制的原料，经过两个细胞周期后，细胞中两条单链均含 BrdU 的 DNA 将占 1/2，反映在染色体上应表现为一条单体浅染。如经历了三个周期，则染色体中约一半为两条单体均浅染，另一半为一深一浅。细胞如果仅经历了一个周期，则两条单体均深染。计分裂相中各期比例，就可算出细胞周期的值。

(三) 植物细胞的培养

1. 植物细胞的全能性

植物细胞全能性是指植物体的每一个活细胞具有发育成完整个体的潜在能力。即植物体的每个细胞都具有该植物的全部遗传信息，在适当的内、外条件下，一个细胞有可能形成一个完整的新个体。

在植物的生长发育中，从一个受精卵可产生具有完整形态和结构机能的植株，这是全能性，是该受精卵具有该物种全部遗传信息的表现。同样，植物的体细胞，是从合子有丝分裂产生的，也应具有像合子一样的全能性。但在完整植株上，某部分的体细胞只表现特定的形态和局部的功能，这是由于它们受到具体器官或组织所在环境的束缚，但细胞内固有的遗传信息并没有丧失。因此，在植物组织培养中，被培养的细胞、组织或器官，由于离开了整体，再加上切伤的作用以及培养基中激素等的影响，就可能表现全能性，生长发育成完整植株。

2. 植物细胞的脱分化和再分化

通常，我们用于组织培养的植物材料，大多是已分化了的细胞。一个已分化有一定机构和功能的细胞要表现它的全能性，首先要经过一个脱分化的过程。

(1) 脱分化

脱分化是指已分化的细胞在一定因素作用下，失去它原有的机构和功能，重新恢复分裂机能。细胞脱分化的机构通常形成愈伤组织。从外植体形成愈伤组织的过程，根据其群体细胞的形态、细胞分裂、生长活动和 RNA 相对含量的变动，大致可分起动期、分裂期和形成期三个时期。起动期是细胞准备进行分裂时期。外植体在外观上虽看不到多大变化，但代谢活化了，细胞内的合成代谢迅速进行，RNA 的含量急剧上升，细胞核和核仁增大。分裂期的主要特征是被起动细胞进行活跃的细胞分裂。这时细胞比起动期的细胞更小，核和核仁更大，RNA 含量继续上升，出现高峰。由于细胞分裂活跃，细胞数目迅速增加，开始出现可见的愈伤组织球体。紧接着进入形成期。愈伤组织进一步发展，细胞分裂较多地出现在愈伤组织的周缘近表面部分，且分割面较多的是平周的，因此构成一个所谓愈伤形成层，相应的内部细胞显著增大，核和核仁变小，RNA 含量急剧下降。这时愈伤组织迅速长大，同时有薄壁组织分化。愈伤形成层的出现和薄壁组织的分化是愈伤组织建成的特征。

用组织培养方法获得的愈伤组织，其质地有的疏松，有的致密。颜色也有不同，它们可以是无色、黄色(含有类胡萝卜素或黄酮类化合物)、淡绿色(含有少量叶绿素)、紫红色(含有花青甙)。显微镜下的观察表明：由完全一致的薄壁细胞组成的愈伤组织甚少。愈伤组织通常是由许多异质细胞集合而成的积聚体。生长旺盛的愈伤组织含有高比例的类似分升组织状的细胞群。高度液泡化的细胞可有各种形状，从圆形到细长形等。

(2)再分化

通过脱分化形成的愈伤组织，在一定的培养条件下，可经器官发生或胚状体发生进而发育成完整的植株。由于这是由原来分化状态的细胞脱分化培养后，再次分化，所以称为再分化。

(3)器官发生

器官发生是指植物组织培养中由培养形成芽或根的现象。器官发生可通过愈伤组织，在愈伤组织中形成一些分生细胞团，随后由其分化成不同的器官原基；也可不通过愈伤组织，由最初的外植体产生器官或由最初外植体通过拟分生组织产生器官。

在组织培养中通过形成芽或根而再生植株的方式大致有以下三种：先产生芽，于芽伸长形成茎的基部长根而形成小植物；先长根，在根上长出芽来；在愈伤组织不同部位分别形成芽和根，通过形成连接两者的维管束组织而形成一个轴，从而形成小植株。

大量的研究结果表明：一般地说，植物组织培养中如先形成芽者，其基部多易生根；反之，如先形成根，则往往会抑制芽的形成。

(4)胚状体发生

胚状体是指在培养过程中由外植体或愈伤组织产生的与合子胚发育方式类似的胚状结构。它的发生和器官发生一样是以离体组织或细胞的脱分化开始，但以后的一些过程则与单极器官(如芽和根)的发育不同。胚状体的发生过程一般由单个细胞(胚状体原始细胞)进行一次不均等分裂产生两个大小不等的细胞，然后由较小的细胞进行连续分裂产生原胚，而较大的细胞也进行1~2次分裂构成胚柄。胚状体的一个主要特点是两极性，即在其发生的最早阶段就具有了根端和茎端。因此，胚状体一旦形成，即可长出小植株。

3. 植物激素的调控

大量研究表明：在调节控制脱分化和再分化的过程中，除了植物材料本身的特性以及营养、光照、温度等条件外，植物激素起着十分重要的作用。其中影响最显著的是生长素和细胞分裂素。植物组织培养中常用的生长素类有吲哚乙酸(IAA)、萘乙酸(NAA)、2,4-二氯苯氧乙酸(2,4-D)等；细胞分裂素类有激动素(KT)、6-苄基氨基嘌呤(6-BA)、玉米素(ZT)等。

通常，在外植体经脱分化形成愈伤组织的过程中，生长素和细胞分裂素是必要的。但由于植物种类及所取部分的不同，诱导其形成愈伤组织所需的激素浓度和组合不同。双子叶植物一般采用生长素/细胞分裂素比例高的配方；单子叶植物的细胞增殖比双子叶植物要求较高的生长素浓度而对细胞分裂素无明显反应。在大多数情况下，只用 2,4-D 就可以成功地诱导愈伤组织。

在再分化的过程中，激素的种类和浓度对培养中的再生方式和器官发生的类型可产生不同的影响。例如在矮牵牛茎、叶组织切块的培养中，用同一浓度(1mg/L)不同种类的生长素(IAA、NAA、2,4-D)处理，可得到不同的结构。IAA只引起愈伤组织的有限生长；NAA 可引起根的大量形成；2,4-D 则促进愈伤组织产生，培养两周后还有胚状体发生。用 2,4-D 做进一步浓度实验，发现 0.1 ~ 0.5mg/L 的浓度，可诱导材料形成胚状体，提高 2,4-D 浓度(2mg/L)，可促进愈伤组织生长，但抑制胚状体形成。

生长素，特别是 2,4-D 是控制体细胞胚状体发生的重要因素。在不少材料中均可看到，2,4-D 对促进胚状体的发生虽有良好效果，但对胚状体的形成和发育有抑制倾向。所以，为了促进培养物分化，应及时除去或减少培养基中 2,4-D。

激素的调控作用不但决定于激素的种类和浓度，而且还决定于激素的相互之间的配比和绝对用量。20 世纪 50 年代，F. Skoog 和 C. O. Miller 在烟草茎髓愈伤组织中发现激动素/生长素的比例高时，利于芽的分化；比例低时，利于根的分化；两者比例适中水平时，愈伤组织占优势。激动素/生长素比例控制器官发生的这种模式，以后大量的实验结果表明，它在组织培养中(特别对双子叶植物的器官发生)具有较普遍意义，但激素之间的配比控制器官发生的类型还受激素绝对用量的影响。例如在番茄叶愈伤组织培养中，用 2mg/L IAA + 2mg/L KT，发生根；茎芽则仅在用 4mg/L IAA + 4mg/L KT 时发生。

第二部分　基础实验技术

实验一　糖类的颜色反应和还原反应

一、糖的颜色反应——萘酚反应

【实验目的】

1. 加深对糖的颜色反应的理解
2. 掌握 Molish 反应鉴定糖的原理和方法

【实验原理】

糖在浓硫酸或浓盐酸的作用下，脱水生成糠醛及糠醛衍生物，后者能与 α-萘酚作用形成紫红色物质。自由存在和结合存在的糖均呈阳性反应。此外，各种糠醛衍生物、葡萄糖醛酸以及丙酮、甲酸和乳酸均呈颜色近似的阳性反应。因此，阴性反应证明没有糖类物质的存在；而阳性反应，则说明有糖存在的可能性，需要进一步通过其他糖的定性实验才能确定有糖的存在。

【实验仪器、材料和试剂】

1. 仪器

试管、试管架、滴管、移液管、水浴锅等。

2. 材料

蔗糖、淀粉、糠醛。

3. 试剂

①莫氏（Molish）试剂　称取 α-萘酚 5g，溶于 95% 酒精中，并用此酒精定容至 100mL，贮于棕色瓶内。此试剂需新鲜配制。

②1% 蔗糖溶液　称取蔗糖 1g，溶于 100mL 蒸馏水中。

③1% 淀粉溶液　称取可溶性淀粉 1g 与少量冷蒸馏水混合成薄浆状物，然后缓缓倾入沸蒸馏水中，边加边搅拌，最后以沸蒸馏水稀释至 100mL。

④0.1% 糠醛溶液　称取糠醛 0.1g，溶于 100mL 蒸馏水中。

⑤浓硫酸。

【实验步骤】

（1）取 3 只试管编号，分别加入各待测糖溶液 1mL，各加入 2 滴 Molish 试剂，摇匀。

（2）倾斜试管，沿管壁慢慢加入浓硫酸约1mL，切勿摇动，小心竖直后仔细观察两层液面交界处的颜色变化。

（3）用水代替糖溶液，重复一遍，观察结果。

【注意事项】

（1）Molish反应非常灵敏，0.001%葡萄糖和0.0001%蔗糖即能呈现阳性反应。因此，不可在样品中混入纸屑等杂物。

（2）当蔗糖浓度过高时，由于浓硫酸对它的焦化作用，将呈现红色及褐色而不呈紫色，需稀释后再做。

【实验报告】

详细记录实验的过程及注意事项，分析并讨论实验结果。

【思考题】

α-萘酚反应的原理是什么？

二、糖的颜色反应——间苯二酚反应

【实验目的】

1. 学习应用糖的颜色反应区分酮糖和醛糖的方法

2. 掌握Seliwanoff反应鉴定糖的原理和方法

【实验原理】

在酸的作用下，酮糖脱水生成羟甲基糠醛，后者再与间苯二酚作用生成红色物质，反应仅需20~30s，有时亦同时产生棕红色沉淀，此沉淀溶于乙醇，成鲜红色溶液。醛糖在同样条件下呈色反应缓慢，只有在糖浓度较高或煮沸时间较长时，才呈微弱的阳性反应。该反应是鉴定酮糖的特殊反应。

【实验仪器、材料和试剂】

1. 仪器

试管、试管架、滴管、移液管、水浴锅等。

2. 材料

葡萄糖、果糖、蔗糖。

3. 试剂

①塞氏（Seliwanoff）试剂　称取间苯二酚0.05g，溶于30mL浓盐酸中，再用蒸馏水稀释至100mL，此试剂需新鲜配制。

②1%葡萄糖溶液　称取葡萄糖1g，溶于100mL蒸馏水中。

③1%果糖溶液　称取果糖1g，溶于100mL蒸馏水中。

④1%蔗糖溶液　称取蔗糖1g，溶于100mL蒸馏水中。

【实验步骤】

（1）取3支试管编号，各加入Seliwanoff试剂1mL，再依次分别加入待测糖溶液各4滴，混匀。

（2）同时放入沸水浴中，注意观察、记录各管颜色的变化及变化时间。

【注意事项】

果糖与 Seliwanoff 试剂反应非常迅速，呈鲜红色，而葡萄糖所需时间较长，且只能产生黄色至淡黄色。戊糖亦与 Seliwanoff 试剂反应，戊糖经酸脱水生成糠醛，与间苯二酚缩合，生成绿色至蓝色产物。

【实验报告】

详细记录实验的过程及注意事项，分析并讨论实验结果。

【思考题】

可用何种颜色反应鉴别酮糖的存在？

三、糖的还原反应

【实验目的】

掌握用糖的还原反应来鉴定糖的原理和方法。

【实验原理】

许多糖类由于其分子中含有自由的或潜在的醛基或酮基，故在碱性溶液中能将铜、铋、汞、铁、银等金属离子还原，同时糖类本身被氧化成糖酸及其他产物。糖类这种性质常被用作还原糖的定性或定量测定。

本实验进行糖类的还原作用所用的试剂为斐林试剂和本尼迪克特试剂。它们都是含 Cu^{2+} 的碱性溶液，能使具有自由醛基或酮基的糖氧化，其本身被还原成红色或黄色的 Cu_2O 沉淀。生成 Cu_2O 沉淀的颜色之所以不同是由于在不同条件下产生的沉淀颗粒大小不同引起的，颗粒越小呈黄色，越大则呈红色。

【实验仪器、材料和试剂】

1. 仪器

试管、试管架、竹试管夹、水浴锅、电炉。

2. 材料

葡萄糖、果糖、蔗糖、麦芽糖、淀粉。

3. 试剂

（1）斐林（Fehling）试剂

甲液（硫酸酮溶液）：称取硫酸铜（$CuSO_4 \cdot 5H_2O$）34.5g 溶于蒸馏水中，并定容至 500mL。

乙液（碱性酒石酸盐溶液）：称取氢氧化钠 125g 和酒石酸钾钠 137g 溶于蒸馏水中，并定容至 500mL。

用前，将甲液、乙液等体积混合即可。

（2）本尼迪克特（Benedict）试剂

称取柠檬酸钠 173g 及碳酸钠（$Na_2CO_3 \cdot H_2O$）100g 加入 600mL 蒸馏水中，加

热使其溶解，冷却，稀释至 850mL。

另称取硫酸铜 17.3g 溶解于 100mL 热蒸馏水中，冷却，稀释至 150mL。

最后，将硫酸铜溶液徐徐地加入柠檬酸钠-碳酸钠溶液中，边加边搅拌，混匀，如有沉淀，过滤后贮于试剂瓶中可长期使用。

(3)1% 葡萄糖溶液

(4)1% 果糖溶液

(5)1% 蔗糖溶液

(6)1% 麦芽糖溶液

(7)1% 淀粉溶液

【实验步骤】

(1)取 5 支试管，分别加入 2mL 斐林试剂，再向各试管分别加入 1% 葡萄糖溶液、1% 果糖溶液、1% 蔗糖溶液、1% 麦芽糖溶液、1% 淀粉溶液各 1mL。

(2)置沸水浴中加热数分钟，取出，冷却。观察各管溶液的变化。

(3)另取 5 支试管，用本尼迪克特试剂重复上述实验。比较两种方法的结果。

【注意事项】

实验过程中，要仔细观察溶液的颜色变化情况。

【实验报告】

详细记录实验的过程及注意事项，分析并讨论实验结果。

【思考题】

1. 斐林法和本尼迪克特法检验糖的原理是什么？

2. 试比较斐林法和本尼迪克特法。

实验二 总糖的提取和测定

【实验目的】

1. 学习植物可溶性糖的一种提取方法
2. 掌握蒽酮法测定可溶性糖含量的原理和方法

【实验原理】

糖类在较高温度下可被浓硫酸作用而脱水生成糠醛或羟甲基糖醛后，与蒽酮（$C_{14}H_{10}O$）脱水缩合，形成糠醛的衍生物，呈蓝绿色。该物质在 620nm 处有最大吸收，在 $0 \sim 150\mu g/mL$ 范围内，其颜色的深浅与可溶性糖含量成正比。

这一方法有很高的灵敏度，糖含量在 30 μg 左右就能进行测定，所以可作为微量测糖之用。一般样品少的情况下，采用这一方法比较适合。

【实验仪器、材料和试剂】

1. 仪器

电子天平、电热恒温水浴锅、抽滤设备、分光光度计、容量瓶、三角瓶、刻度吸管等。

2. 材料

小麦。

3. 试剂

①葡萄糖标准液 $100\mu g/mL$。

②浓硫酸。

③蒽酮试剂 0.2g 蒽酮溶于 100mL 浓 H_2SO_4 中。当日配制使用。

【实验步骤】

1. 植物样品中可溶性糖的提取

将小麦剪碎至 2mm 以下，精确称取 1g，置于 50mL 三角瓶中，加沸水 25mL，在水浴中加盖煮沸 10min，冷却后过滤（抽滤），残渣用沸蒸馏水反复洗涤并过滤（抽滤），滤液收集在 50mL 容量瓶中，定容至刻度，得可溶性糖的提取液。

2. 葡萄糖标准曲线的制作

取 7 支大试管，按表 2-1 中数据配制一系列不同浓度的葡萄糖溶液。

表 2-1 葡萄糖标准曲线制作溶液配制数据

管号	1	2	3	4	5	6	7
葡萄糖标准液（mL）	0	0.1	0.2	0.3	0.4	0.6	0.8
蒸馏水（mL）	1	0.9	0.8	0.7	0.6	0.4	0.2
葡萄糖含量（μg）	0	10	20	30	40	60	80

在每支试管中立即加入蒽酮试剂 4.0mL，迅速浸于冰水浴中冷却，各管加完后一起浸于沸水浴中，管口加盖，以防蒸发。自水浴沸腾起计时，准确煮沸 10min。取出，用冰浴冷却至室温，在 620nm 波长下以第 1 管为空白，迅速测其

余各管吸光度 A_{620}。以标准葡萄糖含量（μg）为横坐标，以吸光度为纵坐标，绘出标准曲线。

3. 稀释

吸取植物多糖提取液 2mL，置于另一 50mL 容量瓶中，以蒸馏水定容，摇匀。

4. 测定

吸取 1mL 已稀释的提取液于试管中，加入 4.0mL 蒽酮试剂平行三份；空白管以等量蒸馏水替代提取液。以下操作同标准曲线制作。根据 A_{620} 平均值在标准曲线上查出葡萄糖的含量（μg）。

5. 结果处理

$$植物样品含糖量（\%）= \frac{CV_{总}D}{WV_{测} \times 10^6} \times 100$$

式中：C——在标准曲线上查出的糖含量，μg；

　　　$V_{总}$——提取液总体积，mL；

　　　$V_{测}$——测定时取用体积，mL；

　　　D——稀释倍数；

　　　W——样品质量，g；

　　　10^6——样品质量单位由 g 换算成 μg 的倍数。

【注意事项】

(1) 该显色反应非常灵敏，溶液中切勿混入纸屑及尘埃。

(2) H_2SO_4 要用高纯度的。

(3) 不同糖类与蒽酮的显色有差异，稳定性也不同。加热、比色时间应严格掌握。

【实验报告】

详细记录实验的过程及注意事项，分析并讨论实验结果。

【思考题】

1. 用水提取的糖类有哪些？

2. 制作标准曲线时应注意哪些问题？

实验三　血糖的含量测定

【实验目的】

学习和掌握葡萄糖氧化酶法测定血糖含量的原理和方法。

【实验原理】

血液中所含的葡萄糖，称为血糖。它是糖在体内的运输形式。血糖测定法大体分为四种：无机化学方法、有机化学方法、生物化学方法及近代科学技术，各存在不同的优缺点。葡萄糖氧化酶法（GOD法）测定血糖浓度的准确性、精密度已被公认是较好的。

葡萄糖氧化酶（glucose oxidase，GOD）利用氧和水将葡萄糖氧化为葡萄糖酸，并释放过氧化氢。过氧化物酶（peroxidase，POD）在色原性氧受体存在时将过氧化氢分解为水和氧，并使色原性氧受体4-氨基安替吡啉和酚去氢缩合为红色醌类化合物，该化合物在480~550nm范围内有最大光吸收峰，且红色醌类化合物的生成量与葡萄糖含量成正比。利用比色法测定醌类化合物的量，即可计算出血糖的含量。

【实验仪器、材料和试剂】

1. 仪器

试管、试管架、吸量管、移液枪、恒温水浴锅、分光光度计等。

2. 材料

新鲜无溶血血清。

3. 试剂

试剂配制见表2-2所示。

表2-2　试剂配制表

试　剂	成　分	实验浓度
R1	葡萄糖氧化酶（GOD）	≥13 000U/L
	过氧化物酶（POD）	≥900U/L
	磷酸缓冲液（pH = 7.0）	100mmol/L
R2	酚	11mmol/L
	4-氨基安替吡啉	0.77mmol/L
葡萄糖标准液		5.55mmol/L

试剂稳定性：原装试剂在2~8℃避光保存，有效期为15个月。混合后2~8℃可稳定1个月，室温可稳定3天。

【实验步骤】

（1）将10mL R1与90mL R2混合均匀，即为工作液。按表2-3操作。

表 2-3 工作液配制   mL

	空白管	标准管	样品管
工作液	1.50	1.50	1.50
重蒸水	0.01	—	—
葡萄糖标准液	—	0.01	—
样品	—	—	0.01

（2）分别混合均匀，37℃ 保温 10～15min（避免太阳光直射），分光光度计以空白管调零，505nm 分别读取 $A_标$ 及 $A_样$。

（3）计算

$$血糖浓度 = \frac{A_样}{A_标} \times 葡萄糖标准液浓度$$

【注意事项】

（1）样品中的葡萄糖浓度超过 22.2mmol/L 时，可将样品量减半，改为 5μL，标准量不变，重测，结果乘以 2。

（2）试剂 R1 为液体酶，注意防冻。

【实验报告】

详细记录实验的过程及注意事项，分析并讨论实验结果。

【思考题】

在比色法中，常用标准曲线法和标准管法，试比较这两种方法的优缺点。

实验四　粗脂肪的提取和定量测定

【实验目的】

1. 学习和掌握粗脂肪提取的原理和测定方法

2. 掌握用重量分析法对粗脂肪进行定量测定的方法

【实验原理】

脂肪不溶于水，易溶于有机溶剂（如乙醚、石油醚和氯仿等）。根据这一特性，选用低沸点的乙醚（沸点 35℃）或石油醚（沸点 30～60℃）作溶剂，用索氏提取器可对样品中的脂肪进行提取。用此法提取的脂溶性物质除脂肪外，还含有游离脂肪酸、磷脂、固醇、芳香油及某些色素等，故称为"粗脂肪"。

索氏抽提器由浸提管、抽提瓶和冷凝管三部分连接而成，如图 2-1 所示。浸提管两侧有虹吸管及通气管，装有样品的滤纸包放在浸提管内，溶剂加入抽提瓶中。当加热时，溶剂蒸汽经通气管至冷凝管，冷凝后的溶剂滴入浸提管对样品进行浸提。

当浸提管中溶剂高度超过虹吸管高度时，浸提管内溶有脂肪的溶剂即从虹吸管流入抽提瓶。如此经过多次反复抽提，样品中脂肪逐渐全部浓集在抽提瓶中。抽提完毕，利用样品滤纸包脱脂前后减少的质量来计算样品的脂肪含量。

用该法测定样品脂肪含量时，通常采用沸点低于 60℃的有机溶剂作为脂肪溶剂，此时，样品中结合状态的脂类（主要是脂蛋白）不能直接提取出来，所以该法又称为游离脂类定量测定的方法。

图 2-1　索式提取器
1. 浸提管；2. 通气管；
3. 虹吸管；4. 抽提管；
5. 冷凝管

【实验仪器、材料和试剂】

1. 仪器

索氏提取器（一套）、电子天平、干燥箱、恒温水浴锅、铁架台、烧杯、镊子、药匙、万能夹、橡皮管、双顶丝、提取纸斗（或脱脂滤纸）、脱脂棉。

2. 材料

芝麻、花生仁、油菜籽、大豆、大豆粉、向日葵种仁等。

3. 试剂

无水乙醚。

【实验步骤】

1. 样品预处理

称取 2～4g 已粉碎、过 40 目筛的样品原料，用滤纸包好（不可扎得太紧，以样品不散漏为宜），在烘箱 100～105℃条件下烘干至恒重，准确称重。

2. 抽提

将烘干称重的滤纸包放入干燥的浸提管内，滤纸的高度不能超过虹吸管顶部。浸提管上部连接冷凝管，并用一小团脱脂棉轻轻塞入冷凝管上口；浸提管下部连接抽提瓶，抽提瓶中加入约瓶体 1/2 的无水乙醚，并置于恒温水浴锅中。打开冷却水，开始加热抽提。加热的水浴锅温度控制在 75~80℃，使每分钟冷凝回滴乙醚 120~150 滴，或每小时虹吸 6~8 次。抽提时间为 10~24h，以浸提管内乙醚滴在滤纸上不显油迹为止。抽提完毕，移去上部冷凝管，取出滤纸包。再重新连接好冷凝器，在水浴锅上蒸馏回收乙醚。

3. 称量

滤纸包置于烘箱 100~105℃烘干溶剂至恒重，准确称重。滤纸包脱脂前后的质量差即为样品中粗脂肪的质量。

结果计算：

$$粗脂肪含量(\%) = \frac{W_1 - W_2}{W} \times 100$$

式中：W_1——抽滤前滤纸包的质量；

W_2——抽滤后滤纸包的质量；

W——样品质量。

【注意事项】

(1)乙醚为易燃有机溶剂，实验室应保持通风并禁止任何明火。

(2)滤纸包置于烘箱烘干溶剂时，为防止醚气燃烧着火，烘箱应先半开门。

【实验报告】

计算所测材料中的粗脂肪含量。

【思考题】

1. 本实验为什么称粗脂肪的定量测定？

2. 本实验制备得到的是粗脂肪，若要制备单一组分的脂类成分，可用什么方法进一步处理？

3. 为什么索氏脂肪提取器磨口连接部分不能涂凡士林？

实验五　血清总胆固醇的含量测定

胆固醇在体内以游离胆固醇(free cholesterol，FC)及胆固醇与脂肪酸结合的胆固醇酯(cholesterol ester，CE)两种形式存在，统称总胆固醇(total cholesterol，TC)。其中胆固醇酯约占总胆固醇量的70%~80%。胆固醇的生理功能有：参与血浆蛋白的组成；细胞膜的结构成分；胆汁酸盐、肾上腺皮质激素和维生素D等的前体。总胆固醇的测定有化学比色法(磷硫铁法和邻苯二甲醛法)和酶学方法(试剂盒)两类，下面分别进行介绍。

一、化学比色法

【实验目的】

掌握磷硫铁法测定血清总胆固醇的原理和方法。

【实验原理】

血清经无水乙醇处理，蛋白质被沉淀，胆固醇及其酯溶解在无水乙醇中。在乙醇提取液中，加磷硫铁试剂，胆固醇及其酯与试剂形成比较稳定的紫红色化合物，此物质在560nm波长处有特征吸收峰，可用比色法做胆固醇的定量测定。

正常血清中胆固醇的含量有随年龄增大而增加的趋势，其平均正常值在110~220mg/100mL。胆固醇含量在0~400mg/100mL内，与A(或OD)值呈良好线性关系。

【实验仪器、材料和试剂】

1. 仪器

722分光光度计、台式离心机、试管及试管架、刻度吸量管或移液器等。

2. 材料

血清。

3. 试剂

①10%三氯化铁溶液　$FeCl_3 \cdot 6H_2O$(分析纯，A. R.)10g溶于85%~87%浓磷酸(A. R.)中，然后定容至100mL，贮于棕色瓶，冷藏，保存期为一年。

②磷硫铁试剂　取10% $FeCl_3$溶液1.5mL于100mL棕色容量瓶内，加浓硫酸(A. R.)定容至刻度。

③胆固醇标准储液　准确称取胆固醇80mg，溶于无水乙醇，定容至100mL。

④胆固醇标准溶液　将储液用无水乙醇准确稀释10倍即得。每毫升含0.08mg胆固醇。

⑤无水乙醇、浓硫酸(A. R.)。

【实验步骤】

(1)吸取血清0.1mL于干燥离心管中，先加无水乙醇0.4mL，摇匀后再加无水乙醇2.0mL，摇匀，10min后3000r/min离心5min，上清液备用。

(2)取干燥试管3支，编号，分别按表2-4添加试剂。

表 2-4　工作液配制　　　　　　　　　　　　　　　　mL

	空白管	标准管	测定管
血清乙醇抽提液	—	—	1.0
胆固醇标准液	—	1.0	—
无水乙醇	1.0	—	—
硫磷铁试剂	1.0	1.0	1.0

硫磷铁试剂须沿管壁缓缓加入，分成两层后，立即迅速摇匀，放置 10min 后，于 560nm 进行比色，以空白管调零，读取各管吸光度。

（3）结果计算

$$血清\ TC(\ mg\%\ ) = \frac{测定管\ A_{560}}{标准管\ A_{560}} \times 0.08 \times \frac{100}{0.04} = \frac{测定管\ A_{560}}{标准管\ A_{560}} \times 200$$

【注意事项】

（1）颜色反应与加硫磷铁试剂混合时的产热程度有关，因此，所用试管口径及厚度要一致；加硫磷铁试剂时必须与乙醇分成两层，然后混合，不能边加边摇，否则显色不完全；硫磷铁试剂要加一管混合一管，混合的手法，程度也要一致；混合时试管发热，注意勿使管内液体溅出，以免损伤衣服、皮肤、眼睛。

（2）所用试管和比色杯均须干燥，浓硫酸的质量很重要，放置时间过久，往往由于吸收水分而使颜色反应降低。

【实验报告】

分析讨论"磷硫铁法"所获的实验结果。

【思考题】

脂类难溶于水，将它们均匀分散在水中则形成乳浊液，为什么正常人血浆或血清中含有脂类虽多，仍清澈透明？

二、酶法

【实验目的】

掌握利用氧化酶法测定血清中总胆固醇含量的原理和方法。

【实验原理】

本实验是胆固醇酯酶、胆固醇氧化酶和过氧化物酶相偶联发生的偶联反应。

第一步：血清胆固醇酯可被胆固醇酯酶水解为游离胆固醇和游离脂肪酸（FFA）。

第二步：游离胆固醇在胆固醇氧化酶的氧化作用下生成胆甾烯酮和 H_2O_2。

第三步：H_2O_2 在 4-氨基安替吡啉和酚存在时，经过氧化物酶催化，反应生成苯醌亚胺非那腙的红色醌类化合物。

醌亚胺在 500nm 有特征吸收，且生成量与血清中的胆固醇含量成正比，可通过测定标准品反应生成的醌亚胺的吸光度，计算出样本中胆固醇的浓度。

【实验仪器、材料和试剂】

1. 仪器

试管、移液管、分光光度计、恒温水浴锅。

2. 材料

样本血清。

3. 试剂

①酶试剂盒。

②胆固醇标准液 5.17mmol/L(200mg/L) 精确称取胆固醇200mg，用异丙醇配成100mL溶液，分装后，4℃保存，临用取出。也可用定值的参考血清作标准。

【实验步骤】

(1)取干燥试管3支，编号，按表2-5依次加样。

表2-5 工作液配制

	空白管	标准管	测定管
样本血清(μL)	—	—	20
胆固醇标准液(μL)	—	20	—
蒸馏水(μL)	20	—	—
酶试剂(mL)	2.0	2.0	2.0

混匀后，37℃保温5min，于500nm进行比色，以空白管调零，读取各管吸光度。

(2)结果计算

$$血清 TC(mmol/L) = \frac{测定管 A_{500}}{标准管 A_{500}} \times 胆固醇标准液浓度$$

【注意事项】

(1)最后加酶试剂，各管反应时间应一致。

(2)比色应在30min内完成。

(3)试管在操作前尽量保持干燥。

【实验报告】

详细记录实验的过程及注意事项，分析并讨论实验结果。

【思考题】

如何使用氧化酶法测定血清中游离胆固醇的含量？

实验六 总蛋白质的提取

一、动物组织总蛋白质的提取

【实验目的】

掌握和了解动物组织蛋白质的提取方法和原理。

【实验原理】

由于蛋白质种类很多，性质上的差异很大，即使是同类蛋白质，因选用材料不同，使用方法差别也很大，且又处于不同的体系中，因此不可能有一个固定的程序适用各类蛋白质的分离。但多数分离工作中的关键部分基本手段还是共同的，大部分蛋白质均可溶于水、稀盐、稀酸或稀碱溶液中，少数与脂类结合的蛋白质溶于乙醇、丙酮及丁醇等有机溶剂中。因此可采用不同溶剂提取、分离及纯化蛋白质。蛋白质在不同溶剂中溶解度的差异，主要取决于蛋白分子中非极性疏水基团与极性亲水基团的比例，其次取决于这些基团的排列和偶极矩。故分子结构性质是不同蛋白质溶解差异的内因。温度、pH、离子强度等是影响蛋白质溶解度的外界条件。提取蛋白质时常根据这些内、外因素综合加以利用，将细胞内蛋白质提取出来，并与其他不需要的物质分开。但动物材料中的蛋白质有些以可溶性的形式存在于体液(如血浆、消化液等)中，可以不必经过提取直接进行分离。蛋白质中的角蛋白、胶原蛋白及丝蛋白等不溶性蛋白质，只需要适当的溶剂洗去可溶性的伴随物，如脂类、糖类以及其他可溶性蛋白质，最后剩下的就是不溶性蛋白质。蛋白质经细胞破碎后，用水、稀盐酸及缓冲液等适当溶剂，将蛋白质溶解出来，再用离心法除去不溶物，即得粗提取液。

本实验采用 CWBIO 公司的组织蛋白抽提试剂盒提取动物组织总蛋白。

【名词解释】

动物性蛋白质：动物性蛋白质主要来源于禽、畜、鱼类和昆虫等的肉、蛋、奶。其蛋白质构成以酪蛋白为主(78% ~85%)，能被成人较好地吸收与利用；更重要的是，动物性蛋白质的必需氨基酸种类齐全，比例合理，因此比一般的植物性蛋白质更容易消化、吸收和利用，营养价值也相对高些。

【实验仪器、材料和试剂】

1. 仪器

离心机、1.5mL 离心管。

2. 材料

动物组织。

3. 试剂

组织蛋白提取试剂盒、−20℃贮存的冰块。

【实验步骤】

(1)请在蛋白质抽提前取出实验所需蛋白抽提试剂进行预冷，按照 1∶99 比例加入蛋白酶抑制剂混合物(例如 990μL 抽提试剂中加入 10μL 蛋白酶抑制剂混合物),使蛋白酶抑制剂混合物在抽提试剂中成 1×工作液。

注意:在进行蛋白质抽提前 2~3min 内加入蛋白酶抑制剂混合物。

(2)称量动物组织的质量　按照 1:10(g/mL)的比例加入组织蛋白抽提试剂并匀浆处理(抽提试剂的使用量依据不同的组织而定)。若需要浓缩的蛋白质提取物,可适当减少组织蛋白抽提试剂使用量。

(3)冰上孵育 20min(冰上放置时间应根据组织类型不同进行调整)。

(4)10 000×g 离心 15~20min。

(5)收集上清液,存贮于 4℃,进行下一步的纯化或下游分析。

【注意事项】

(1)为防止蛋白质降解,所有的操作尽量在冰上进行。

(2)此方法适用于提取心肌、骨骼肌、肾脏、前列腺、皮肤、结肠、肝脏等软组织中蛋白质。

(3)使用此试剂盒提取后蛋白质,可采用 BCA、Bradford、Lowry 法进行蛋白质定量。

(4)为了获得实验最佳效果,可根据组织大小调整最佳使用量。

【实验报告】

详细记录动物组织蛋白质提取的过程及注意事项,分装提取的蛋白质准备下一步的蛋白质检测实验。

【思考题】

1. 怎样有效避免蛋白质提取过程中蛋白质的降解?

2. 本实验采用的动物组织提取试剂盒中的组织抽提试剂是什么成分,各是根据什么原理?

二、植物组织蛋白质的提取

【实验目的】

熟悉植物性蛋白质提取原理和方法,了解其意义及其应用价值。

【实验原理】

植物性蛋白质提取一般遵循如下基本原则:尽可能提高样品蛋白质的溶解度,抽提最大量的总蛋白质,减少蛋白质的损失;减少对蛋白质的人为修饰;破坏蛋白质与其他生物大分子的相互作用,并使蛋白质处于完全变性状态。根据该原则,植物性蛋白质制备过程中一般需要有四种试剂:

①离液剂　尿素和硫脲等;

②表面活性剂　SDS、胆酸钠、CHAPS 等;

③还原剂　DTT、DTE、TBP、Tris-base 等;

④蛋白酶抑制剂及核酸酶　EDTA、PMSF、蛋白酶抑制剂混合物等。

如为了去除缓冲液中存在的痕量重金属离子,可在其中加入 0.1~5mmol/L

EDTA，同时使金属蛋白酶失活。本实验采用改良的丙酮沉淀法提取植物叶蛋白质。

【名词解释】

植物性蛋白质：植物性蛋白质是蛋白质的一种，来源是从植物里提取的。从营养学上说，植物性蛋白质大致分为两类：一是完全蛋白质，如大豆蛋白质；二是不完全蛋白质，绝大多数的植物性蛋白质属于此类。

【实验仪器、材料和试剂】

1. 仪器

离心机、移液器、研钵、离心管、冰箱、分光光度计、三角瓶、试管、试管架、移液管、记时器、水浴锅。

2. 材料

植物叶片、石英砂。

3. 试剂

①20mL 样品提取缓冲液　2.5mL 0.5mol/L Tris-HCl；1mL 1% SDS；2mL 100%甘油；1mL 100% β-巯基乙醇；加双蒸水至20mL。

②10mL 上样缓冲液　1.25mL 0.5mol/L Tris-HCl；1mL 100%甘油；0.5mL 100% β-巯基乙醇；加双蒸水至10mL。

③ -20℃下预冷丙酮。

④聚乙烯吡咯烷酮(PVP)。

【实验步骤】

(1)取0.3g 左右的植物叶片，加入4mL 提取缓冲液和适量石英砂，色素多的可按材料鲜重的10%加入PVP，在研钵中研磨充分后转入10mL 离心管中，摇匀并放在4℃条件下提取0.5h，充分溶解蛋白质。

(2)4℃ 6000r/min 离心10min，弃沉淀，上清液中加入2.5~3 倍体积的预冷丙酮，-20℃条件下放置10min，让蛋白质充分沉淀。

(3)4℃ 6000r/min 离心5min，弃上清液，使丙酮完全挥发后加入上样缓冲液500μL溶解沉淀，沉淀充分溶解后，转移至1.5mL 离心管中，4℃10 000r/min 离心5min，取上清液即为所提取的蛋白质溶液。

【注意事项】

(1)为防止蛋白质降解，所有的操作尽量在冰上进行。

(2)为了获得实验最佳效果，请根据实验调整最佳使用量。

【实验报告】

详细记录植物组织蛋白质提取的过程及注意事项，分装提取的蛋白质准备下一步的蛋白质检测实验。

【思考题】

1. 植物性蛋白质和动物性蛋白质提取方法的异同？

2. 本实验采用的蛋白抽提试剂 Tris-HCl、SDS、甘油、β-巯基乙醇、预冷丙酮和 PVP 在抽提过程中的功能和原理是什么？

实验七　蛋白质的含量测定方法

一、总氮含量测定——凯氏定氮法

【实验目的】

1. 学习凯氏定氮法的原理
2. 掌握微量凯氏定氮法的操作技术

包括标准梳酸铵含氮量的测定、未知样品的消化蒸馏、滴定及其含氮量的计算等。

【实验原理】

(1)当天然含氮有机物(如蛋白质、核酸及氨其酸等)与浓硫酸共热时,分解出氮、二氧化碳及水。氮转变出的氨与硫酸化合生成硫酸铵。分解反应进行的很慢,可加入硫酸铜及硫酸钾或硫酸钠促进之,其中硫酸铜为催化剂,硫酸钾或硫酸钠可提高消化液的沸点。氧化剂过氧化氢也能加速反应。

(2)消化后,在凯氏定氮仪中加入强碱碱化消化液,使硫酸铵分解,放出氨。用水蒸气蒸馏法,将氨蒸入过量标准无机酸溶液中,然后用标准碱溶液进行滴定,准确测定氨量,从而折算出含氮量。

(3)以甘氨酸为例,该过程的化学反应如下:

$$NH_2—CH_2—COOH + 3H_2SO_4 \longrightarrow 2CO_2 + 3SO_2 + 4H_2O + NH_3$$

$$2NH_3 + H_2SO_4 \longrightarrow (NH_4)_2SO_4$$

$$(NH_4)_2SO_4 + 2NaOH \longrightarrow 2H_2O + Na_2SO_4 + 2NH_3 \uparrow$$

(4)测定时常用硼酸溶液收集氨,氨与溶液中的氢离子结合,生成铵离子,使溶液中氢离子浓度降低。然后再用强酸滴定,直至恢复溶液中原来氢离子浓度为止。所用的强酸中氢的物质的量即相当于被测样品中氮的物质的量。

(5)本法适用的范围为 $0.2 \sim 1.0mg$ 氮。相对误差应小于 $\pm 2\%$。

【名词解释】

凯氏定氮法:凯氏定氮法是测定化合物或混合物中总氮量的一种方法。即在有催化剂的条件下,用浓硫酸消化样品将有机氮都转变成无机铵盐,然后在碱性条件下将铵盐转化为氨,随水蒸气馏出并为过量的酸液吸收,再以标准酸滴定,就可计算出样品中的氮量。由于蛋白质含氮量比较恒定,可由样品中氮量计算蛋白质含量,故此法是经典的蛋白质定量方法。

【实验仪器、材料和试剂】

1. 仪器

凯氏定氮蒸馏装置、50mL 消化管、100mL 容量瓶、分析天平、电炉、三角瓶、小玻璃珠、3mL 微量滴定管、烘箱、1000mL 蒸馏烧瓶、远红外消煮炉。

2. 材料

蛋白质样品。

3. 试剂

浓硫酸、硫酸铜、硫酸钾、氢氧化钠溶液（400g/L）、硼酸吸收液（40g/L）、HCl 标准溶液（0.1 mol/L）、甲基红-溴甲酚绿混合指示剂（5 份 2g/L 溴甲酚绿 95% 乙醇溶液与 1 份 2g/L 甲基红乙醇溶液混合均匀）。

【实验步骤】

1. 样品处理

固体样品，应在 105℃ 干燥至恒重。液体样品可直接吸取一定量，也可经适当稀释后，吸取一定量进行测定，使每一样品的含氮量在 0.2 ~ 1.0mg 范围内。

2. 消化

取一定量样品，于 50mL 干燥的凯氏烧瓶内。加入 300mg 硫酸钾－硫酸铜混合粉末，再加入 3mL 浓硫酸。用电炉加热，在通风橱中消化，瓶口加一小漏斗。先以文火加热，避免泡沫飞溅，不能让泡沫上升到瓶颈，待泡沫停止发生后，加强火保持瓶内液体沸腾。时常转动烧瓶使样品全部消化完全，直至消化液清澈透明。

另取凯氏瓶一个，不加样品，其他操作相同，作为空白试验，用以测定试剂中可能含有的微量含氮物质，以对样品进行校正。

3. 蒸馏

将微量凯氏蒸馏装置洗涤（先用水蒸气洗涤）干净。将凯氏烧瓶中的消化液冷却后，全部转入 100mL 的容量瓶，用蒸馏水定容至刻度。

吸取 20mL 稀释消化液，置于蒸馏装置的反应室中，加入 10mL 30% 氢氧化钠溶液，将玻璃塞塞紧，于漏斗中加一些蒸馏水，作为水封。

取一三角瓶，加入 10mL 硼酸－指示剂混合液，置于冷凝管之下口，冷凝管口应浸没在硼酸液面之下，以保证氨的吸收。

加热水蒸气发生器，沸腾后，夹紧夹子，凯氏蒸馏。三角瓶中的硼酸－指示剂混合液吸收蒸馏出的氨，由紫红色变为绿色。蒸馏 15min，让硼酸液面离开冷凝管口，再蒸 1 ~ 2min 以冲洗冷凝管口。空白试验按同样操作进行。

4. 滴定

样品和空白均蒸馏完毕后，用 0.01mol/L 标准盐酸滴定，至硼酸－指示剂混合液由绿色变回淡紫色，即为滴定终点。

5. 计算

(1)样品总氮量(mg) = $(A - B)C \times 14 \times 100/20$

式中：A——样品滴定时消耗的标准盐酸体积；

B——空白滴定时消耗的盐酸体积；

C——标准盐酸的当量浓度；

14——氮的相对分子质量；

20——用于蒸馏的稀释消化液体积；

100——稀释消化液的体积。

样品中粗蛋白质含量(mg) = 样品总氮量(mg) × 6.25

(2)若样品中除有蛋白质外，尚有其他含氮物质，则样品蛋白质含量的测定要复杂一些。首先，需向样品中加三氯乙酸，使其最终浓度为5%，然后测验定未加三氯乙酸的样品及加入三氯乙酸后样品的上清液中的含量氮量，得出非蛋白质氮量及总氮量，从而计算出蛋白质氮量，再进一步折算出蛋白质含量。

蛋白质氮量 = 总氮量 – 非蛋白质氮量

蛋白质含量(g/%) = 蛋白质氮量 × 6.25

【注意事项】

(1)蒸馏时实验室中切忌有碱性雾气(如氨)，否则将严重地影响实验结果的准确度。

(2)若反应室内液体太多，超过1/2，又不易排出时，只能拆开仪器倒出贮液。但是一般尽量避免发生此种情况。折卸时应特别小心，防止损坏仪器。拆卸仪器应首先放松用来固定冷凝管的万能夹，然后小心地将冷凝管向下错开，待反应室外壳与冷凝管分开后，再移动反应室。

(3)"空白"滴定值包括水及氢氧化钠溶液中含有的微量的氨。因此，水质对"空白"滴定值的影响甚大。"消化样品"最后用"消化空白"进行校正计算，"不消化的样品"最后用"不消化的空白"进行校正计算。而且，在实验中，稀释样品的水与"空白"的水应当取自于同一瓶中。

(4)蛋白质是一类复杂的含氮化合物，其中每一种蛋白质都有恒定的含氮量，一般大约为14% ~ 18%，平均为16%。由凯氏定氮法测出含氮量，再乘以系数6.25(即每含氮1g，就表示该物质含蛋白质6.25g)即为蛋白质量。

(5)最好将三氯乙酸沉淀的蛋白质部分再去消化，消化后测含氮量，这个含氮量应相等于由总氮量及非蛋白质氮量计算的蛋白质氮量。但操作麻烦一些。

【实验报告】

利用实验数据，计算实验样品蛋白质氮的含量。

【思考题】

1. 什么样的因素会影响凯氏定氮法的测量结果？

2. 通过凯氏定氮法，怎样排除非蛋白质氮对样品中蛋白质含量的影响？

二、植物叶片蛋白质含量的测定——紫外分光光度法

【实验目的】

1. 学习紫外分光光度法测定蛋白质含量的原理

2. 掌握紫外分光光度法测定蛋白质含量的实验技术

3. 掌握 TU – 1901 紫外 – 可见分光光度计的使用方法，并了解此仪器的主要构造

【实验原理】

1. 定性分析

利用紫外 – 可见吸收光谱法进行定性分析一般采用光谱比较法。即将未知纯化合物的吸收光谱特征，如吸收峰的数目、位置、相对强度以及吸收峰的形状与

已知纯化合物的吸收光谱进行比较。

2. 定量分析

紫外－可见吸收光谱法进行定量分析的依据是朗伯-比尔定律，即：

$$A = \lg I_0 / I = \varepsilon bc$$

当入射光波长 λ 及光程 b 一定时，在一定浓度范围内，有色物质的吸光度 A 与该物质的浓度 c 成正比，即物质在一定波长处的吸光度与它的浓度成线性关系。因此，通过测定溶液对一定波长入射光的吸光度，就可求出溶液中物质浓度和含量。由于最大吸收波长 λ_{max} 处的摩尔吸收系数最大，通常都是测量 λ_{max} 的吸光度，以获得最大灵敏度。

光度分析时，分别将空白溶液和待测溶液装入厚度为 b 的两个吸收池中，让一束一定波长的平行单色光非别照射空白溶液和待测溶液，以通过空白溶液的透光强度为 I_0，通过待测溶液的透光强度为 I，根据上式，由仪器直接给出 I_0 与 I 之比的对数值即吸光度。

3. 紫外－可见分光光度计

紫外－可见吸收光谱法所采用的仪器称为分光光度计，它的主要部件由 5 个部分组成，即光源、单色器、吸收池、检测器和信号显示器。由光源发出的复合光经过单色器分光后即可获得任一所需波长的平行单色光，该单色光通过样品池经溶液吸收后，通过光照到光电管或光电倍增管等检测器上产生光电流，产生的光电流由信号显示器直接读出吸光度 A。可见光区采用钨灯光源、玻璃吸收池；紫外光区采用氘灯光源、石英吸收池。

本实验采用紫外分光光度法测定蛋白质含量。蛋白质中酪氨酸和色氨酸残基的苯环含有共轭双键，因此，蛋白质具有吸收紫外光的性质，其最大吸收峰位于 280nm 附近(不同的蛋白质吸收波长略有差别)。在最大吸收波长处，吸光度与蛋白质溶液的浓度的关系服从朗伯－比耳定律。该测定法具有简单、灵敏、快速、高选择性，且稳定性好，干扰易消除不消耗样品，低浓度的盐类不干扰测定等优点。

根据朗伯－比耳定律，只要绘出以吸光度 A 为纵坐标，浓度 c 为横坐标的标准曲线，测出试液的吸光度，就可以由标准曲线查得对应的浓度值，即未知样的含量。

【名词解释】

紫外－可见吸收光谱法：又称紫外－可见分光光度法，它是研究分子吸收在 190～750nm 波长范围内的吸收光谱，是以溶液中物质分子对光的选择性吸收为基础而建立起来的一类分析方法。紫外－可见吸收光谱的产生是由于分子的外层价电子跃迁的结果，其吸收光谱为分子光谱，是带光谱。

【实验仪器、材料和试剂】

1. 仪器

紫外－可见分光光度计、比色管、吸量管。

2. 材料

待测蛋白质溶液。

3. 试剂

0.9% NaCl 溶液、标准蛋白质溶液(5mg/mL)。

【实验步骤】

1. 准备工作

(1)启动计算机，打开主机电源开关，启动工作站并初始化仪器。

(2)在工作界面上选择测量项目(光谱扫描，光度测量)，本实验选择光度测量，设置测量条件(测量波长等)。

(3)将空白溶液放入测量池中，点击"START"扫描空白溶液，点击"ZERO"校零。

(4)标准曲线的制作。

2. 测量工作

(1)吸收曲线的绘制

用吸量管吸取 2mL 5mg/mL 标准蛋白质溶液于 10mL 比色管中，用 0.9% NaCl 溶液稀释至刻度，摇匀。用 1cm 石英比色皿，以 0.9% NaCl 溶液为参比，在 190~400nm 区间，测量吸光度。

(2)标准曲线的制作

用吸量管分别吸取 0.5mL、1.0mL、1.5mL、2.0mL、2.5mL 5mg/mL 标准蛋白质溶液于 5 只 10mL 比色管中，用 0.9% NaCl 溶液稀释至刻度，摇匀。用 1cm 石英比色皿，以 0.9% NaCl 溶液为参比，在 278nm 处分别测定各标准溶液的吸光度 A_{278} 记录所得读数。

(3)样品测定

取适量浓度的待测蛋白质溶液 3mL，按上述方法测定 278nm 处的吸光度。平行测定 3 份。

【注意事项】

1. 绘制标准曲线时，蛋白质溶液浓度要准确配制，作为标准溶液。

2. 测量吸光度时，比色皿要保持洁净，切勿用手沾污其光面。

3. 石英比色皿比较贵重，使用时要小心。

【实验报告】

数据处理：

(1)以波长为横坐标，吸光度为纵坐标，绘制吸收曲线，找出最大吸收波长($\lambda_{\max}$)。

(2)以标准蛋白质溶液浓度为横坐标，吸光度为纵坐标，绘制标准曲线。浓度 C-吸光度 A 标准曲线方程及曲线拟合优度，数据见表 2-6 所示。

表 2-6 标准溶液浓度、吸光度数据记录

标准溶液浓度 C(mg/mL)	吸光度 A
0.25	
0.50	
0.75	
1.00	
1.25	

（3）根据样品蛋白质溶液的吸光度，从标准曲线上查出待测蛋白质的浓度。数据填表2-7。

表 2-7 样品溶液测定结果记录

平行测定次数	样品液吸光度 A	样品溶液浓度 C(mg/mL)
1		
2		
3		

（4）计算所测溶液平均浓度、测量的标准偏差、相对标准偏差、待测蛋白质溶液浓度。

【思考题】

紫外分光光度法测定蛋白质含量的方法有何优缺点？受哪些因素的影响和限制？

三、牛血清蛋白质含量测定——双缩脲法

【实验目的】

掌握双缩脲法测定蛋白质含量的原理和方法。

【实验原理】

鉴定生物组织中是否含有蛋白质时，常用双缩脲法，使用的是双缩脲试剂，发生的是双缩脲反应。双缩脲反应实质是在碱性环境下的 Cu^{2+} 与双缩脲作用生成紫红色的复合物。而蛋白质分子中含有很多与双缩脲(NH_2—CO—NH—CO—NH_2)结构相似的肽键，所以蛋白质都能与双缩脲试剂发生颜色反应，可以用双缩脲试剂鉴定蛋白质的存在。

溶液紫红色的深浅与蛋白质含量在一定范围内符合朗伯-比尔定律，而与蛋白质的氨基酸组成及相对分子质量无关。其可测定范围为 5～160mg/mL 蛋白质，适用于精度要求不高的蛋白质含量测定。干扰这一测定的物质主要有：硫酸铵、Tris 缓冲液和某些氨基酸等。此法的优点是较快速，不同的蛋白质产生颜色的深浅相近，以及干扰物质少。主要的缺点是灵敏度差，不适合微量蛋白质的测定。

【名词解释】

双缩脲：是两个分子脲(即尿素 NH_2—CO—NH_2)经 180℃ 左右加热，放出一个分子氨(NH_3)后得到的产物。

双缩脲反应：碱性溶液中双缩脲(NH_2—CO—NH—CO—NH_2)能与 Cu^{2+} 产生紫红色的络合物的反应称为"双缩脲反应"。

双缩脲试剂：即 NaOH + $CuSO_4$，双缩脲试剂中溶液 NaOH(双缩脲试剂 A)的浓度为 0.1g/mL，溶液 $CuSO_4$(双缩脲试剂 B)的浓度为 0.01g/mL。双缩脲试剂使用时，先加入 NaOH 溶液(2mL)，振荡摇匀，造成碱性的反应环境，然后再加入 3～4 滴 $CuSO_4$ 溶液，振荡摇匀后观察现象(不加热)。

【实验仪器、材料和试剂】

1. 仪器

分光光度计、分析天平、振荡机、刻度吸管(1mL，5mL，10mL)、具塞三角瓶(100mL)、漏斗。

2. 材料

牛血清蛋白质。

3. 试剂

①双缩脲试剂 取硫酸铜($CuSO_4 \cdot 5H_2O$)1.5g 和酒石酸钾钠($NaKC_4H_4O_6 \cdot 4H_2O$)6.0g，溶于500mL蒸馏水中，在搅拌的同时加入300mL 10% NaOH 溶液，定容至1000mL，贮于涂石蜡的试剂瓶中。

②0.05mol/L 的 NaOH 溶液。

③标准酪蛋白溶液 准确称取酪蛋白0.5g溶于0.05mol/L 的 NaOH 溶液中，并定容至100mL，即为5mg/mL的标准溶液。

【实验步骤】

1. 标准曲线的绘制

取6支试管，编号，按表2-8加入试剂。

表2-8 标准工作液配制

试 剂	管 号					
	1	2	3	4	5	6
标准酪蛋白溶液(mL)	0	0.2	0.4	0.6	0.8	1.0
H_2O(mL)	1	0.8	0.6	0.4	0.2	0
双缩脲试剂(mL)	4	4	4	4	4	4
蛋白质含量(mg)	0	1	2	3	4	5

振荡15min，室温静置30min，540nm比色，以蛋白质含量(mg)为横坐标，吸光度为纵坐标，绘制标准曲线。

2. 样品测定

称取烘干样品约0.2g两份，分别放入两个干燥的三角瓶中。然后在各瓶中分别加入5mL 0.05mol/L 的 NaOH 溶液湿润，之后再加入20mL 的双缩脲试剂，振荡15min，室温静置反应30min，分别过滤，取滤液在540nm波长下比色，在标准曲线上查出相应的蛋白质含量(mg)。

【注意事项】

(1)三角瓶要干燥，勿使样品粘在瓶壁上。

(2)所用酪蛋白需经凯氏定氮法确定蛋白质的含量。

【实验报告】

整理从标准曲线上查得的蛋白质含量，并计算牛血清蛋白质含量。

数据处理：

样品蛋白质(％) = 从标准曲线上查得的蛋白质含量(mg) × 100 × 酪蛋白纯度

【思考题】

双缩脲法测定蛋白质含量的原理是什么?

四、植物果实蛋白质含量测定——Folin-酚法

【实验目的】

掌握Folin-酚法测定蛋白质含量的原理和方法。

【实验原理】

这种蛋白质测定法是最灵敏的方法之一。此法的显色原理与双缩脲方法是相同的,只是加入了第二种试剂,即Folin-酚试剂,以增加显色量,从而提高了检测蛋白质的灵敏度。这两种显色反应产生深蓝色的原因是:在碱性条件下,蛋白质中的肽键与铜结合生成复合物。Folin-酚试剂中的磷钼酸盐-磷钨酸盐被蛋白质中的酪氨酸和色氨酸残基还原,产生深蓝色(钼蓝和钨蓝的混合物)。在一定的条件下,蓝色深度与蛋白质的量成正比。此法也适用于酪氨酸和色氨酸的定量测定。此法可检测的最低蛋白质量达$5\mu g$。通常测定范围是$20\sim250\mu g$。

【名词解释】

Folin-酚试剂法:1921年,Folin首创Folin-酚试剂法,利用蛋白质分子中酪氨酸和色氨酸残基(酚基)还原酚试剂(磷钨酸-磷钼酸)起蓝色反应;1951年,Lowry对此法进行了改进,先于标本中加碱性铜试剂,再与酚试剂反应,提高了灵敏度。

【实验仪器、材料和试剂】

1. 仪器

分光光度计、恒温水浴箱、试管、试管架、加样枪、加样枪架、坐标纸。

2. 材料

健康人血清(稀释300倍)。

3. 试剂

①Folin-酚试剂A 碱性铜溶液。

甲液:取Na_2CO_3 2g溶于100mL 0.1mol/L氢氧化钠溶液中。

乙液:取$CuSO_4\cdot5H_2O$晶体0.5g,溶于1%酒石酸钾100mL中。

临用时按甲:乙=50:1混合使用。

②Folin-酚试剂B 将100g钨酸钠、25g钼酸钠、700mL蒸馏水、50mL 85%磷酸及100mL浓盐酸置于1500mL的磨口圆底烧瓶中,充分混匀后,接上磨口冷凝管,回馏10h,再加入硫酸锂150g、蒸馏水50mL及液溴数滴,开口煮沸15min,在通风橱内驱除过量的溴。冷却,稀释至1000mL,过滤,滤液成微绿色,贮于棕色瓶中。临用时,用1mol/L的氢氧化钠溶液滴定,用酚酞作指示剂,根据滴定结果,将试剂稀释至相当于1mol/L的酸。

③1mg/mL牛血清蛋白液 称取1g牛血清蛋白片溶于0.9%氯化钠溶液中,

并稀释至 1000mL。

④牛血清白蛋白标准液（200 μg/mL）　准确称取牛血清白蛋白粉末 50.0mg，用 0.1mol/L NaOH 溶液润湿溶解，加蒸馏水到 250mL。

【实验步骤】

1. 标准曲线的绘制

取 6 支试管，编号，按表 2-9 加入试剂。

表 2-9　工作液配制　　　　　　　　　　mL

试 剂	空白管	标准管				样品管
	1	2	3	4	5	6
牛血清白蛋白标准液	—	0.2	0.4	0.6	0.8	—
样品液	—	—	—	—	—	0.5
蒸馏水	1.0	0.8	0.6	0.4	0.2	0.5

振荡 15min，室温静置 30min，540nm 波长下比色，以蛋白质含量（mg）为横坐标，吸光度为纵坐标，绘制标准曲线。

2. 双缩脲反应

向各管内分别加入碱性硫酸铜溶液 2mL，混匀，室温放置 10min。

3. Folin-酚反应

再加入 Folin-酚试剂 0.20mL，2s 内迅速混匀！40℃水浴 10min 后，冷却至室温。当 Folin-酚试剂加到碱性的铜-蛋白质溶液中后，必须立即混匀（加一管混匀一管），使还原反应发生在磷钼酸-磷钨酸试剂被破坏之前。

4. 比色测定

在 500nm 波长下比色，用 1 号管作空白试验，读取各管吸光度值 A_{500}。每管重复测三次 A_{500} 值，求平均值用于绘标准曲线。

【注意事项】

1. 干扰物质

此法是在 Folin-酚法的基础上引入双缩脲试剂，因此凡干扰双缩脲反应的基团，如—CO—NH$_2$、—CH$_2$—NH$_2$、—CS—NH$_2$ 以及在性质上是氨基酸或肽的缓冲剂，如 Tris 缓冲剂以及蔗糖、硫酸铵、巯基化合物均可干扰 Folin-酚反应。此外，所测的蛋白质样品中，若含有酚类及柠檬酸，均对此反应有干扰作用。而浓度较低的尿素（0.5%左右）、胍（0.5%左右）、硫酸钠（1%）、硝酸钠（1%）、三氯乙酸（0.5%）、乙醇（5%）、乙醚（5%）、丙酮（0.5%）对显色无影响，这些物质在所测样品中含量较高时，则需做校正曲线。若所测的样品中含硫酸铵，则需增加碳酸钠-氢氧化钠浓度即可显色测定。若样品酸度较高，也需提高碳酸钠-氢氧化钠浓度 1~2 倍，这样即可纠正显色后色浅的弊病。

2. 控制时间

因 Lowry 反应的显色随时间不断加深，因此各项操作必须精确控制时间。即第 1 支试管加入 2.0mL 碱性硫酸铜试剂后，开始计时，1min 后，第 2 支试管加入 2.0mL 碱性硫酸铜试剂，2min 后加第 3 支试管，以此类推。全部试管加完碱性硫酸铜试剂后若已到 10min，则第 1 支试管可立即加入 0.20mL Folin-酚试剂，1min 后第 2 支试管加入 0.20mL Folin-酚试剂，2min 后加第 3 支试管，以此类推。40℃水浴 10min，冷却后，每一分钟测定一管吸光值。

【实验报告】

1. 数据记录

按照表 2-10 记录各管在 500nm 波长测得的吸光度值。

表 2-10 实验记录表

测定次数	各管吸光度值 A_{500}				
	2	3	4	5	6
1					
2					
3					
各管平均值 $\bar{A}_{500}$					

2. 绘制标准曲线

①选择合适的坐标纸。

②画坐标轴　以 A_{500} 值为纵坐标，牛血清蛋白标准液浓度为横坐标。

③根据测得的数据描点。

④连线　根据所描点的分布情况，作过原点的直线或光滑连续的曲线，该线表示实验点的平均变动情况，因此该线不需全部通过各点，但应尽量使未经过线上的实验点均匀分布在曲线或直线两侧。

⑤ 求实验结果。

3. 结果计算

根据未知样品溶液的吸光度值，在绘制好的标准曲线图中查出样品溶液中的蛋白质含量。然后乘以稀释倍数(300)，得出每毫升未稀释血清含蛋白质的质量(μg)，即每毫升血清中蛋白质的质量(μg/mL)。

血清蛋白浓度(μg/mL) = 样品蛋白质浓度×2×300

参考：正常人血清蛋白浓度范围为 60~80 g/L。

4. 常见问题及处理

①加入 Folin-酚试剂后溶液呈现黄绿色　加入 Folin-酚试剂后没有及时混匀或加入的量不准确，偏多。

②水浴后溶液呈无色　Folin-酚试剂在反应前已被破坏，原因是加入 Folin-酚试剂后没有及时混匀，或水浴时间过长。

【思考题】

1. 试说明 Folin-酚法的优缺点。

2. Folin-酚试剂法测定蛋白质含量为什么比双缩脲法灵敏？

3. Folin 酚法测蛋白质含量为什么要求加入乙试剂后立即混匀？

经适当稀释后，吸取一定量进行测定，使每一样品的含氮量在 0.2~1.0mg 范围内。

实验八 蛋白质的性质测定方法

一、蛋白质的等电点的测定

【实验目的】

1. 了解蛋白质的两性解离性质
2. 学习测定蛋白质等电点的一种方法
3. 加深对蛋白质胶体溶液稳定因素的认识
4. 了解沉淀蛋白质的几种方法及其实用意义

【实验原理】

蛋白质是两性电解质。在蛋白质溶液中存在下列平衡，如图 2-2 所示。

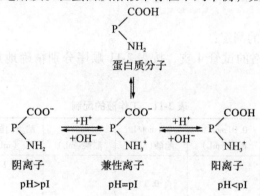

图 2-2 蛋白质溶液中存在的平衡

在水溶液中的蛋白质分子由于表面生成水化层和双电层而成为稳定的亲水胶体颗粒，在一定的理化因素影响下，蛋白质颗粒可因失去电荷和脱水而沉淀。

在等电点时，蛋白质的理化性质都有变化，可利用此种性质的变化测定各种蛋白质的等电点。最常用的方法是测其溶解度最低时的溶液 pH 值。如用醋酸与醋酸钠配制各种不同 pH 值的缓冲溶液。向各缓冲溶液中加入酪蛋白后，沉淀出现最多的缓冲溶液的 pH 值即为酪蛋白的等电点。

【名词解释】

蛋白质的等电点：蛋白质分子的解离状态和解离程度受溶液的酸碱度影响。当溶液的 pH 达到一定数值时，蛋白质颗粒上正、负电荷的数目相等，在电场中，蛋白质既不向阴极移动，也不向阳极移动，此时溶液的 pH 值称为此种蛋白质的等电点。

【实验仪器、材料和试剂】

1. 仪器

水浴锅、温度计、200mL 锥形瓶、100mL 容量瓶、吸管、试管及试管架、乳钵。

2. 材料

新鲜鸡蛋。

3. 试剂

(1)0.4% 酪蛋白醋酸钠溶液(200mL)

取 0.4g 酪蛋白,加少量水在乳钵中仔细地研磨,将所得的蛋白质悬胶液移入 200mL 锥形瓶内,用少量 40 ~ 50℃ 的温水洗涤乳钵,将洗涤液也移入锥形瓶内。加入 10mL 1mol/L 醋酸钠溶液。把锥形瓶放到 50℃ 水浴中,并小心地旋转锥形瓶,直到酪蛋白完全溶解为止。将锥形瓶内的溶液全部移到 100mL 容量瓶内,加水至刻度,塞紧玻塞,混匀。

(2)其他试剂

1mol/L 醋酸、0.1mol/L 醋酸、0.01 mol/L 醋酸、蛋白质溶液、5% 卵清蛋白或鸡蛋清(新鲜鸡蛋清:水 = 1:9)、pH = 4.7 醋酸-醋酸钠的缓冲溶液。

【实验步骤】

酪蛋白等电点的测定:

(1)取同样规格的试管 4 支,按表 2-11 顺序分别精确地加入各试剂,然后混匀。

表 2-11 工作液的配制

试管号	蒸馏水 (mL)	0.01mol/L 醋酸(mL)	0.1mol/L 醋酸(mL)	1mol/L 醋酸(mL)	酪蛋白醋酸钠 (mL)	产生混浊否?
1	8.4	0.6			1	
2	8.7		0.3		1	
3	8.0		1.0		1	
4	7.4			1.6	1	

(2)向以上试管中各加酪蛋白的醋酸钠溶液 1mL,加一管摇匀一管。此时 1、2、3、4 管的 pH 依次为 5.9、5.5、4.7、3.5。观察其混浊度。静置 10min 后,再观察其混浊度。最混浊的一管 pH 值即为酪蛋白的等电点。

【注意事项】

等电点测定的实验要求各种试剂的浓度和加入量必须相当准确。

【实验报告】

以表格形式总结实验结果,包括观察到的现象,分析评价实验结果。

【思考题】

1. 什么是蛋白质的等电点?

2. 在等电点时,蛋白质溶液为什么容易发生沉淀?

二、蛋白质的沉淀与变性

【实验目的】

1. 了解蛋白质的沉淀反应、变性作用和凝固作用的原理及它们的相互关系

2. 学习盐析和透析等生物化学的操作技术

【实验原理】

蛋白质的沉淀反应可分为以下两种类型。

可逆沉淀反应：在发生沉淀反应时，蛋白质虽已沉淀析出，但它的分子内部结构并未发生显著变化，基本上保持原有的性质，沉淀因素除去后，能再溶于原来的溶剂中。这种作用称为可逆沉淀反应，或不变性沉淀反应。属于这一类的反应有盐析作用；在低温下，乙醇、丙酮对蛋白质的短时间作用以及利用等电点的沉淀等。

不可逆沉淀反应：在发生沉淀反应时，蛋白质分子内部结构、空间构象遭到破坏，失去原来的天然性质，这时蛋白质已发生变性。这种变性蛋白质的沉淀不能再溶解于原来溶剂中的作用叫做不可逆沉淀反应。重金属盐、植物碱试剂、过酸、过碱、加热、振荡、超声波，有机溶剂等都能使蛋白质发生不可逆沉淀反应。

【名词解释】

蛋白质的沉淀反应：在水溶液中，蛋白质分子的表面，由于形成水化层和双电层而成为稳定的胶体颗粒，所以蛋白质溶液和其他亲水胶体溶液相类似。但是，蛋白质胶体颗粒的稳定性是有条件的，相对的。在一定的物理化学因素影响下，蛋白质颗粒失去电荷，脱水，甚至变性，则以固态形式从溶液中析出，这个过程称为蛋白质的沉淀反应。

【实验仪器、材料和试剂】

1. 仪器

试管、试管架、小玻璃漏斗、滤纸、玻璃纸、玻璃棒、500mL 烧杯、10mL 量筒。

2. 材料

鸡蛋。

3. 试剂

①蛋白质溶液　取 5mL 鸡蛋蛋白蛋清，用蒸馏水稀释至 100mL，搅拌均匀后用 4～8 层纱布过滤，新鲜配制。

②蛋白质氯化钠溶液　取 20mL 蛋清，加蒸馏水 200mL 和饱和氯化钠溶液 100mL，充分搅匀后，以纱布滤去不溶物（加入氯化钠的目的是溶解球蛋白）。

③其他试剂　硫酸铵粉末，饱和硫酸铵溶液，3% 硝酸银，0.5% 醋酸铅，10% 三氯醋酸，浓盐酸，浓硫酸，浓硝酸，5% 磺基水杨酸，0.1% 硫酸铜，饱和硫酸铜溶液，0.1% 醋酸，10% 醋酸，饱和氯化钠溶液，10% 氢氧化钠溶液。

【实验步骤】

1. 蛋白质的可逆沉淀反应

蛋白质的盐析作用：取 1 支试管加入 3mL 蛋白质氯化钠溶液和 3mL 饱和硫酸铵溶液，混匀，静置约 10min，球蛋白则沉淀析出，过滤后向滤液中加入硫酸铵粉末，边加边用玻璃棒搅拌，直至粉末不再溶解，达到饱和为止。析出的沉淀为白蛋白。静置，倒去上部清液，白蛋白沉淀，取出部分加水稀释，观察它是否溶解，留存部分作透析用。

2. 蛋白质的不可逆沉激反应

（1）重金属沉淀蛋白质

取 2 支试管，各加入约 1mL 蛋白质溶液，分别加入 3% 硝酸银 3～4 滴，0.5% 醋酸铅 1～3 滴和 0.1% 硫酸铜 3～4 滴，观察沉淀的生成。第 1、2 支试管再分别加入过量的醋酸铅和饱和硫酸铜溶液，观察沉淀的再溶解。

（2）有机酸沉淀蛋白质

取 2 支试管，各加入蛋白质溶液约 0.5mL，然后分别滴加 10% 三氯醋酸和 5% 磺基水杨酸溶液各数滴，观察蛋白质的沉淀。

（3）无机酸沉淀蛋白质

取 3 支试管，分别加入浓盐酸 15 滴，浓硫酸、浓硝酸 10 滴。小心地向 3 支试管中，沿管壁加入蛋白质溶液 6 滴，不要摇动，观察各管内两液界面处有白色环状蛋白质沉淀出现。然后，摇动每个试管。蛋白质沉淀应在过量的盐酸及硫酸中溶解。在含硝酸的试管中，虽经振荡，蛋白质沉淀也不溶解。

（4）加热沉淀蛋白质

几乎所有的蛋白质都因加热变性而凝固，变成不可逆的不溶状态。盐类和氢离子浓度对蛋白质加热凝固有重要影响。少量盐类促进蛋白质的加热凝固。当蛋白质处于等电点时，加热凝固最完全、最迅速。在酸性或碱性溶液中，蛋白质分子带有正电荷或负电荷，虽加热蛋白质也不会凝固。若同时有足量的中性盐存在，则蛋白质可因加热而凝固。

取 5 支试管，编号，按表 2-12 加入有关试剂。

表 2-12　工作液的配制　　　　　　　　　　　　　　　　　　　　滴

管号	蛋白质溶液	0.1% 醋酸	10% 醋酸	饱和 NaCl	10% NaOH	蒸馏水
1	10					7
2	10	5				2
3	10		5			2
4	10		5	2		
5	10				2	5

将各管混匀，观察记录各管现象后，放入沸水浴中加热 10min，注意观察比较各管的沉淀情况。然后将 3、4、5 号管分别用 10% NaOH 或 10% 醋酸中和，观察并解释实验结果。

将 3、4、5 号管继续分别加入过量的酸或碱，观察它们发生的现象。然后，用过量的酸或碱中和 3、5 号管，沸水浴加热 10min，观察沉淀变化，检查这种沉淀是否溶于过量的酸或碱中，并解释实验结果。

【注意事项】

要求各种试剂的浓度和加入量必须相当准确。

【实验报告】

以表格形式总结实验结果，包括观察到的现象，分析评价实验结果。

【思考题】

1. 为什么蛋清可用作铅中毒或汞中毒的解毒剂？

2. 蛋白质分子中的哪些基团可以：①与重金属离子作用而使蛋白质沉淀？②与有机酸、无机酸作用而使蛋白质沉淀？

3. 高浓度的硫酸铵对蛋白质溶解度有何影响，为什么？

4. 在蛋白质可逆沉淀反应的实验中，为何要用蛋白质氯化钠？

实验九　蛋白质的分离与纯化方法

一、蛋白质的分离与纯化——聚丙烯酰胺凝胶电泳

【实验目的】

1. 掌握聚丙烯酰胺凝胶电泳技术
2. 掌握同工酶遗传标记的分析方法

【实验原理】

聚丙烯酰胺凝胶由单体丙烯酰胺(Acr)和亚甲基双丙烯酰胺聚合而成,聚合过程由自由基催化完成。催化聚合的常用方法有两种:化学聚合法和光聚合法。化学聚合法以过硫酸铵(AP)为催化剂,以四甲基乙二胺(TEMED)为加速器。在聚合过程中,TEMED催化过硫酸铵产生自由基,后者引发丙烯酰胺单体聚合,同时亚甲基双丙烯酰胺与丙烯酰胺链间产生亚甲基键交联,从而形成三维网状结构。

由于同工酶的酶蛋白分子的大小和结构不同,携带的电荷种类和数量不同,所以可用凝胶电泳将它们一一分开。在适宜酶催化反映的条件下提供酶作用的底物,再利用特殊的显色反应以显示产物的形成或底物的消失,就可以看到经电泳分离后的同工酶谱带。同工酶的鉴定过程通常包括从植物样品中提取粗酶液;聚丙烯酰胺凝胶电泳把样品中酶带分开;用专一作用底物和特殊染料把需要分析的酶染色,显示同工酶谱。

同工酶技术是通过电泳和组织化学方法进行特异性染色而把酶蛋白分子分离,并将其位置和活性直接在染色区带以酶谱的形式标记出来的。分离同工酶的方法有:电泳法、层析法、酶学法和免疫学,其中以电泳法最为普遍,电泳法中又以垂直平板聚丙烯酰胺凝胶电泳分辨率为最好。聚丙烯酰胺凝胶电泳有三种物理效应:样品的浓缩效应;凝胶的分子筛效应;一般的电泳分离的电荷效应。

【名词解释】

聚丙烯酰胺凝胶电泳简称为 PAGE(polyacrylamide gel electrophoresis),是以聚丙烯酰胺凝胶为作为支持介质的一种常见电泳技术。

【实验仪器、材料和试剂】

1. 仪器

电泳仪、电泳槽、离心机、移液管、装凝胶用的玻璃管(内径为5mm、长度为90mm)。

2. 材料

鸡爪菜(棒菜)和红苋叶片和其他植物的叶片。

3. 试剂

三羟甲基氨基甲烷(Tris)、四甲基乙二胺(TEMED)、丙烯酰胺(Acr)、亚甲基双丙烯酰胺(Bir)、甘氨酸、过硫酸铵(AP)、蔗糖、溴酚蓝、联苯胺、过氧

化氢。

【实验步骤】

1. **样品的提取**

不同品种或种间的植物，取发育时期相同，组织相同的样品，制备酶粗提液。一般取样 0.5g，或在恒温条件下发芽的幼苗 3～5 个，置于研钵中，加入 0.1～0.5mL 水研磨匀浆、后将样品移至小离心管中离心（3000r/min）15min，取上清液，混入等体积的 50% 的蔗糖溶液，电泳前可在冰箱中保存。

2. **聚丙烯酰胺凝胶系统的配制**

A 液：1mol/L HCl 48.0mL，Tris 36.4g，TEMED 0.23mL 加水至 100mL，pH = 8.3。

B 液：丙烯酰胺 28.0g；亚甲基双丙烯酰胺 0.735g 加水至 100mL。

C 液：过硫酸铵（用前配制）1.4%。

配胶：A∶B∶C∶H_2O = 1∶2∶0.4∶4.6。

配胶后立即灌好装胶的玻璃管。

3. **电极缓冲液配制**

Tris 30.0g；甘氨酸 14.4g，加水至 1000mL，pH = 8.3。使用时稀释 10 倍。

4. **染色液配制——过氧化物酶染液**

醋酸联苯胺溶液 5mL，3% H_2O_2 2mL，H_2O 93mL。

5. **加样和电泳**

各根凝胶管加入的样品酶粗提液 0.05mL。加一小微滴 0.005% 溴酚蓝，上、下电泳槽加电极缓冲液后，在低于 15℃ 气温中，每管电流 2mA 进行电泳，当溴酚蓝迁至凝胶下端 0.5～1cm 时停止电泳。电泳时间 3～4h。

6. **取出凝胶**

用长针头注射器注水法自凝胶管中取出凝胶，凝胶要完整，不能断裂。

7. **染色**

将完整的凝胶条置于中号试管中，加入染色液，浸入整条凝胶，室温下染色 20～30min，呈现酶带后取出凝胶，用水漂洗终止染色。

8. **记录与测定**

带型清楚的胶应做摄影记录或做扫描测定，胶晾干后还作永久保存。

【注意事项】

(1)使聚丙烯酰胺充分聚合，可提高凝胶的分辨率

建议做法：待凝胶在室温凝固后，可在室温下放置一段时间使用。忌即配即用或 4℃ 冰箱放置，前者易导致凝固不充分，后者可导致 SDS 结晶。一般凝胶可在室温下保存 4 天，SDS 可水解聚丙烯酰胺。

一般常用的有氨基黑、考马斯亮蓝、银染色三种染料，不同染料又有各自不同的染色方法，具体可参照郭尧君编著的《蛋白质电泳技术手册》第 82～103 页。

(2)防止形成"微笑"(两边翘起中间凹下)形带

主要是由于凝胶的中间部分凝固不均匀所致，多出现于较厚的凝胶中。处理

办法：待其充分凝固再做后续实验。

（3）防止"皱眉"（两边向下中间鼓起）形带形成

主要出现在蛋白质垂直电泳槽中，一般是两板之间的底部间隙气泡未排除干净。处理办法：可在两板间加入适量缓冲液，以排除气泡。

（4）防止出现拖尾现象

主要是样品溶解效果不佳或分离胶浓度过大引起的。处理办法：加样前离心；选择适当的样品缓冲液，加适量样品促溶剂；电泳缓冲液时间过长，重新配制；降低凝胶浓度。

（5）防止出现纹理现象

主要是样品不溶性颗粒引起的。处理办法：加样前离心；加适量样品促溶剂。

（6）防止出现"鬼带"

"鬼带"就是在跑大分子构象复杂的蛋白质分子时，常会出现在泳道顶端（有时在浓缩胶中）的一些大分子未知条带或加样孔底部有沉淀，主要由于还原剂在加热的过程中被氧化而失去活性，致使原来被解离的蛋白质分子重新折叠结合和亚基重新缔合，聚合成大分子，其相对分子质量要比目标条带大，有时不能进入分离胶。但它却与目标条带有相同的免疫学活性，在 WB 反应中可见其能与目标条带对应的抗体作用。

处理办法：在加热煮沸后，再添加适量的 DTT 或 β-巯基乙醇，以补充不足的还原剂；或可加适量 EDTA 来阻止还原剂的氧化。

【实验报告】

（1）将各胶柱中酶带条数、宽度、着色深浅和移动距离填入表 2-13 中。

表 2-13　实验结果记录

胶柱样品	可见酶带数	由近及远记录酶带迁移距离	宽度	着色深浅	相对迁移率（主要酶带）	是否有特殊酶带
1						
2						
3						

（2）选择比较组分胶柱中着色最深的酶带或特殊酶带（即该组分特有的酶带），计算酶带的相对迁移率 R_f 值。

$$R_f = (某酶带迁移距离)/(溴酚蓝指示剂迁移距离)$$

【思考题】

1. 缓冲液系统对电泳的影响是什么？
2. 样品的处理方法有哪几种？
3. SDS-PAGE 电泳凝胶中各主要成分的作用是什么？
4. 为什么溴酚蓝不能起到指示作用？
5. 为什么电泳的条带很粗？

6. 为什么电泳电压很高而电流却很低呢？

7. 浓缩胶与分离胶断裂、板间有气泡对电泳有影响吗？

8. 凝胶时间不对，或慢或快，是怎么回事？

9. 电泳时间比正常要长，是为什么？

10. 分离胶加上后为什么要立即加水？

二、分离血清蛋白——醋酸纤维薄膜电泳

【实验目的】

掌握醋酸纤维素薄膜电泳法分离血清蛋白的原理和方法。

【实验原理】

蛋白质是两性电解质。在 pH 值小于其等电点的溶液中，蛋白质为正离子，在电场中向阴极移动；在 pH 值大于其等电点的溶液中，蛋白质为负离子，在电场中向阳极移动。血清中含有数种蛋白质，它们所具有的可解离基团不同，在同一 pH 值的溶液中，所带净电荷不同，故可利用电泳法将它们分离。

血清中含有白蛋白、α-球蛋白、β-球蛋白、γ-球蛋白等，各种蛋白质由于氨基酸组分、立体构象、相对分子质量、等电点及形状不同，在电场中迁移速度不同。由表 2-14 可知，血清中 5 种蛋白质的等电点大部分低于 pH 值 7.0，所以在 pH = 8.6 的缓冲液中，它们都电离成负离子，在电场中向阳极移动。

在一定范围内，蛋白质的含量与结合的染料量成正比，故可将蛋白质区带剪下，分别用 0.4mol/L NaOH 溶液浸洗下来，进行比色，测定其相对含量。也可以将染色后的薄膜直接用光密度计扫描，测定其相对含量。

表 2-14 血清中蛋白质的等电点和相对分子质量

蛋白质名称	等电点	相对分子质量
白蛋白	4.88	69 000
α_1-球蛋白	5.06	200 000
α_2-球蛋白	5.06	300 000
β-球蛋白	5.12	90 000 ~ 150 000
γ-球蛋白	6.85 ~ 7.50	156 000 ~ 300 000

肾病、弥漫性肝损害、肝硬化、原发性肝癌、多发性骨髓瘤、慢性炎症、妊娠等都可以使白蛋白下降。肾病时 α_1、α_2、β 球蛋白升高，γ-球蛋白降低。肝硬化时 α_2、β-球蛋白降低，而 α_1、γ-球蛋白升高。

【名词解释】

醋酸纤维素膜：醋酸纤维素膜又称为 NC 膜。醋酸纤维素膜是蛋白质印迹最广泛使用的转移介质，对蛋白质有很强的结合能力，而且适用于各种显色方法，包括同位素，化学发光(luminol 类)、常规显色、染色和荧光显色；背景低，信噪比高。选择醋酸纤维素膜时要注意的是选择合适的孔径，通常 20kD 以上的大分子蛋白质用 0.45μm 孔径的膜，小于 20kD 的话建议选择 0.2μm 的，如果小于

7kD 的话最好选择 0.1μm 的膜。

【实验仪器、材料和试剂】

1. 仪器

醋酸纤维素薄膜(2cm×8cm，厚度 120μm)、烧杯及培养皿、点样器、竹镊子、玻璃棒、电吹风、试管、恒温水浴锅、电泳槽、直流稳压电泳仪、剪刀。

2. 材料

人血清。

3. 试剂

电极缓冲液、染色液(可重复使用，使用后回收)、漂洗液(100mL 每组)：95% 乙醇 45mL、冰醋酸 5mL、水 50mL、透明液(20mL 每组)：无水乙醇: 冰醋酸 = 7:3、巴比妥-巴比妥钠缓冲液(取两个大烧杯，分别称取巴比妥钠和巴比妥溶解于 500mL 蒸馏水中)。

【实验步骤】

1. 薄膜浸泡

提前将醋酸纤维素薄膜在无离子水面浸润排出膜内气泡，再在电泳缓冲液中平衡几分钟就可以了。

2. 电泳仪检查

水平检查，电源检查。

3. 电泳槽的准备

电泳槽示意图如图 2-3 所示。在两个电极槽中，各倒入等体积的电极缓冲液。将滤纸条对折，翻过来，用电极缓冲液完全浸湿，架在电泳槽的四个膜支架上，使滤纸一端的长边与支架前沿对齐，另一端浸入电极缓冲液内。用玻璃棒轻轻挤压在膜支架上的滤纸以驱逐气泡，使滤纸的一端能紧贴在膜支架上。滤纸条是两个电极槽联系醋酸纤维素薄膜的桥梁，故称为滤纸桥。

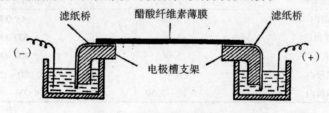

图 2-3　醋酸纤维薄膜电泳槽

4. 点样

图 2-4 所示点样方法。取新鲜血清于载玻片上，将盖玻片掰呈适宜大小，使一边小于薄膜宽度。把浸泡好的可用的醋酸纤维素薄膜取出，用滤纸吸去表面多余的液体，然后平铺在滤纸上，将盖玻片在血清中轻轻划一下，再在膜条一端 1.5~2cm 处轻轻地水平落下并迅速提起，即在膜条上点上了细条状的血清样品，呈淡黄色。

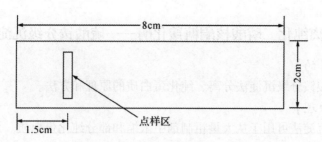

图2-4 醋酸纤维薄膜电泳点样

5. 电泳

用镊子将点样端的薄膜平贴在阴极电泳槽支架的滤纸桥上（点样面朝下），另一端平贴在阳极端支架上，用镊子将其中气泡赶出。要求薄膜紧贴滤纸桥并绷直，中间不能下垂。盖上电泳槽盖。接好电路，调节电压到90V，预电泳10min，再调电压至110V，电泳时间50min～1h。

6. 染色

将染液倒入大培养皿中，电泳完毕立即用镊子取出薄膜，直接浸入染色液中，染色9min，然后取出。

7. 漂洗

配制好漂洗液，将染色完毕的薄膜自染液中取出，直接放入漂洗液中，连续更换几次漂洗液，直到薄膜背景几乎无色为止。

8. 透明

配制好透明液，用镊子将薄膜取出，贴在容器壁上（烧杯壁或培养皿上等），注意不可有气泡，用吹风机稍吹干薄膜，用胶头滴管淋洗薄膜，将每组20mL透明液淋洗完即可，再用吹风机将薄膜彻底吹干，此时薄膜透明，小心将薄膜自容器壁上取下。

【注意事项】

（1）点样应细窄、均匀、集中。点样量不宜过多，点样位置要合适。

（2）两电泳槽内缓冲液面应在同一水平面，否则会因虹吸影响电泳效果。

（3）醋酸纤维素薄膜一定要充分浸透后才能点样。点样后电泳槽一定要密闭。电流不宜过大，以防止薄膜干燥，电泳图谱出现条痕。

【实验报告】

将染色后的薄膜上显现的区带填入表中，分析电泳结果。对于①有些电泳带参差不齐；②个别电泳带的两条带之间界限不明显，分析可能导致实验失败或误差的出现。

【思考题】

醋酸纤维素膜结合蛋白质的原理是什么？

三、分离纯化二磷酸核酮糖羧化酶——硫酸铵分级沉淀法

【实验目的】

掌握硫酸铵分级沉淀法分离、纯化蛋白质的原理和方法。

【实验原理】

硫酸铵沉淀法可用于从大量粗制剂中浓缩和部分纯化蛋白质。用此方法可以将主要的免疫球蛋白从样品中分离，是免疫球蛋白分离的常用方法。高浓度的盐离子在蛋白质溶液中可与蛋白质竞争水分子，从而破坏蛋白质表面的水化膜，降低其溶解度，使之从溶液中沉淀出来。各种蛋白质的溶解度不同，因而可利用不同浓度的盐溶液来沉淀不同的蛋白质。这种方法称之为盐析。盐浓度通常用饱和度来表示。硫酸铵因其溶解度大，温度系数小和不易使蛋白质变性而应用最广。

【名词解释】

1,5-二磷酸核酮糖羧化酶/加氧酶（ribulose-1,5-bisphosphate carboxylase/oxyge-nase，通常简写为 RuBisCO）是一种酶，它在光合作用中卡尔文循环里催化第一个主要的碳固定反应，将大气中游离的二氧化碳转化为生物体内储能分子，比如蔗糖分子。1,5-二磷酸核酮糖羧化酶/加氧酶可以催化 1,5-二磷酸核酮糖与二氧化碳的羧化反应或与氧气的氧化反应。同时 RuBisCO 也能使 RuBP 进入光呼吸途径。它是由叶绿体 DNA 以及核基因编码的蛋白质共同组装成的蛋白体。

【实验仪器、材料和试剂】

1. 仪器

超速离心机、pH 计、磁力搅拌器。

2. 材料

组织培养上清液、血清样品或腹水等。

3. 试剂

硫酸铵（NH_4）$_2SO_4$、饱和硫酸铵溶液（SAS）、蒸馏水、PBS（含 0.2g/L 叠氮钠）、透析袋。

【实验步骤】

各种不同的免疫球蛋白盐析所需硫酸铵的饱和度也不完全相同。通常用来分离抗体的硫酸铵饱和度为 33% ~ 50%。

1. 配制饱和硫酸铵溶液（SAS）

（1）将 767g（NH_4）$_2SO_4$ 边搅拌边慢慢加到 1L 蒸馏水中。用氨水或硫酸调到 pH = 7.0。此即饱和度为 100% 的硫酸铵溶液（4.1mol/L，25℃）。

（2）其他不同饱和度硫酸铵溶液的配制。

2. 沉淀

（1）样品 20 000 ×g 离心 30min，除去细胞碎片。

（2）保留上清液并测量体积。

（3）边搅拌边慢慢加入等体积的 SAS 到上清液中，终浓度为 1∶1。

（4）将溶液放在磁力搅拌器上搅拌 6h 或搅拌过夜（4℃），使蛋白质充分

沉淀。

3. 透析

（1）蛋白质溶液 10 000 × g 离心 30min（4℃）。弃上清保留沉淀。

（2）将沉淀溶于少量（10 ~ 20mL）PBS - 0.2g/L 叠氮钠溶液中。沉淀溶解后放入透析袋，对 PBS - 0.2g/L 叠氮钠透析 24 ~ 48h（4℃），每隔 3 ~ 6h 换透析缓冲液一次，以彻底除去硫酸铵。

（3）透析液离心，测定上清液中蛋白质含量。

【注意事项】

（1）杂蛋白与欲纯化蛋白在硫酸铵溶液中溶解度差别很大时，用预沉淀除杂蛋白是非常有效的；即先用较低浓度的硫酸铵预沉淀，除去样品中的杂蛋白。

①边搅拌边慢慢加 SAS 到样品溶液中，使浓度为 0.5 : 1（体积比）。

②将溶液放在磁力搅拌器上搅拌 6h 或过夜（4℃）。

③3000 × g 离心 30min（4℃），保留上清液；上清液再加 SAS 到 0.5 : 1（体积比），再次离心得到沉淀。将沉淀溶于 PBS，同前透析，除去硫酸铵。

（2）为避免体积过大，可用固体硫酸铵进行盐析。

【实验报告】

详细记录硫酸铵沉淀法中溶液的使用量，结合蛋白质含量测定实验分析此法提纯蛋白质的优缺点。

【思考题】

1. 为什么选择硫酸铵进行盐析？

2. 盐析法分离提纯蛋白质的优缺点是什么？

表 2-15 为室温（25℃）下数据，该温度下饱和硫酸铵的浓度为 4.1mol/L，即将 761g 硫酸铵溶于 1L 水中。同时鉴于 4 ~ 25℃之间数据没有明显变化，所以表中数据也可用于 4℃。饱和溶液加入法是指将预先调好 pH 的饱和硫酸铵溶液逐步加至相应的蛋白质溶液中，使其达到一定的硫酸铵浓度（或饱和度），令蛋白质沉淀下来。不同饱和度所需要加入的饱和硫酸铵的量可以用如下公式计算：

$$V = V_0 (S_2 - S_1) / (100 - S_2)$$

式中：V——应加入饱和硫酸铵溶液的体积；

　　　V_0——蛋白质溶液的原始体积；

　　　S_2——所要达到的硫酸铵饱和度；

　　　S_1——原来溶液的硫酸铵饱和度。

表 2-15 硫酸铵溶液饱和度计算表

	硫酸铵终浓度(%)																
	10	20	25	30	33	35	40	45	50	55	60	65	70	75	80	90	100
	每升溶液加入固体硫酸铵克数(g)																
0	56	114	114	176	196	209	243	277	313	351	390	430	472	516	561	662	767
10		57	86	118	137	150	183	216	251	288	326	365	406	449	494	592	694
20			29	59	78	91	123	155	189	225	262	300	340	382	424	520	619
25				30	49	61	93	125	158	193	230	267	307	348	390	485	583
30					19	30	62	94	127	162	198	235	273	314	356	449	546
33						12	43	74	107	142	177	214	252	292	338	426	522
35							31	63	94	129	164	200	238	278	319	441	506
40								31	63	97	132	168	205	245	285	375	469
45									32	65	99	134	171	210	250	339	431
50										33	66	101	137	176	214	302	392
55											33	67	103	141	179	264	353
60												34	69	105	143	227	314
65													34	70	107	190	275
70														35	72	153	237
75															36	115	198
80																77	157
90																	79

硫酸铵起始浓度(%)

实验十　氨基酸分离与鉴定——纸层析法

【实验目的】

1. 学习纸层析法的基本原理
2. 掌握纸层析法分离氨基酸的操作技术

【实验原理】

纸层析法的惰性支持物是新华一号滤纸，其上含有很多的羟基，与水有较强的亲和力因此把它看成是含有静止水相的惰性支持物。水相因此称为静止相（固定相），有机溶剂称为流动相。展层溶剂由两个互不相溶的有机溶剂和水组成，它们互相混合时便分成两相：一相是以水饱和了的有机相；另一相是以有机溶剂饱和了的水相。分配系数（α）＝溶质在固定相的浓度/溶质在流动相的浓度。

当用滤纸进行分配层析时，流动相流经支持物时与固定相之间连续抽提，使氨基酸在两相之间不断分配而得以分离。抽提一定时间后，溶剂流到接近滤液前沿 1~2cm 时。层析完毕，将滤液取出、干燥，用显色剂显色即可看到氨基酸在滤纸上的位置，此位置用比移值（R_f）表示。不同的氨基酸在一定的条件下，有其一定的 R_f 值，故可根据 R_f 值定性鉴定氨基酸，但通常用已知的标准氨基酸层析作对照。R_f ＝原点到层析点中心的距离/原点到溶剂前沿的距离。在一定的条件下某种物质的 R_f 值是常数。R_f 值的大小与物质的结构、性质，溶剂系统，层析滤纸的质量和层析温度等因素有关。

【名词解释】

纸层析法是用滤纸作为惰性支持物的分配层析法，它是利用不同氨基酸（AA）在两相展层溶剂中的分配系数不同而得以分离的一种方法。

【实验仪器、材料和试剂】

1. 仪器

层析缸、毛细管、喷雾器、培养皿、层析滤纸。

2. 材料

氨基酸样品。

3. 试剂

①扩展剂　是4份水饱和的正丁醇和一份醋酸的混合物。将 20mL 正丁醇、15mL 水放入分液漏斗中混匀，充分振荡，静置后分层，放出下层水层，再和 5mL 冰醋酸混合。取漏斗内的扩展剂约 5mL 置于小烧杯中作平衡溶剂，其余的倒入培养皿中备用。

②氨基酸溶液　0.5% 的赖氨酸、缬氨酸、亮氨酸溶液及它们的混合物（各组分浓度均为 0.5%）。

③显色剂　0.1% 茚三酮-正丁醇溶液。

【实验步骤】

1. 滤纸定点

取层析滤纸一张，在纸的一端距边缘 2~3cm 处用铅笔划线，每隔 2cm 做一个记号。

2. 点样

用毛细管将各氨基酸样品分别点在定点的位置上，干后再点一次。

3. 展层

用别针将滤纸缝成筒状，将盛有20mL扩展剂的培养皿迅速置于密闭的层析缸中并将滤纸直立于培养皿中，待溶剂上升15～20cm时取出滤纸，用铅笔描出溶剂前沿界限，自然干燥或用吹风机热风吹干。

4. 显色

用喷雾器均匀喷上0.1%茚三酮-正丁醇溶液，置于烘箱中烘烤5min（100℃）或用热吹风吹干。

5. 描点计算

计算各种氨基酸的 R_f 值。

【注意事项】

在操作过程中，手不要摸滤纸；点样直径不超过3mm；点有样品的滤纸缝成筒状，两边不能接触；点样的一端朝下，扩展剂的液面需低于点样线1cm；即时取出滤纸，以免出现氨基酸层析跑到滤纸的外面不能检测。

【实验报告】

叙述实验的原理和操作步骤，计算各氨基酸的 R_f 值并上交层析图谱。

【思考题】

纸层析法分离氨基酸的原理是什么？各氨基酸的 R_f 值是多少？

实验十一　酶活性测定方法

一、底物浓度对酶促反应速率的影响——米氏常数的测定（植物）

【实验目的】

1. 了解底物浓度对酶促反应的影响

2. 掌握测定米氏常数 K_m 的原理和方法

【实验原理】

酶促反应速率与底物浓度的关系可用米氏方程来表示：

$$v = \frac{V[S]}{K_m + [S]}$$

式中：v——反应初速率，微摩尔浓度变化/min；

　　　V——最大反应速率，微摩尔浓度变化/min；

　　　$[S]$——底物浓度，mol/L；

　　　K_m——米氏常数，mol/L。

这个方程表明当已知 K_m 及 V 时，酶反应速率与底物浓度之间的定量关系。K_m 值等于酶促反应速率达到最大反应速率一半时所对应的底物浓度，是酶的特征常数之一。不同的酶 K_m 值不同，同一种酶与不同底物反应 K_m 值也不同，K_m 值可近似地反映酶与底物的亲和力大小：K_m 值大，表明亲和力小；K_m 值小，表明亲合力大。测 K_m 值是酶学研究的一个重要方法。大多数纯酶的 K_m 值在0.01 ~ 100mmol/L。

本实验以胰蛋白酶消化酪蛋白为例，采用 Linewaeaver-Burk 双倒数作图法测定 K_m 值。胰蛋白酶催化蛋白质中碱性氨基酸(L-精氨酸和L-赖氨酸)的羧基所形成的肽键水解。水解时有自由氨基生成，可用甲醛滴定法判断自由氨基增加的数量而跟踪反应，求得反应初速率。

【名词解释】

Linewaeaver-Burk 作图法(双倒数作图法)是用实验方法测 K_m 值的最常用的简便方法：

$$\frac{1}{v} = \frac{K_m}{V} \times \frac{1}{[S]} + \frac{1}{V}$$

于是实验时可选择不同的$[S]$，测对应的v；以 $1/v$ 对 $1/[S]$作图，得到一个斜率为 K_m/V 的直线，其截距 $1/[S]$ 则为 $-1/K_m$，由此可求出 K_m 的值（截距的负倒数）（图2-5）。

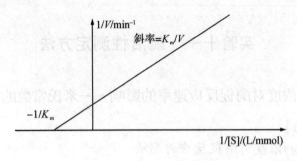

图 2-5　$\dfrac{1}{V}-\dfrac{1}{[S]}$ 曲线图

【实验仪器、材料和试剂】

1. 器材

50mL 三角烧瓶、250mL 三角烧瓶、5mL 吸管、10mL 吸管、100mL 量筒、25mL 碱式滴定管及滴定台、蝴蝶夹、滴定管、恒温水浴。

2. 材料

酪蛋白溶液。

3. 试剂

中性甲醛溶液、酚酞溶液、0.1mol/L NaOH 溶液、胰蛋白酶溶液。

【实验步骤】

（1）取 50mL 三角瓶 6 个，分别加入 5mL 甲醛与 1 滴酚酞，以 0.1mol/L 标准 NaOH 滴定至微红色，6 个瓶颜色应当一致。

（2）量取 40g/L 酪蛋白溶液 100mL，加入一个 250mL 三角瓶，37℃ 保温 10min，同时胰蛋白酶液也在 37℃ 保温 10min。然后吸取 10mL 酶液加到酪蛋白液中。（计时！）充分混合后立即取出 10mL 反应液（定为 0 时样品）加入一含甲醛的小三角瓶中（0 号）加 10 滴酚酞；以 0.1mol/L NaOH 滴定至微弱而持续的微红色。在接近终点时，按耗去的 NaOH 体积（mL），每毫升加一滴酚酞，再继续滴至终点，记下耗去的 0.1mol/L 标准 NaOH 体积。

（3）在 2min、4min、6min、8min 和 10min 时，分别取出 10mL 反应液，加入 1、2、3、4、5 号小三角瓶中，同上操作。在每个样品中滴定终点的颜色应当是一致的。以滴定度（即耗去的 NaOH 体积）对时间作图得一直线，其斜率即反应初速率为 V_{40}（相对于 40g/L 的酪蛋白浓度）。

（4）然后分别量取 30g/L、20g/L、10g/L 的酪蛋白溶液，重复上述操作，分别测出 V_{30}、V_{20}、V_{10}。

【注意事项】

（1）实验表明，反应速率只在最初一段时间内保持恒定，随着反应时间的延长，酶促反应速率逐渐下降。原因有多种，如底物浓度降低，产物浓度增加而对酶产生抑制作用并加速逆反应的进行，酶在一定 pH 及温度下部分失活等。因此，研究酶的活力以酶促反应的初速率为准。

（2）本实验是一个定量测定方法，为获得准确的实验结果，应尽量减少实验操作中带来的误差。因此配制各种底物溶液时应用同一母液进行稀释，保证底物浓度的准确性。各种试剂的加量也应准确，并严格控制准确的酶促反应时间。

【实验报告】

根据实验数据作图并求出胰蛋白酶消化酪蛋白的米氏常数。

【思考题】

1. 试述底物浓度对酶促反应速率的影响。

2. 在什么条件下，测定酶的 K_m 值可以作为鉴定酶的一种手段，为什么？米氏方程中的 K_m 值有何实际应用？

二、胰蛋白酶的制备与活性测定

【实验目的】

1. 学习胰蛋白酶的纯化及其结晶的基本方法

2. 了解酶的活性与比活性的概念

【实验原理】

胰蛋白酶是以无活性的酶原形式存在于动物胰脏中的，在 Ca^{2+} 的存在下，被肠激酶或有活性的胰蛋白酶自身激活，从肽链 N 端赖氨酸和异亮氨酸残基之间的肽键断开，失去一段六肽，分子构象发生一定改变后转变为有活性的胰蛋白酶。

胰蛋白酶能催化蛋白质的水解，对于由碱性氨基酸(精氨酸、赖氨酸)的羧基与其他氨基酸的氨基所形成的键具有高度的专一性。此外还能催化由碱性氨基酸和羧基形成的酰胺键或酯键，其高度专一性仍表现为对碱性氨基酸一端的选择。胰蛋白酶对这些键的敏感性次序为：酯键 > 酰胺键 > 肽键。因此可利用含有这些键的酰胺或酯类化合物作为底物来测定胰蛋白酶的活力。目前常用苯甲酰-L-精氨酸-对硝基苯胺(简称 BAPA)和苯甲酰-L-精氨酸-β-萘酰胺(简称 BANA)测定酰胺酶活力。用苯甲酰-L-精氨酸乙酯(简称 BAEE)和对甲苯磺酰-L-精氨酸甲酯(简称 TAME)测定酯酶活力。本实验以 BAEE 为底物，用紫外吸收法测定胰蛋白酶活力。酶活力单位的规定常因底物及测定方法而异。

从动物胰脏中提取胰蛋白酶时，一般是用稀酸溶液将胰腺细胞中含有的酶原提取出来，然后再根据等电点沉淀的原理，调节 pH 以沉淀除去大量的酸性杂蛋白以及非蛋白杂质，再以硫酸铵分级盐析将胰蛋白酶原等(包括大量的糜蛋白酶原和弹性蛋白酶原)沉淀析出。经溶解后，以极少量活性胰蛋白酶激活，使其酶原转变为有活性的胰蛋白酶(糜蛋白酶和弹性蛋白酶同时也被激活)，被激活的酶溶液再以盐析分级的方法除去糜蛋白酶及弹性蛋白酶等组分。收集含胰蛋白酶的级分，并用结晶法进一步分离、纯化。一般经过 2~3 次结晶后，可获得相当纯的胰蛋白酶，其比活力可达到 8000~10 000BAEE 单位/毫克蛋白，或更高。如需制备更纯的制剂，可用上述酶溶液通过亲和层析方法纯化。

【名词解释】

胰蛋白酶：胰蛋白酶原的相对分子质量约为 24 000，其等电点约为 pH = 8.9，胰蛋白酶的相对分子质量与其酶原接近（23 300），其等电点约为 pH = 10.8，最适 pH 为 7.6 ~ 8.0，在 pH = 3 时最稳定，低于此 pH 时，胰蛋白酶易变性，在 pH > 5 时易自溶。Ca^{2+} 离子对胰蛋白酶有稳定作用。重金属离子、有机磷化合物和反应物都能抑制胰蛋白酶的活性，胰脏、卵清和豆类植物的种子中都存在着蛋白酶抑制剂。最近发现在一些植物的块基（如土豆、白薯、芋头等）中也存在有胰蛋白酶抑制剂。

【实验仪器、材料和试剂】

1. 仪器

食品加工机和高速分散器、研钵、大玻璃漏斗、布氏漏斗、抽滤瓶、纱布、恒温水浴、紫外分光光度计、秒表、pH 试纸。

2. 材料

新鲜或冰冻猪胰脏。

3. 试剂

pH = 2.5 的乙酸酸化水、2.5mol/L H_2SO_4、5mol/L NaOH、2mol/L NaOH、2mol/L HCl、0.001mol/L HCl、硫酸铵、氯化钙、0.8mol/L pH = 9.0 的硼酸缓冲液（取 20mL 0.8mol/L 硼酸溶液，加 80mL 0.2mol/L 四硼酸钠溶液，混合后，用 pH 计检查校正）、0.4mol/L pH = 9.0 的硼酸缓冲液（用 0.8mol/L 稀释 1 倍即可）、0.2mol/L pH = 8.0 的硼酸缓冲液（取 70mL 0.2mol/L 硼酸溶液，加 30mL 0.5mol/L 四硼酸钠溶液，混合后，用 pH 计校正）、0.05mol/L pH = 8.0 的 Tris-HCl 缓冲液（取 10mL 0.5mol/L pH = 8.0 的 Tris-HCl 缓冲液，加水定容至 100mL）、底物溶液的配制（即每毫升 0.05mol/L pH = 8.0 的 Tris-HCl 缓冲液中加 0.34mg BAEE 和 2.22mg 的氯化钙）。

【实验步骤】

1. 猪胰蛋白酶制备

（1）猪胰蛋白酶原的提取

猪胰脏 1.0kg（新鲜的或杀后立即冷藏的），除去脂肪和结缔组织后，绞碎。加入 2 倍体积预冷的乙酸酸化水（pH = 2.5）于 10 ~ 15℃ 搅拌提取 24h，四层纱布过滤得乳白色滤液，用 2.5mol/L H_2SO_4 调 pH 值至 2.5 ~ 3.0，放置 3 ~ 4h 后用折迭滤纸过滤得黄色透明滤液（约 1.5L）。

加入固体硫酸铵（预先研细），使溶液达 0.75 饱和度（每升滤液加 492g），放置过夜后抽滤（挤压干），得猪胰蛋白酶原粗制品。

（2）胰蛋白酶原激活

向胰蛋白酶原粗制品滤饼分次加入 10 倍体积（按饼重计）冷的蒸馏水，使滤饼溶解，得胰蛋白酶原溶液。将研细的固体无水氯化钙慢慢加入酶原溶液中（滤饼中硫酸铵的含量按饼重的四分之一计），使 Ca^{2+} 与 SO_4^{2-} 结合后，边加边搅拌均匀，使溶液中最终仍含有 0.1mol/L $CaCl_2$。

用 5mol/L NaOH 调 pH 值至 8.0，加入极少量猪胰蛋白酶(约 2~5mg)轻轻搅拌，于室温下活化 8~10h(2~3h 取样一次，并用 0.001mol/L HCl 稀释)，测定酶活性增加的情况。

活化完成(比活力约 3500~4000BAEE 单位)后，用 2.5mol/L H_2SO_4 调 pH 值至 2.5~3.0，抽滤除去 $CaSO_4$ 沉淀。

(3)胰蛋白酶的分离

将已激活的胰蛋白酶溶液按 242g/L 加入细粉状固体硫酸铵，使溶液达到 0.4 饱和度，放置数小时后，抽滤，弃去滤饼。滤液按 250g/L 加入研细的硫酸铵，使溶液饱和度达到 0.75，放置数小时，抽滤，弃去滤液。

(4)胰蛋白酶的结晶

将上述胰蛋白酶滤饼(粗胰蛋白酶)溶解后进行结晶：按每克滤饼溶于 1.0mL pH=9.0 的 0.4mol/L 硼酸缓冲液的量计加入缓冲液，小心搅拌溶解。

用 2mol/L NaOH 调 pH 值至 8.0，注意要小心调节，偏酸不易结晶，偏碱易失活，存放于冰箱。放置数小时后，应出现大量絮状物，溶液逐渐变稠呈胶态，再加入总体积的 1/4~1/5 的 pH=8.0 的 0.2mol/L 硼酸缓冲液，使胶态分散，必要时加入少许胰蛋白酶晶体。

放置 2~5 天可得到大量胰蛋白酶结晶，待结晶析出完全时，抽滤，母液回收。

(5)胰蛋白酶的重结晶

将第一次结晶的胰蛋白酶产物进行重结晶：用约 1 倍的 0.025mol/L HCl，使上述结晶分散，加入约 1.0~1.5 倍体积的 pH=9.0 的 0.8mol/L 硼酸缓冲液，至结晶酶全部溶解，取样后，用 2mol/L NaOH 调溶液 pH 值至 8.0(体积过大，很难结晶)，冰箱中放置 1~2 天，可将大量结晶抽滤得第二次结晶产物(母液回收)，冰冻干燥后得重结晶的猪胰蛋白酶。

2. 胰蛋白酶活性的测定

以苯甲酰 L-精氨酸乙酯(英文缩写为 BAEE)为底物，用紫外吸收法进行测定。苯甲酰 L-精氨酸乙酯在 253nm 波长下的紫外吸收远远弱于苯甲酰 L-精氨酸(英文缩写为 BA)。在胰蛋白酶的催化下，随着酯键的水解，苯甲酰 L-精氨酸逐渐增多，反应体系的紫外吸收宜随之相应增加。

取 2 个光程为 1cm 的带盖石英比色杯，分别加入 25℃予热过的 2.8mL 底物溶液。向一只比色杯中加入 0.2mL 0.001mol/L HCl，作为空白，校正仪器的 253nm 处光吸收零点。再在另一比色杯中加入 0.2mL 待测酶液(用量一般为 10μg 结晶的胰蛋白酶)，立即混匀并记时，每半分钟读数一次，共读 3~4min。控制 $\Delta A_{253}/min$ 在 0.05~0.100 左右为宜。

绘制酶促反应动力学曲线，从曲线上求出反应起始点吸光度随时间的变化率(即初速率)$\Delta A_{253}/min$。

胰蛋白酶活力单位的定义规定为：以 BAEE 为底物反应液 pH=8.0，25℃，反应体积 3.0mL，光径 1cm 的条件下，测定 ΔA_{253}，每分钟使 ΔA_{253} 增加 0.001，反应液中所加入的酶量为一 BAEE 单位。

胰蛋白酶溶液的活力单位(BAEE 单位/mL)= ΔA_{253}/min 稀释倍数/0.001 × 酶液加入体积

胰蛋白酶比活力(BAEE 单位 / mg)= 酶液活力/胰酶浓度(mg/mL) × 酶液加入体积

【注意事项】

(1)胰脏必需是刚屠宰的新鲜组织或立即低温存放的,否则可能因组织自溶而导致实验失败。

(2)在室温 14～20℃ 条件下 8～12h 可激活完全,激活时间过长,因酶本身自溶而会使比活力降低,比活达到 3000～4000BAEE 单位/mg 蛋白时即可停止激活。

(3)要想获得胰蛋白酶结晶,在进行结晶时应十分细心地按规定条件操作,切勿粗心大意,前几步的分离、纯化效果愈好,则培养结晶也较容易,因此每一步操作都要严格。酶蛋白溶液过稀难形成结晶,过浓则易形成无定形沉淀析出,因此,必需恰到好处,一般来说待结晶的溶液开始时应略呈微浑浊状态。

(4)过酸或过碱都会影响结晶的形成及酶活力变化,必须严格控制 pH。

(5)第一次结晶时,3～5 天后仍然无结晶,应检查 pH,必要时调整 pH 或接种,促使结晶形成。重结晶时间要短些。

【实验报告】

提交胰蛋白酶的提取原理方法和酶活力测定的结果。

【思考题】

1. 提取制备猪胰蛋白酶的过程中,应特别注意哪些主要环节和影响因素?

2. pH 值在制备中起到什么作用?

3. 哪些因素是直接影响形成晶体的主要原因?应该注意哪些条件?

4. 在实验中,可以采取什么方法来提高产率和比活率?

三、pH 值对酶活性的影响

【实验目的】

1. 了解 pH 值对酶的活性的影响机理

2. 掌握如何选择酶催化反应的最适 pH 和获得最适 pH 条件的确定

【实验原理】

酶的生物学特征之一是它对酸碱的敏感性,这表现在酶的活性和稳定性易受环境 pH 的影响。pH 对酶的活性的影响极为显著,通常各种酶只在一定的 pH 值范围内才表现出活性。在进行酶学研究时一般都要制作一条 pH 值与酶活性的关系曲线,即保持其他条件恒定,在不同 pH 条件下测定酶促反应速率,以 pH 值为横坐标,反应速率为纵坐标作图。由此曲线,不仅可以了解反应速率随 pH 值变化的情况，而且可以求得酶的最适 pH。

【名词解释】

酶的最适 pH：同一种酶在不同的 pH 值下所表现的活性不同，其表现活性最高时的 pH 值称为酶的最适 pH。各种酶在特定条件下都有它各自的最适 pH。

【实验仪器、材料与试剂】

1. 仪器

可见分光光度计、恒温水浴锅、试管、酸度计。

2. 试剂

磷酸氢二钠、乙酸钠、磷酸二氢钠、柠檬酸、乙酸。

【实验步骤】

1. 配置缓冲溶液

按表 2-16 配置缓冲溶液，其溶液 pH 值以酸度计测定值为准。

表 2-16 工作液的配制

管号	0.2mol/L 磷酸氢二钠(mL)	0.1mol/L 柠檬酸钠(mL)	缓冲液 pH
1	4.30	—	4.5
2	5.15	4.84	5.0
3	6.61	3.39	6.2
4	7.72	2.28	6.8
5	9.08	0.92	7.4
6	9.72	0.28	8.0

2. 反应液的配方

准备二组各 6 支试管，第一组 6 支试管中，在每支都加入 4.5mL 表 2-16 中相应的缓冲液，然后加入 6.5% 蔗糖酶溶液 1.0mL。另一组 6 支试管也是每支都加入 4.5mL 表 2-16 中相应的缓冲液，但不再加酶而加入等量的去离子水，分别作为测定时的空白对照管。所有的试管都用水补足到 5mL。

3. 终止反应

所有的试管按一定时间间隔加入 0.5mL 蔗糖(6.5%)开始反应，反应 5min 后分别加入 5.0mL 0.1mol/L NaOH 溶液，再按测定酶活力的程序操作，测出 A_{520}。

【注意事项】

此时的蔗糖酶只能用 H_2O 稀释，酶的稀释倍数和加入量要选择适当，以便在当时的实验条件下能得到 0.6~1.0 的吸光度值 A_{520}。

【实验报告】

以反应速率(葡萄糖量/min)为纵坐标，以 pH 值为横坐标，绘制下蔗糖酶活力与 pH 值的关系曲线。分析曲线并确定蔗糖酶的最适 pH 或 pH 值范围。

【思考题】

常用酶的在特定条件下各自的最适 pH 是多少？

四、温度对酶活性的影响

【实验目的】

通过检验不同温度下唾液淀粉酶和脲酶的活性，了解温度对酶活性的影响。

【实验原理】

酶的催化作用受温度的影响很大，一方面与一般化学反应一样，提高温度可以增加酶促反应的速率。通常温度每升高10℃，反应速率加快1倍左右，最后反应速率达到最大值。另一方面酶的化学本质是蛋白质，温度过高可引起蛋白质变性，导致酶的失活。因此，反应速率达到最大值以后，随着温度的升高，反应速率反而逐渐下降，以至完全停止反应。通常测定酶的活性时，在酶反应的最适温度下进行。为了维持反应过程中温度的恒定，一般利用恒温水浴等恒温装置。

酶对温度的稳定性与其存在形式有关。已经证明大多数酶在干燥的固体状态下比较稳定，能在室温下保存数月以至一年。溶液中的酶，一般不如固体的酶稳定，而且容易为微生物污染，通常很难长期保存而不丧失其活性，在高温的情况下，更不稳定。

【名词解释】

酶的最适温度：反应速率达到最大值时的温度称为某种酶作用的最适温度。高于或低于最适温度时，反应速率逐渐降低。大多数动物酶的最适温度为37~40℃，植物酶的最适温度为50~60℃。一种酶的最适温度不是完全固定的，它与作用的时间长短有关，反应时间增长时，最适温度向数值较低的方向移动。

【实验仪器、材料和试剂】

1. 仪器

恒温水浴锅。

2. 材料

（1）稀释200倍的唾液。

（2）脲酶提取液　取黄豆粉6g，加30%乙醇250mL，振荡10min，过滤。可保存1~2星期。

3. 试剂

①0.3%氯化钠。

②0.2%淀粉溶液。

③碘化钾-碘溶液　将碘化钾20g和碘10g溶解在100mL水中，使用前稀释10倍。

④1%尿素溶液。

⑤奈斯勒（Nessler）试剂　称取5g碘化钾，溶于5mL蒸馏水中，加入饱和氯化汞溶液（100mL约溶解5.7g氯化汞），并不断搅拌。直至产生的朱红色沉淀不再溶解时，再加40mL 50%氢氧化钠溶液，稀释至100mL，混匀，静置过夜，倾出清液存于棕色瓶中。

【实验步骤】

1. 温度对唾液淀粉酶活性的影响

唾液淀粉酶可将淀粉逐步水解成各种不同大小分子的糊精及麦芽糖。它们遇碘各呈不同的颜色。直链淀粉(即可溶性淀粉)遇碘呈蓝色;糊精按分子从大到小的顺序,遇碘可呈蓝色、紫色、暗褐色和红色,最小的糊精和麦芽糖遇碘不呈现颜色。由于在不同温度下唾液淀粉酶的活性高低不同,则淀粉被水解的程度不同,所以,可由酶反应混合物遇碘所呈现的颜色来判断。

取 3 支试管,编号后各加入淀粉溶液 2mL。将 1、2 号试管放入 37℃恒温水浴中保温,3 号试管放入冰水中冷却,5min 后,向 1 号试管中加入煮沸 5 ~ 15min 的稀释唾液 1mL;向 2、3 号试管加稀释唾液各 1mL。摇匀,20min 后取出 3 支试管,各加碘化钾 - 碘溶液 2 滴,混匀,比较各管溶液的颜色。判断淀粉被唾液酶水解的程度,并说明温度对唾液酶活性的影响。

2. 温度对脲酶活性的影响

脲酶能催化尿素水解生成氨和二氧化碳,氨可与奈斯勒试剂作用生成橙红色化合物。由颜色深浅,可断定反应进行的程度。

各取 4 支试管,编号。向每支试管中,各加入脲酶提取液 1mL。将 1 号试管放在冰水里冷却,2 号试管在室温下放置,3 号试管在 50℃恒温水浴中保温,4 号试管放在沸水浴中。5min 后向 4 支试管中各加入尿素溶液 1mL。混匀,10min 后取出 4 支试管,将 3、4 号试管用流动的自来水冷却至室温。然后,向 4 支试管中各加奈斯勒试剂 5 滴,摇匀。观察、比较各试管颜色深浅,并说明温度对脲酶活性的影响。

【注意事项】

(1)唾液制备时,先用蒸馏水漱口,以清除食物残渣,再含一小口蒸馏水,0.5 ~ 1min 后,使其流入量筒,并稀释到 50mL。

(2)奈斯勒试剂是含有大量汞盐的强碱性溶液,所以,它是具有腐蚀性的剧毒试剂。实验时必须严格遵守操作规程,谨防中毒。此外,实验时所用的玻璃仪器等一切器皿必须洁净,以除去能抑制酶活性的杂质。因此,用奈斯勒试剂做完实验后,必须将它所污染的试管等一切器皿充分洗干净。

【实验报告】

根据数据,制作表格,分析温度对唾液淀粉酶和脲酶活性的影响。

【思考题】

温度对酶的影响是怎样的曲线变化?

实验十二　DNA 的提取与鉴定

一、质粒 DNA 的提取、电泳鉴定及定量分析

【实验目的】

1. 掌握用碱变性法提取质粒 DNA 的原理及步骤

2. 掌握琼脂糖凝胶电泳分离鉴定质粒 DNA 以及用分光光度计测定 DNA 含量的方法

【实验原理】

质粒多为一些双链、环状的 DNA 分子，是独立于细菌染色体之外进行复制和遗传的辅助性遗传单位。质粒是进行分子生物学实验操作，进行遗传工程改良物种等工作时最主要的 DNA 载体。碱裂解法提取质粒利用的是共价闭合环状质粒 DNA 与线状的染色体 DNA 片段在拓扑学上的差异来分离它们。在 pH 值介于 12.0 ~ 12.5 这个狭窄的范围内，线状的 DNA 双螺旋结构解开变性，在这样的条件下，共价闭环质粒 DNA 的氢键虽然断裂，但两条互补链彼此依然相互盘绕而紧密地结合在一起。当加入 pH = 4.8 的醋酸钾高盐缓冲液使 pH 值降低后，共价闭合环状的质粒 DNA 的两条互补链迅速而准确地复性，而线状的染色体 DNA 的两条互补链彼此已完全分开，不能迅速而准确地复性，它们缠绕形成网状结构。通过离心，染色体 DNA 与不稳定的大分子 RNA、蛋白质-SDS 复合物等一起沉淀下来，而质粒 DNA 却留在上清液中。

电泳是分离和纯化 DNA 片段的常用技术。将 DNA 样品加入包含电解质的多孔支持介质的样品孔中，置于静电场中，DNA 分子将向阳极移动，这是因为 DNA 分子的双螺旋骨架两侧带有含负电荷的磷酸根残基。一个给定大小的线状 DNA 片段，其迁移速率在不同浓度的琼脂糖中各不相同，一般琼脂糖凝胶适用于分离大小在 0.2 ~ 50kb 范围内的 DNA 片段。荧光染料溴化乙锭可以嵌入堆积的碱基对之间，可用于检测琼脂糖中的 DNA。

核酸、核苷酸及其衍生物都具有共轭双键系统，能吸收紫外光，因此可以利用紫外分光光度计法测定 DNA 量。RNA 和 DNA 的紫外吸收峰在 260nm 波长处。在波长为 260nm 的光程为 1cm，一个吸收单位（$1A_{260}$）相当于双链 DNA 浓度为 $50\mu g/mL$，单链 DNA 为 $33\mu g/mL$，单链 RNA 为 $40\mu g/mL$，寡核苷酸为 20 ~ $30\mu g/mL$。所以测出核酸溶液的 A_{260} 值后，即可据此计算出它的浓度。

本实验将介绍碱变性法提纯质粒 DNA 的操作技术、分光光度计定量 DNA、琼脂糖凝胶的制备以及琼脂糖凝胶电泳在 DNA 片段分离中的应用等方法。这些均是分子生物学实验中的常用技术。

【实验仪器、材料和试剂】

1. 仪器

微量移液器、微量离心管（又称 Eppendorf 管）、常用玻璃器皿、台式高速离

心机、分光光度计、电泳仪、电泳槽、凝胶成像系统等。

2. 材料

含有质粒的大肠杆菌等。

3. 试剂

(1)用于碱法提取质粒 DNA 的溶液

溶液 I(GET 缓冲液)：50mmol/L 葡萄糖，10mmol/L EDTA，25mmol/L Tris-HCl(pH = 8.0)，用前加溶菌酶 4mg/mL。

溶液 II(变性液)：0.2mol/L NaOH，1% SDS。

溶液 III(乙酸钾溶液)：60mL 的 5mol/L KAc，11.5mL 冰醋酸，28.5mL H_2O。

(2)缓冲液

TBE 缓冲液(10×)：称取 Tris 108g，硼酸 55g，0.5mol/L EDTA(pH = 8.0)40mL，用 H_2O 定容到 1000mL，高压灭菌作为 10× 贮液，稀释 10 倍后作为工作液使用。

TE 缓冲液：10mmol/L Tris-HCl，1mmol/L EDTA(pH = 8.0)，其中含有 RNA 酶(RNase)20μg/mL。

(3)上样液及其他试剂

上样液(6×)：0.25% 溴酚蓝，质量浓度为 40% 的蔗糖水溶液。

溴化乙啶染色液(10mg/mL)：在 20mL H_2O 中溶解 0.2g 溴化乙啶，混匀后于 4℃ 避光保存。

λDNA/Hind III DNA 标记，异丙醇，70% 乙醇，琼脂糖等。

【实验步骤】

1. 质粒提取

①培养细菌。将带有质粒的大肠杆菌单菌落，接种到含有相应抗生素的 LB 液体培养基 2~5mL 中，37℃ 振荡培养 8~16h。

②取液体培养液 1.5mL 于 Eppendorf 管中(剩余的可保存于 4℃ 备用)，转速 12 000r/min 离心 1min，去掉上清液，加入 100μL GET 缓冲溶液，重悬菌体充分混匀后在室温下放置 5min。

③加入 200μL 新配制的溶液 II(变性液)，轻轻颠倒混匀 2~3 次，冰上放置 5min。

④加入 150μL 冰冷的醋酸钾溶液(pH = 4.8)，颠倒数次混匀后，冰上放置 5min。

⑤用台式高速离心机，转速为 12 000r/min 离心 5min，将上清液移入另一干净离心管，并加等体积异丙醇混匀，室温放置 5min 后，12 000r/min 离心 5min，弃去上清液。

⑥沉淀用 70% 乙醇清洗一次，离心管倒置于吸水纸上，除尽乙醇，室温自然干燥。

⑦加入 30μL 含有 RNase 20μg/mL 的 TE 缓冲液或灭菌蒸馏水溶解提取物，

室温放置 30min 以上，使 DNA 充分溶解。

⑧ -20℃ 保存备用。

2. 电泳鉴定

①溶解琼脂糖　称取 0.8g 琼脂糖，置于三角瓶中，加入 100mL TBE 工作液，将该三角瓶置于微波炉加热直至琼脂溶解。此外也可用沸水浴或高压锅加热溶解琼脂糖。

②胶板的制备　将有机玻璃内槽洗净、晾干，放入制胶模具中，并在固定位置插上梳子。将冷却至 65℃ 左右的琼脂糖凝胶液轻轻摇匀，小心地倒在有机玻璃内槽上，使胶液缓慢展开，直到在整个有机玻璃板表面形成均匀的胶层。室温下静置 30min 左右，完全凝固后，轻轻拔出梳子，这时在胶板上即形成相互隔开的上样孔。将铺好胶的有机玻璃内槽放入含有电泳缓冲液 TBE 或 TAE 的电泳槽中备用。

③加样　用微量加样器将上述样品分别加入胶板的样品孔内。每加完一个样品，换一个加样头。加样时应防止碰坏样品孔周围的凝胶面。

④电泳　加完样后的凝胶板可以通电进行电泳。建议在 80 ~ 100V 的电压或 20mA 下电泳。当溴酚蓝移动到距离胶板下沿约 1cm 处时，停止电泳。

⑤染色、观察和拍照　将电泳完成后的凝胶浸在含有溴化乙啶（终浓度为 $0.5\mu g/mL$）的电泳缓冲液中，染色约 10min，在紫外灯（254nm 或 302nm 波长）下观察染色后的凝胶。在紫外灯下观察时，应戴上防护眼镜或有机玻璃防护面罩，避免眼睛遭受强紫外光损伤。采用凝胶成像系统拍摄电泳带谱。

3. 紫外分光光度法测定 DNA 含量

待测质粒以水为溶剂并适当稀释，使用 1cm 光程的石英比色杯，以水调好仪器的零点，然后测定并记录样品液的 A_{260} 值。根据上述质粒的吸收系数，计算出样品液中质粒的浓度。

$$DNA 浓度 = 50(\mu g/mL)A_{260} \times 稀释倍数$$

【注意事项】

（1）质粒提取成功的标志是将染色体 DNA、蛋白质与 RNA 去除干净，其关键步骤是加入溶液Ⅱ与溶液Ⅲ时，控制变性与复性操作时机，既要使试剂与染色体 DNA 充分作用使之变性，又要使染色体 DNA 不断裂解成小片段，从而能与质粒 DNA 相分离。这就要求试剂与溶菌液充分摇匀，一般来说当溶液Ⅰ加入时可用力振荡几次，因为此时细菌还没有与碱和 SDS 作用，染色体 DNA 尚未释放，不必担心其分子断裂，加入 SDS 后，则要注意不能过分用力振荡，温和混匀，但又必须让它反应充分。

（2）电泳后检测用的溴化乙锭是一种强诱变剂，并有中毒毒性，接触含有该染料的溶液时应带手套。

（3）分光光度计所测的核酸样品，必须是纯净（即无显著的蛋白质、酚、琼脂糖或其他核酸、核苷酸等污染物）的制品。若样品中有污染物，则无法用紫外分光光度法测准其浓度。纯 DNA 在 pH = 8.5 的缓冲液中，其 A_{260}/A_{280} 比值为 1.8

~2.0。如在 280nm 有强吸收，则 A_{260}/A_{280} 比值降低，表明有污染物（如蛋白质）的存在；270～275nm 的强吸收，提示有污染的酚存在。

【实验报告】

(1)琼脂糖凝胶电泳检测提取的质粒 DNA 电泳图。

(2)分光光度计法计算 DNA 的浓度。

【思考题】

分光光度计法测 DNA 浓度时，若样品中含有蛋白质，应如何排除干扰？若样品中含有核苷酸类杂质，应如何校正？

二、真核生物 DNA 的提取

(一)水稻叶片 DNA 的提取(CATB 法)

【实验目的】

掌握植物总 DNA 的抽提方法和基本原理。学习根据不同的植物和实验要求设计和改良植物总 DNA 抽提方法。

【实验原理】

通常采用机械研磨的方法破碎植物的组织和细胞，由于植物细胞匀浆含有多种酶类（尤其是氧化酶类）对 DNA 的抽提产生不利的影响，在抽提缓冲液中需加入抗氧化剂或强还原剂（如巯基乙醇）以降低这些酶类的活性。在液氮中研磨，材料易于破碎，并减少研磨过程中各种酶类的作用。

十二烷基肌酸钠（sarkosyl）、十六烷基三甲基溴化铵（hexadyltrimethylammomumbromide，简称为 CTAB）、十二烷基硫酸钠（sodiumdodecylsulfate，简称 SDS）等离子型表面活性剂，能溶解细胞膜和核膜蛋白，使核蛋白解聚，从而使 DNA 得以游离出来。再加入苯酚和氯仿等有机溶剂，能使蛋白质变性，并使抽提液分相，因核酸（DNA、RNA）水溶性很强，经离心后即可从抽提液中除去细胞碎片和大部分蛋白质。上清液中加入无水乙醇使 DNA 沉淀，沉淀 DNA 溶于 TE 溶液中，即得植物总 DNA 溶液。

【实验仪器、材料和主要试剂】

1. 仪器

水浴槽，高速离心机，凝胶成像系统。

2. 材料

水稻幼叶。

3. 试剂

①2% CTAB 抽提缓冲溶液　CTAB 4g，NaCl 16.364g，1mol/L Tris-HCl 20mL（pH = 8.0），0.5mol/L EDTA 8mL，先用 70mL ddH$_2$O（双蒸水）溶解，再定容至 200mL，灭菌，冷却后加入 0.2%～1% β-巯基乙醇(400μL)。

②氯仿-异戊醇(24∶1) 先加 96mL 氯仿，再加 4mL 异戊醇，摇匀即可。

③乙醇(75%)。

④醋酸钠。

【实验步骤】

1. DNA 的提取

(1)取少量叶片(约 1g)置于研钵中，用液氮磨至粉状。

(2)加入 700μL 的 2% CTAB 抽提缓冲液(65℃水浴中预热)，轻轻搅动。

(3)将磨碎液分倒入 1.5mL 的灭菌离心管中，磨碎液的高度约占管的 2/3。

(4)置于 65℃的水浴槽或恒温箱中，每隔 10min 轻轻摇动，40min 后取出。

(5)冷却 2min 后，加入氯仿-异戊醇(24∶1)至满管，剧烈振荡 2~3min，使两者混合均匀。

(6)放入离心机中 10 000min 离心 10r/min，与此同时，将 600μL 的异丙醇加入另一新的灭菌离心管中。

(7)10 000r/min 离心 1min 后，用移液器轻轻地吸取上清液，转入含有异丙醇的离心管内，将离心管慢慢上下摇动 30s，使异丙醇与水层充分混合至能见到 DNA 絮状物。

(8)10 000r/min 离心 1min 后，立即倒掉液体，注意勿将白色 DNA 沉淀倒出，将离心管倒立于铺开的纸巾上。

(9)60s 后，直立离心管，加入 720μL 的 75% 乙醇及 80μL 5mol/L 的醋酸钠，轻轻转动，用手指弹管尖，使沉淀与管底的 DNA 块状物浮游于液体中。

(10)放置 30min，使 DNA 块状物的不纯物溶解。

(11)10 000r/min 离心 1min 后，倒掉液体，再加入 800μL 75% 的乙醇，将 DNA 再洗 30min。

(12)10 000r/min 离心 30s 后，立即倒掉液体，将离心管倒立于铺开的纸巾上；数分钟后，直立离心管，干燥 DNA。

(13)加入 50μL 0.5×TE(含 RNase)缓冲液，使 DNA 溶解，置于 37℃恒温箱约 15h，使 RNA 消解。

(14)于 -20℃保存、备用。

2. DNA 质量检测

琼脂糖电泳检测，原理和方法见实验十二 DNA 的提取与鉴定中质粒 DNA 的提取。

【注意事项】

(1)叶片磨得越细越好。

(2)由于植物细胞中含有大量的 DNA 酶，因此，除在抽提液中加入 EDTA 抑制酶的活性外，第一步的操作应迅速，以免组织解冻，导致细胞裂解，释放出 DNA 酶，使 DNA 降解。

【实验报告】

琼脂糖凝胶电泳检测提取的水稻 DNA 电泳图。

【思考题】

1. DNA 的产量低是什么原因造成的？应如何解决？

2. 如何解决 DNA 中含有蛋白质和 RNA 污染？

（二）酵母 DNA 的提取

【实验目的】

了解酵母 DNA 的提取方法和基本原理，掌握将基因组 DNA 从细胞各种生物大分子中分离的技术，为酵母研究提供方便。

【实验原理】

从各种生物材料中提取 DNA（包括质粒 DNA 的提取）是基因工程实验最常见的操作之一。高质量 DNA 的获得是基因组文库构建、基因克隆、序列测定、PCR 及 DNA 杂交等实验的基础。基因组 DNA 提取的方法依实验材料和实验目的而略有不同，但总的原则都是首先将细胞破碎，然后用有机溶剂及盐类将 DNA 与蛋白质、大分子 RNA 及其他细胞碎片分开，用 RNA 酶将剩余的 RNA 降解，最后用乙醇（或异丙醇）将 DNA 沉淀出来。本实验以酵母菌为材料提取 DNA。酵母具有较厚的细胞壁，所以先用溶壁酶如 zymolyase 将细胞壁溶解，然后用 SDS 将细胞裂解并使蛋白质变性，再用醋酸钾（KAc）溶液将 DNA 与其他细胞成分分开，最后用乙醇或异丙醇将 DNA 沉淀。此法的优点是各种操作条件较温和，可获得较完整的基因组 DNA。

【实验仪器、材料和主要试剂】

1. 仪器

摇床，分光光度计，水浴锅，台式离心机，凝胶成像系统。

2. 材料

酵母菌。

3. 试剂

1mol/L 甘露醇，0.1mol/L Na_2EDTA（pH = 7.5），10% SDS，5mol/L 醋酸钾（pH = 5.5），50mmol/L Tris-Cl（pH = 7.4），20mmol/L Na_2EDTA（pH = 7.5），100% 异丙醇。

TE（pH = 8.0）：10mmol/L Tris-Cl（pH = 8.0），1mmol/L Na_2EDTA；3mol/L NaAc（pH = 7.4）。

zymolyase 100 000 溶液：配成 2.5mg/mL 溶于 1mol/L 甘露醇、0.1mol/L Na_2EDTA（pH = 7.5）中。

RNase A 溶液：称取一定量 RNase A 溶于 50mmol/L 醋酸钾（pH = 5.5）中配成 1mg/L 浓度，煮开 10min，−20℃ 保存。

【实验步骤】

1. DNA 的提取

(1)用接种环(或无菌牙签)从酵母蛋白胨葡萄糖培养基(YPD)平板上刮取新鲜的单菌落,接种在含 5mL YPD 的大试管中,30℃振荡培养过夜。

(2)测培养液在 OD_{600} 的值,然后将培养液转至 10mL 离心管中,于室温下以 4000r/min 离心 5min,倒去上清液。

(3)加入 0.5mL 的 1mol/L 甘露醇,0.1mol/L EDTA 以悬浮细胞,然后用移液枪将悬浮液转至 1.5mL 的 Eppendorf 离心管中。

(4)加 0.02mL 的溶壁酶,37℃水浴反应 60min。

(5)于台式离心机上以 10 000r/min 离心 30s;去上清液,将沉淀悬浮在 0.5mL 的 50mmol/L Tris-Cl 和 20mmol/L 的 Na_2EDTA 中。

(6)加 0.05mL 的 10% SDS,充分混匀。

(7)65℃保温 30min(以裂解细胞膜和将蛋白质变性)。

(8)加 0.2mL 的 5mol/L 醋酸钾,将管置冰上 60min。

(9)12 000r/min 离心 5min;小心地将上清液转入一新鲜的离心管中(切勿吸到下层沉淀!),加入等体积的异丙醇,轻混匀并置室温 5min,然后 12 000r/min 离心 10s,小心吸去上清液,将核酸沉淀物晾干。

(10)将沉淀重新悬浮在 300μL 的 TE(pH = 8.0)中,加 15μL 的 1mg/L RNase A 溶液,37℃水浴反应 20min。

(11)加 30μL(1/10 体积)的 3mol/L 醋酸钠,混匀,再加入 0.2mL 100% 异丙醇沉淀,同步骤(9)离心,收沉淀,室温晾干。

(12)将沉淀重新溶于 0.1 ~ 0.3mL 的 TE 中。

2. DNA 质量检测

琼脂糖电泳检测,原理和方法见实验十二 DNA 的提取与鉴定中质粒 DNA 的提取。

【注意事项】

细胞裂解不完全,可通过使用新鲜配制的裂解液、延长裂解时间、提高裂解液用量来达到完全裂解的效果。

【实验报告】

琼脂糖凝胶电泳检测提取的酵母 DNA 电泳图。

【思考题】

酵母 DNA 提取产量低的可能原因是什么?

实验十三　RNA 的提取与鉴定

一、大肠杆菌 RNA 的提取与鉴定

【实验目的】

了解用 Trizol 溶液提取细菌总 RNA 的方法。

【实验原理】

Trizol 溶液主要物质是异硫氰酸胍，它可以破坏细胞使 RNA 释放出来的同时，保护 RNA 的完整性。加入氯仿后离心，样品分成水样层和有机层。RNA 存在于水样层中。收集上面的水样层后，RNA 可以通过异丙醇沉淀来还原。无论是人、动物、植物还是细菌组织，Trizol 法对少量的组织($50 \sim 100mg$)和细胞(5×10^6)以及大量的组织($\geqslant 1g$)和细胞($> 10^7$)均有较好的分离效果。Trizol 试剂操作上的简单性允许同时处理多个样品。所有的操作可以在 1h 内完成。Trizol 抽提的总 RNA 能够避免 DNA 和蛋白质的污染。故而能够做 RNA 印迹分析、斑点杂交、poly(A)选择、体外翻译、RNA 酶保护分析和分子克隆。

【实验仪器、材料和试剂】

1. 仪器

超净工作台，1.5mL 离心管，移液枪，低温离心机。

2. 材料

大肠杆菌。

3. 试剂

Trizol 溶液，氯仿，异丙醇，75%乙醇，焦碳酸二乙酯 DEPC(千分之一)。

【实验步骤】

采用 Trizol 溶液提取细菌的总 RNA。

(1)挑取单菌落，过夜培养至稳定期，取 3mL 菌液于 1.5mL 离心管，全速离心得菌体。

(2)每管加入 1mL Trizol 溶液，盖紧管盖，激烈振荡 15s，室温静置 5min。

(3)4℃，$12\,000 \times g$，离心 10min。

(4)取上清(约 1mL)转入新的 1.5mL 离心管中。

(5)每管加入 0.2mL 的氯仿(0.2×体积 Trizol)，盖紧管盖，剧烈振荡 15s。

(6)室温静置 3min。

(7)4℃，$12\,000 \times g$，离心 10min。

(8)小心吸取上层水相，转入另一新的 1.5mL 离心管，测量其体积。

(9)加入 1 倍体积的氯仿，盖紧管盖，剧烈振荡 15s。

(10)室温静置 3min。

(11)4℃，$12\,000 \times g$，离心 10min。

(12)小心吸取上层水相，转入另一已编号的新的 1.5mL 离心管。

(13)加入 0.5mL 的异丙醇(0.5 × 体积 Trizol),轻轻颠倒混匀。

(14)室温,静置 10min。

(15)4℃,12 000 × g,离心 10min,RNA 沉于管底。

(16)小心吸去上清液,加 1mL 75% 的乙醇(预冷),并轻柔颠倒,洗涤沉淀。

(17)4℃,7500 × g,离心 5min。

(18)小心弃上清液,微离,吸去剩余乙醇,室温干燥 10min。

(19)各管用 50μL DEPC 处理过的双蒸去离子水溶解,55 ~ 60℃ 温育 5min,分装,-80℃ 贮存(可贮存 5 周)。

【注意事项】

(1)提取时要做到超净台内操作、操作带一次性手套、1.5mL 离心管及小枪头都要用 0.1% 处理(0.1% DEPC 浸泡过夜后,高压蒸气灭菌)、小心、细致、晃动及每次移液要轻。这样做的目的是:①小心 RNase 的污染降解 RNA;②动作过度暴力破坏 RNA 的完整性。

(2)一般 RNA 电泳应该做甲醛变性电泳,但是一般的琼脂糖电泳也可以,需要上样量稍微大些,并且跑电泳的时间越短越好(这样也是为了减少外界 RNase 对 RNA 的降解),跑完电泳立刻观察。

【实验报告】

(1)大肠杆菌总 RNA 电泳检测图及讨论。

(2)紫外分光光度计方法检测 RNA 浓度及纯度。

【思考题】

1. 如何防止 RNA 降解?

2. 抽提率低的原因有哪些?

二、真核生物 RNA 的提取与鉴定

(一)酵母 RNA 的提取

【实验目的】

学习与掌握稀碱法提取酵母 RNA 的原理与技术。

【实验原理】

由于 RNA 的来源和种类很多,因而提取制备方法也各异,一般有苯酚法、去污剂法和盐酸胍法。其中苯酚法又是实验室最常用的。组织匀浆用苯酚处理并离心后,RNA 即溶于上层被酚饱和的水相中,DNA 和蛋白质则留在酚层中,向水层加入乙醇后,RNA 即以白色絮状沉淀析出,此法能较好地除去 DNA 和蛋白质。上述方法提取的 RNA 具有生物活性。工业上常用稀碱法和浓盐法提取 RNA,用这两种方法所提取的核酸均为变性的 RNA,主要用作制备核苷酸的原料,其工艺比较简单。浓盐法是用 10% 左右氯化钠溶液,90℃ 提取 3 ~ 4h,迅速冷却,

提取液经离心后，上清液用乙醇沉淀 RNA。

稀碱法使用稀碱(本实验用 0.2% NaOH 溶液)使酵母细胞裂解，然后用酸中和，除去蛋白质和菌体后的上清液用乙醇沉淀 RNA(本实验)或调 pH2.5 利用等电点沉淀。提取的 RNA 有不同程度的降解。酵母含 RNA 达 2.67% ~ 10.0%，而 DNA 含量仅为 0.03% ~0.516%，为此，提取 RNA 多以酵母为原料。

【实验仪器、材料和试剂】

1. 仪器

天平、离心机等。

2. 材料

干酵母粉(市售)、鲜酵母(市售)。

3. 试剂

①0.2% 氢氧化钠溶液　2g NaOH 溶于蒸馏水并稀释至 1000mL。

②10% 硫酸溶液　浓硫酸(相对密度为 1.84)10mL，缓缓倾于水中，稀释至 100mL。

③5% 硝酸银溶液　5g $AgNO_3$ 溶于蒸馏水并稀释至 100mL，贮于棕色瓶中。

④苔黑酚-三氯化铁试剂　将 100mg 苔黑酚溶于 100mL 浓盐酸中，再加入 100mg $FeCl_3 \cdot 6H_2O$，新鲜配制。

⑤其他试剂　乙酸、95% 乙醇、无水乙醚、氨水。

【实验步骤】

1. RNA 的提取

置 4g 干酵母粉于 100mL 烧杯中，加入 0.2% NaOH 溶液 40mL，沸水浴加热 30min，经常搅拌。加入乙酸数滴，使提取液呈酸性(石蕊试纸)，离心 10 ~ 15min(4000r/min)。取上清液，加入 95% 乙醇 30mL，边加边搅。加毕，静置，待完全沉淀，过滤。滤渣先用 95% 乙醇洗 2 次(每次约 10mL)，继用无水乙醚洗 2 次(每次 10mL)，洗涤时可用细玻棒小心搅动沉淀。乙醚滤干后，滤渣即为粗 RNA，可作鉴定。

2. 鉴定

取上述 RNA 约 0.5g，加 10% 硫酸液 5mL，加热至沸 1 ~ 2min，将 RNA 水解。

(1)取水解液 0.5mL，加苔黑酚-$FeCl_3$ 试剂 1mL，加热至沸 1min，观察颜色变化。

(2)水解液 2mL，加氨水 2mL 及 5% 硝酸银溶液 1mL，观察是否产生絮状嘌呤银化合物(有时絮状物出现较慢，可放置十几分钟)。

【注意事项】

(1)避开磷酸二酯酶和磷酸单酯酶作用的温度范围，防止 RNA 降解。

(2)提取 RNA 时必须用沸水浴，并经常搅拌，NaOH 必须提前预热。

【实验报告】

紫外分光光度计方法检测 RNA 浓度及纯度。

【思考题】

如何防止 RNA 降解，提高 RNA 提取率？

（二）动物组织 RNA 的提取

【实验目的】

通过本实验学习从动物组织中提取 RNA 的方法。

【实验原理】

RNA 是基因表达的中间产物，存在于细胞质与细胞核中。对 RNA 进行操作在分子生物学中占有重要地位。获得高纯度和完整的 RNA 是很多分子生物学实验所必需的，如 Northern 杂交、cDNA 合成及体外翻译等实验的成败，在很大程度上取决于 RNA 的质量。由于细胞内的大部分 RNA 是以核蛋白复合体的形式存在，所以在提取 RNA 时要利用高浓度的蛋白质变性剂，迅速破坏细胞结构，使核蛋白与 RNA 分离，释放出 RNA。再通过酚、氯仿等有机溶剂处理、离心，使 RNA 与其他细胞组分分离，得到纯化的总 RNA。在提取的过程中要抑制内源和外源的 RNase 活性，保护 RNA 分子不被降解。因此提取必须在无 RNase 的环境中进行。可使用 RNase 抑制剂，如 DEPC 是 RNase 的强抑制剂，常用来抑制外源 RNase 活性。提取缓冲液中一般含 SDS、酚、氯仿、胍盐等蛋白质变性剂，也能抑制 RNase 活性。并有助于除去非核酸成分。

本实验介绍 Trizol 试剂法提取动物组织总 RNA 并通过电泳检测进行鉴定。

【实验仪器、材料和主要试剂】

1. 仪器

超净工作台、高速冷冻离心机、电泳仪、紫外分光光度计、凝胶成像系统、振荡器、移液器、吸头、EP 管、研钵、研棒。

2. 材料

动物组织。

3. 试剂

①Trizol RNA 抽提试剂。

②3mol/L NaAc(pH = 5.2) 2.463g NaAc 溶于 10mL H_2O，调节 pH 值，高压灭菌。

③0.1% DEPC 1mL DEPC 溶于 1000mL H_2O 中。

④平衡酚/氯仿/异戊醇(25:24:1)。

⑤氯仿/异戊醇(24:1)。

⑥无水乙醇、70% 乙醇、异丙醇。

⑦无 RNase 水。

【实验步骤】

(1)取新鲜动物组织 0.1~0.2g 置于研钵中，在液氮中迅速研磨样品，至粉末状，在粉末干燥的瞬间加入到预冷的含 1mL Trizol 液的 EP 管中，室温下静置 5min。

(2)加入 200μL 氯仿，剧烈振摇 15s 混匀后，室温静置 3min。

(3)4℃，12 000r/min 离心 10min，RNA 分布于水相中。

(4)将上层无色水相转移到另一 EP 管中，加入等体积异丙醇，室温静置 5～10min。

(5)4℃，12 000r/min 离心 10min。

(6)弃上清液(为防止 RNA 的丢失，可用移液枪吸走)。

(7)用 1mL 75% 乙醇洗涤 RNA 沉淀物，4℃，7500r/min 离心 5min。

(8)弃上清液，室温干燥，使酒精完全挥发。

(9)向干燥过的沉淀物中加入 30～50μL DEPC 处理水(无核水)溶解沉淀物，存于 −70℃ 保存备用。

【注意事项】

(1)RNA 是极易降解的核酸分子。因此提取总 RNA 必须在无 RNase 环境中，戴口罩、手套，使用无 RNase 污染的试剂、材料、容器。并且在操作的过程中不断更换手套。

(2)所有溶液应加 DEPC 至 0.05%～0.1%，室温处理过夜，然后高压处理或加热至 70℃ 1h 或 60℃ 过夜，以除去残留的 DEPC。

(3)RNA 样品电泳后，可见 28s、18s 及 5s 小分子 RNA 条带，则说明完整性好。若有降解可能是操作不当或污染了 RNase。28s 和 18s RNA 比值约为 2∶1，表明 RNA 无降解。如比值逆转，则表明 RNA 降解。电泳中如果在 28s 后方还有条带，表明有 DNA 污染，应用 DNase 处理后再进行纯化。

【实验报告】

(1)紫外分光光度计上检测 RNA 浓度及纯度。

(2)琼脂糖凝胶甲醛变性电泳检测 RNA 电泳图。

【思考题】

1. 怎样去除 RNA 中的 DNA？

2. Trizol 试剂有什么作用，应该含有哪些成分？

实验十四　核酸的扩增和电泳

一、核酸的琼脂糖凝胶电泳和纯度分析

(一)DNA 的 PCR 扩增

【实验目的】

学习并掌握 PCR 基因扩增的基本原理和操作方法，并深刻理解 PCR 基因扩增技术在 DNA 操作中的重要性。

【实验原理】

PCR(polymerase chain reaction)即聚合酶链式反应是 1986 年由 Kallis Mullis 发现的。这项技术已广泛地应用于分子生物学各个领域，它不仅可用于基因分离克隆和核酸序列分析，还可用于突变体和重组体的构建，基因表达调控的研究，基因多态性的分析，遗传病和传染病诊断，肿瘤机制探查，法医鉴定等方面。PCR 技术已成为方法学上的一次革命，它必将大大推动分子生物学各学科的研究发展。

PCR 是一种利用两种与相反链杂交并附着于靶 DNA 两侧的寡核苷酸引物经酶促合成特异的 DNA 片段的体外方法，由高温变性、低温退火和适温延伸等几步反应组成一个循环，然后反复进行，使目的的 DNA 得以迅速扩增。待扩增 DNA 于高温下解链成为单链 DNA 模板；人工合成的两个寡核苷酸引物在低温条件下分别与目的片段两侧的两条链互补结合；DNA 聚合酶在 72℃将单核苷酸从引物 3′端开始掺入，沿模板 5′~3′方向延伸，合成 DNA 新链。由于每一循环所产生的 DNA 均能成为下一次循环的模板，所以 PCR 产物以指数方式增加，经 25~30 次周期之后，理论上可增加 10^9 倍，实际上可增加 10^7 倍。PCR 技术具有操作简便、省时、灵敏度高、特异性强和对原始材料质量要求低等优点。

【实验仪器、材料和试剂】

1. 仪器

PCR 扩增仪，琼脂糖凝胶电泳设备，凝胶成像系统，微量取样器，微量离心管(又称 Eppendorf 管)，掌上离心机。

2. 试剂

Taq DNA 多聚酶，10 × PCR Buffer，混合 dNTP 液(dATP、dGTP、dTTP、dCTP 各 2mmol/L)，DNA 模板(每 2mL 中含有 10fg 待扩增 DNA)，引物 1(25pmol/L)，引物 2(25pmol/L)，无菌水，上样缓冲液等。

【实验步骤】

(1)按顺序在 200μL Eppendorf 管中加入以下试剂与样品(因购入的试剂批次不同，加样时有所差别，以预实验结果为准)。

50μL 反应体系如表 2-17 所示。

表 2-17　微量离心管中应加试剂与样品

ddH$_2$O	34μL
10 × PCR 缓冲液	5μL
MgCl$_2$(10 ×缓冲液如已加入 MgCl$_2$，则不必加)	3μL
dNTP	2μL
引物 1	2μL
引物 2	2μL
模板	1μL
Taq DNA 聚合酶	1μL

(2)在 PCR 扩增仪上按以下反应条件编入程序(以下为参考值，因扩增的 DNA 片段不同，各类 PCR 扩增仪程序设定各不相同，编程过程视扩增的 DNA 片段的要求及仪器而定参数)：

①预变性，94℃，5min；

②变性，94℃，45s；

③复性，55℃，45s；

④延伸，72℃，130s；

⑤(①~④)循环 30 次；

⑥延长延伸，72℃，10min。

编完反应程序，置反应管于 PCR 扩增仪的反应孔中，开动机器，扩增循环反应开始。

(3)PCR 扩增完毕，配 1.5% 琼脂糖凝胶，取 5μL PCR 产物与上样缓冲液混合，及相适应的 PCR marker 分别点样，电泳(120V)30min。

(4)电泳结束，溴化乙锭染色 5~10min。凝胶成像仪观察实验结果。

【注意事项】

PCR 技术应用广泛，不可能有这样一套条件满足所有的实验，但本实验所介绍的方法可适应于大多数 DNA 扩增反应，即使有的不适应，至少也确定了一个共同的起点，在此基础上可以作多种变化。不过下列因素在实验应用时应予以特别注意，以求取得满意结果。

(1)模板

单、双链 DNA 和 RNA 都可以作为 PCR 样品，若起始材料是 RNA，须先通过逆转录得取第一条 cDNA。虽然 PCR 可以仅用极微量的样品，但为了保证反应的特异性，一般宜用纳克量级的克隆 DNA，微克级的染色体 DNA，待扩增样品质量要求较低，但不能混合有任何蛋白酶、核酸酶、Taq DNA 聚合酶的抑制剂以及能结合 DNA 的蛋白质。

(2)引物

引物是决定 PCR 结果的关键，下列原则有助于引物的合理设计。尽可能选择碱基随机分布，GC 含量类似于被扩增片段的引物，尽量避免具有多聚嘌呤、多聚嘧啶或其他异常序列的引物；避免具有明显二级结构(尤其是在引物 3′末端)的序列；防止引物间的互补，特别要注意避免具有 3′末端重叠的序列；引物的长度约为 20 个碱基，较长引物较好，但成本增加，短引物则特异性降低；引物浓度不宜偏高，过高易形成二聚体，而且扩增微量靶目标或起始材料是粗制品，容易产生非特异产物。

【实验报告】

PCR 产物电泳检测图及讨论。

【思考题】

1. 影响 PCR 特异性的因素有哪些？请分析原因及解决办法。

2. PCR 引物设计的原则有哪些？

(二) RNA 的 RT-PCR 扩增

【实验目的】

了解并掌握 RT-PCR 的基本原理和实验应用。

【实验原理】

RT-PCR 是指将逆转录(reverse transcription；RT) 和 PCR(polymerase chain reaction)组合在一起的方法。反应将以 RNA 为模板的 cDNA 合成同 PCR 结合在一起，提供了一种分析基因表达的快速、灵敏的方法。RT-PCR 用于对表达信息进行检测或定量。另外，这项技术还可以用来检测基因表达差异或不必构建 cDNA 文库克隆 cDNA。RT-PCR 比其他包括 Northern 印迹、RNase 保护分析、原位杂交及 S1 核酸酶分析在内的 RNA 分析技术，更灵敏，更易于操作。RT-PCR 的模板可以为总 RNA 或 poly(A) +选择性 RNA。逆转录反应可以使用逆转录酶，以随机引物、oligo(dT)或基因特异性的引物(GSP)起始。RT-PCR 可以一步法或两步法的形式进行。在两步法 RT-PCR 中，每一步都在最佳条件下进行。cDNA 的合成首先在逆转录缓冲液中进行，然后取出 1/10 的反应产物进行 PCR。在一步法 RT-PCR 中，逆转录和 PCR 在同时为逆转录和 PCR 优化的条件下，在一只管中顺次进行。

【实验仪器、材料和试剂】

1. 仪器

PRC 扩增仪，琼脂糖凝胶电泳设备，凝胶成像系统，微量取样器，微量离心管(又称 Eppendorf 管)，掌上离心机。

2. 试剂

AMV 反转录酶；重组的 RNasin® 核糖核酸酶抑制剂；oligo(dT) 15 引物 (0.5μg/μL)；1.2kb 卡那霉素阳性对照 RNA (0.25μg/μL)；dNTP 混合物，10mmol/L；反转录 10 ×缓冲液；MgCl$_2$, 25mmol/L；无核酸酶的水。

【实验步骤】

(1)将 1μg(2μL)1.2kb 卡那霉素阳性对照 RNA，poly(A) + mRNA 或总 RNA 加入微量离心管中并于 70℃温育 10min。短暂离心后置于冰上。依照表 2-18 所列顺序加入以下试剂以建立一个 20μL 的反应体系(依据 RNA 的量，反应体积可以增减)。

表 2-18　离心管中应加试剂

MgCl$_2$, 25mmol/L	4μL
反转录 10×缓冲液	2μL
dNTP 混合物，10mmol/L	2μL
重组的 RNasin® 核糖核酸酶抑制剂	0.5μL
AMV 反转录酶(高浓度)	15u
oligo(dT)$_{15}$引物或随机引物	0.5μg
1.2kb 卡那霉素阳性对照 RNA (2μL) 或 poly(A) + mRNA 或总 RNA	1μg
加无核酸酶的水至终体积为	20μL

(2)将 cDNA 反应体系于 42℃反应温育 60min。

(3)将样品于 95℃加热 5min，然后于 0~5℃放置 5min。这一步将使 AMV 反转录酶失活并阻止其与 DNA 结合。第一链 cDNA 可用于第二链 cDNA 的合成或琼脂糖凝胶分析。如需要 PCR 扩增，参见上一节 DNA 的 PCR 扩增，也可以将第一链 cDNA 存放于 -20℃备用。

【注意事项】

(1)建立反应体系前，将以下试剂根据需要进行分装：水、缓冲液、dNTPs、MgCl$_2$、重组 RNasin® 核糖核酸酶抑制剂。这样做可以减少移液的次数并提高反应的准确性。

(2)在 cDNA 合成时，与 M-MLV 反转录酶相比，AMV 反转录酶的用量要少很多。

(3)已经证明，提高反转录的温度(45~50℃)可以解决 RNA 二级结构的问题。

【实验报告】

紫外分光光度计法计算 cDNA 的浓度。

【思考题】

影响 RT-PCR 的关键因素有哪些？请分析原因及解决办法。

二、特异基因表达的定量与定性分析

基因的实时荧光定量 PCR(real-time PCR)分析

【实验目的】

应用 real-time PCR 方法对不同组织中的特异基因的相对表达量进行分析。

【实验原理】

实时 PCR 就是在 PCR 扩增过程中，通过荧光信号，对 PCR 进程进行实时检测。PCR 反应体系中加入荧光物质，并通过 real-time PCR 实时监测 PCR 反应进程中的荧光信号的强度，从而对实验数据进行详细分析。描述 PCR 动态的曲线称为扩增曲线，显示随着 PCR 进行将进入平台期，PCR 循环数的增加使 DNA 聚合酶逐渐失活、引物和 dNTP 的枯竭。

real-time PCR 是通过检测反应体系中的荧光强度来检测 PCR 扩增产物的，其荧光检出方法可分为荧光嵌合(SYBR® Green I)法和荧光探针法。其中较常用的是荧光嵌合法(SYBR® Green I)法。SYBR® Green I 是一种结合于所有的双链 DNA 双螺旋小沟区域的具有绿色激发波长的染料。它与 PCR 合成的双链 DNA 结合，在激发光照射下产生荧光，通过荧光强度的检测，实时检测 PCR 扩增的产物量。SYBR® Green Ⅰ 的最大吸收波长约为 497nm，最大发射波长约为 520nm。在 PCR 反应体系中，加入 SYBR® Green 荧光染料，SYBR® Green 荧光染料特异性地掺入 DNA 双链后，发射荧光信号，而不掺入链中的 SYBR® Green 染料分子不会发射任何荧光信号，从而保证荧光信号的增加与 PCR 产物的增加完全同步。SYBR® Green 嵌合荧光法具有简单易行、成本低、无需合成特异性探针的优点，其缺点是对扩增的特异性要求较高。

real-time PCR 定量方法可以分为绝对定量和相对定量。绝对定量是对未知样品的绝对量进行测定的方法，即用已知浓度的标准品制作标准曲线，从而计算相同的条件下目的基因测得的荧光信号量得到目的基因的量。该标准品可以是体外合成的 ssDNA，体外转录的 RNA，或者是纯化的质粒 DNA。相对定量是分别测定目的基因和参比基因的量，再求出对于参比基因的目的基因的相对量，可以采用标准曲线定量方法和 $\Delta\Delta Ct$ 法，也可称作 $2^{-\Delta\Delta Ct}$ 法。

【实验仪器、材料和试剂】

1. 仪器

Realtime PCR 仪，凝胶成像系统。

2. 试剂

RNA 提取所需试剂，AMV 反转录酶，SYBR Premix Ex TaqTM Ⅱ reagent 等。

【实验步骤】

1. RNA 提取及质量检测

样品 RNA 的抽提，方法见实验十三。用分光光度计测定 RNA 溶液浓度和纯度。

使用以下公式计算 RNA 的浓度：

RNA 浓度($\mu g/\mu L$) = (A_{260} - A_{320}) × 稀释倍数 × 0.04

RNA 溶液的 A_{260}/A_{280} 的比值即为 RNA 纯度，比值范围 1.8 ~ 2.0。

利用 1% 的琼脂糖凝胶(含溴化乙锭)电泳对提取的 RNA 进行 RNA 完整性以及是否含有基因组 DNA 污染评价。如果可以清晰观察到两条 rRNA 条带(真核生物 28s 和 18s，原核生物 23s 和 16s)，且其浓度比值大约为 2：1，则 RNA 未降解。

2. 反转录(RT)反应

将 1μg 总 RNA 加入微量离心管中并于 70℃ 温育 10min。短暂离心后置于冰上。依照表 2-19 所列顺序加入以下试剂以建立一个 20μL 的反应体系(依据 RNA 的量,反应体积可以增减)。

表 2-19　离心管中应加试剂

$MgCl_2$,25mmol/L	4μL
反转录 10 × 缓冲液	2μL
dNTP 混合物,10mmol/L	2μL
重组的 RNasin® 核糖核酸酶抑制剂	0.5μL
AMV 反转录酶(高浓度)	15U
oligo(dT)$_{15}$ 引物或随机引物	0.5μg
总 RNA	1μg
加无核酸酶的水至终体积为	20μL

将 cDNA 反应体系于 42℃ 反应并温育 15min,将样品于 95℃ 加热 5min,然后于 0~5℃ 放置 5min。反应结束后 cDNA 溶液放置于 4℃ 保存。

3. real-time PCR

利用 real-time PCR(也称 Q-PCR)方法进行基因表达量分析时,需同时对目的基因和管家基因进行定量。管家基因作为参比基因对样品进行归一化处理,然后再对不同样品之间的目的基因表达量进行比较。

轻弹管底将溶液混合,6000r/min 短暂离心。

(1)cDNA 标准品的稀释 cDNA 标准品的浓度为 10^{11},反应前取 3μL 按 10 倍稀释(加水 27μL 并充分混匀)为 10^{10},依次稀释至 10^9、10^8、10^7、10^6、10^5、10^4,以备用。

(2)real-time PCR 分别配置 cDNA 标准品(表 2-20),管家基因(表 2-21)及样品基因(表 2-22)的反应液。

表 2-20　标准品反应体系

SYBR Green I 染料	10μL
阳性模板上游引物 F	0.5μL
阳性模板下游引物 R	0.5μL
dNTP	0.5μL
Taq 酶	1μL
阳性模板 DNA	5μL
ddH_2O	32.5μL
总体积	50μL

表 2-21　管家基因反应体系

SYBR Green Ⅰ染料	10μL
内参上游引物 F	0.5μL
内参下游引物 R	0.5μL
dNTP	0.5μL
Taq 酶	1μL
待测样品 cDNA	5μL
ddH$_2$O	32.5μL
总体积	50μL

表 2-22　待测基因反应体系

SYBR Green Ⅰ染料	10μL
上游引物 F	0.5μL
下游引物 R	0.5μL
dNTP	0.5μL
Taq 酶	1μL
待测样品 cDNA	5μL
ddH$_2$O	32.5μL
总体积	50μL

轻弹管底将溶液混合，6000r/min 短暂离心。

将配制好的 PCR 反应溶液置于 real-time PCR 仪上进行 PCR 扩增反应。反应条件为：95℃、30s 预变性，然后按 95℃、5s，60℃、30s 共 40 做个循环，最后融解曲线分析。

(3)mRNA 相对表达量数据分析。针对 real-time PCR 的标准曲线相关系数、PCR 扩增效率、融解曲线特异性进行评价，然后计算相对表达量。

【注意事项】

(1)引物设计的优劣是影响实验结果的最重要因素。

(2)为了正确地评估 PCR 扩增效率，至少需要做 3 次平行重复，至少做 5 个数量级倍数(5 logs)连续梯度稀释模板浓度。

【实验报告】

(1)提取 RNA 的完整性，浓度及纯度。

(2)标准曲线的绘制。

(3)分析 real-time PCR 检测结果，观察溶解曲线峰形，管家基因与目的 DNA 的标准曲线相关系数以及扩增效率，计算特异基因的相对表达量。

【思考题】

1. 理想的溶解曲线应该只有单一峰形的曲线，如果出现两个以上的峰型，应怎样解决？

2. 实时定量 PCR 的优点和缺点有哪些？

实验十五　DNA 的回收与重组

一、DNA 样品的切胶回收

【实验目的】

学习和掌握核酸的酶切操作原理以及 DNA 样品切胶回收的方法。

【实验原理】

限制性内切酶是分子操作中重要的工具酶，是一类能够识别双链 DNA 分子某种特定的核苷酸序列并切割双链 DNA 分子的核酸内切酶。绝大多数限制酶识别长度为 4～6 个核苷酸的回文对称特异核苷酸序列（EcoR I 识别 6 个核苷酸序列：$5'-G\downarrow AATTC-3'$），有少数识别更长的序列或兼并序列。II 类限制酶识别长度为 4～7 个核苷酸且呈二重对称的特异序列，切割位点相对于二重对称轴的位置因酶而异，切割 DNA 后，有的产生平末端，有的产生黏性末端。

限制性内切酶的酶解反应最适条件各不相同，各种酶有其相应的酶切缓冲液和最适反应温度（多数为 37℃）。对质粒 DNA 酶切反应而言，限制性内切酶用量可按标准体系 1μg DNA 加 1 单位酶，消化 1～2h。但要完全酶解则必须增加酶的用量，一般增加 2～3 倍，甚至更多，反应时间也要适当延长。

基因工程实验中目的基因经过 PCR 扩增、酶切反应后都要进行回收以后才能进行后续工作，而胶回收的目的基因与载体的浓度高低，对后续的连接起到至关重要的作用，因此 DNA 回收是基因工程中比较重要的步骤，本实验介绍一种从凝胶中回收 DNA 的操作步骤及胶回收过程中可能遇到的问题。

【实验仪器、材料和试剂】

1. 仪器

水浴锅，灭菌锅，离心机，电泳仪，电泳槽，凝胶成像仪，移液器，微波炉。

2. 试剂

质粒，EcoR I，Hind III，无菌水，乙醇，琼脂糖，溴酚蓝，TAE，EB，DNA marker，NaAc。

【实验步骤】

（1）酶切反应体系：按下表配制酶解混合液，混匀，37℃ 保温 2～4h，加入上样缓冲液终止反应。反应体系见表 2-23 所示。

表 2-23　酶解混合液组成

质粒	2μL(20ng/μL)
10×酶切缓冲液	5μL
EcoR I	0.5μL(10U/μL)
Hind III	0.5μL(10U/μL)
H_2O	42μL
总体积	50μL

（2）从低熔点琼脂糖凝胶中回收 DNA 片段操作步骤：将已经电泳确定的可回收的酶切产物在合适浓度的回收用琼脂糖凝胶进行电泳。最好换用新的电泳缓冲液 10 × TAE(10 × Tris-乙酸)。当溴酚蓝迁移至足够距离时(至少2cm以上)，在长波紫外灯下观察，用清洗过的刀片在目的片段前切下与目的片段同长，宽度适当(一般2cm左右)的胶块。

（3）将切好的回收胶块放在回收胶槽内，在切去胶块处加入低熔点琼脂糖胶，待其凝固后将其小心放回电泳槽继续进行电泳。小心低熔点琼脂糖凝胶块与原回收胶块的交界面易断裂。

（4）待目的带完全进入低熔点琼脂糖胶后，在长波紫外灯下用清洗过的刀片切下含有所需 DNA 带的凝胶条，置于新的灭菌的 1.5mL Eppendorf 管中，加 300μL TE。

（5）65℃水浴 10min 或更长时间使胶块完全融化。

（6）立即加入等体积(300 ~ 350μL) Tris-Cl 饱和酚(pH = 8.0)，摇晃混匀。12 000r/min 离心 5min。

（7）小心将水相移到另一 1.5mL Eppendorf 管中，加入 2.5 ~ 3 倍体积(780μL即可)预冷无水乙醇。注意不要吸入下层杂质及酚相，没把握时宁可放弃一些上层水相。12 000r/min 离心 5min。

（8）小心将水相移到另一 1.5mL Eppendorf 管中，加入 2.5 ~ 3 倍体积(780μL即可)预冷无水乙醇。注意不要吸入下层杂质及酚相，没把握时宁可放弃一些上层水相。

（9）置液氮 3min，取出后可置于 - 20℃放几分钟。小心防止管子爆裂。12 000r/min 离心 10min。

（10）迅速弃上清，一般在管底会有针尖大小的沉淀物，小心用无水乙醇清洗后置于恒温器上干燥(55℃)5 ~ 10min 至无乙醇气味，再加入 20μL ddH₂O 溶解。

（11）取 20μL 电泳定量后于 - 20℃贮存备用。

【注意事项】

（1）DNA 纯度不纯、缓冲液、温度条件及限制性内切酶本身都会影响限制性内切酶的活性，大部分限制性内切酶不受 RNA 或单链 DNA 的影响，当微量污染物进入限制性内切酶贮存液时，会影响其进一步使用，因此吸取限制性内切酶时，每次都要用新的吸头。

（2）酶切时所加的 DNA 溶液体积不能太大，否则 DNA 溶液中其他成分会干扰酶反应。

（3）想要反应完全，必须使反应液充分混合，推荐用手指轻弹管壁混合，然后快速离心即可。注意：不可振荡。

【实验报告】

酶切产物及回收产物的电泳图。

二、DNA重组载体的构建与鉴定

【实验目的】

1. 体外连接获得重组子，用于转化受体细胞

2. 掌握大肠杆菌感受态细胞的制备及转化方法和技术。获得感受态细胞，制备含有目的片段的阳性克隆

3. 掌握利用酶切方法进行阳性克隆的筛选与鉴定步骤

【实验原理】

DNA重组技术是用重组技术将载体和外源DNA切开，经分离、纯化后，用连接酶将其连接，构成新的DNA分子。转化是将外源DNA引入受体细胞，使之获得新的遗传性状的一种手段，它是微生物遗传、分子遗传、基因工程等领域的基础实验技术。转化过程所用的受体细胞一般是限制修饰系统缺陷的变异株，即不含限制性内切酶和甲基化酶的突变体，它可以容忍外源DNA分子进入体内并稳定地遗传给后代。受体细胞经过一些特殊的方法(如电击法，$CaCl_2$)处理后，细胞膜的通透性发生了暂时性的改变，成为能允许外源DNA分子进入的感受态细胞。进入感受态细胞的DNA分子通过复制、表达实现遗传信息的转移，使受体细胞出现新的遗传性状。将经过转化的细胞在筛选培养基中培养，即可筛选出转化子。利用碱性裂解法提取质粒，利用酶切的方法进行阳性克隆的筛选与鉴定。

【实验仪器、材料和主要试剂】

1. 仪器

控温摇床，冷冻离心机，水浴锅，冰箱，超净工作台，培养箱，分光光度计，移液器，三角瓶，培养皿等。

2. 材料

大肠杆菌，外源DNA，质粒载体。

3. 试剂

①LB液体培养基　10g NaCl，10g胰蛋白胨，5g酵母提取物，ddH_2O定容至1L，分装后于121℃，高压灭菌20min，4℃备用。

②LB固体培养基　1L LB液体中加入20g Agar。

③氨苄青霉素(Amp+)　用无菌ddH_2O配成100 mg/mL，分装，-20℃保存。使用浓度为100 μg/mL。

④溶液Ⅰ(GET缓冲液)　50mmol/L葡萄糖，10mmol/L EDTA，25mmol/L Tris-HCl(pH=8.0)，用前加溶菌酶4mg/mL。

⑤溶液Ⅱ(变性液)　0.2mol/L NaOH，1% SDS。

⑥溶液Ⅲ(乙酸钾溶液)　60mL的5mol/L KAc，11.5mL冰醋酸，28.5mL H_2O。

⑦上样液(6×)　0.25%溴酚蓝，质量浓度为40%蔗糖水溶液。

⑧溴化乙啶染色液(10mg/mL)　在20mL H_2O中溶解0.2g溴化乙啶，混匀

后于4℃避光保存。

⑨其他试剂 λDNA/Hind Ⅲ DNA Maker、异丙醇、70%乙醇、琼脂糖等，CaCl₂、无菌水等。

【实验步骤】

1. 大肠杆菌感受态细胞的制备

(1)接受体菌于LB中，37℃，200r/min振荡过夜。

(2)次日1:100接种，37℃，200r/min，2.5h至$OD_{600}=0.6$。

(3)冰浴30min。

(4)4℃，5000r/min离心10min，弃上清液。

(5)加原体积1/2的预冷的0.1mol/L氯化钙重悬沉淀，冰浴10min。

(6)4℃，5000r/min离心10min，弃上清液。

(7)加原体积1/10的预冷的0.1mol/L氯化钙重悬沉淀，每管200μL，4℃，3h后可用，48h内转化效率不变。

2. 连接

将目的基因和质粒载体用相同的酶进行双酶切反应，混匀，37℃保温2~4h，加入上样缓冲液终止反应。

酶切反应体系见表2-24和表2-25所示。

表2-24 质粒载体酶切体系

质粒	2μL(20ng/μL)
10×酶切缓冲液	5μL
EcoR Ⅰ	0.5μL(10U/μL)
Hind Ⅲ	0.5μL(10U/μL)
H₂O	42μL
总体积	50μL

表2-25 目的基因酶切体系

目的基因	10μL(20ng/μL)
10×酶切缓冲液	10μL
EcoR Ⅰ	0.5μL(10U/μL)
Hind Ⅲ	0.5μL(10U/μL)
H₂O	79μL
总体积	100μL

10μL连接体系：载体与目的片段的比例为1:2~1:3，16℃连接过夜。

3. 转化

(1)取两管感受态细胞加入1μL待转化质粒或3~5μL连接产物，冰浴30~60min。

(2)42℃热激90s，立即冰浴2~5min。

(3)加500μL LB复苏45min，离心去50μL或直接取200μL涂于带抗性的LB

平板。

（4）倒置37℃培养过夜。

4. 目的基因的鉴定

挑取单克隆，加入3mL LB（含Amp）的试管中，37℃振荡培养过夜。提取质粒DNA，电泳检测后，取2μL质粒进行双酶切。37℃反应2~4h，1%琼脂糖凝胶电泳检测。

【注意事项】

（1）感受态细胞制备时需无菌，低温操作。

（2）连接反应时注意保持低温状态，因为连接酶很容易降解。

【实验报告】

（1）记录培养皿中转化子数，计算转化效率。

（2）提取质粒的电泳图以及酶切鉴定重组DNA的电泳图。

【思考题】

1. 制备感受态细胞的原理是什么？

2. 如果平板上没有长出菌落，请分析原因。

3. 重组DNA酶切鉴定时发现DNA未被切动，你认为是什么原因？

4. 请分析实验结果中出现假阳性的具体原因。

实验十六 核酸分子杂交实验——Southern 杂交

【实验目的】

1. 掌握 Southern 杂交技术的原理

2. 学会 Southern 转移的技术方法

【实验原理】

DNA 片段经电泳分离后，从凝胶中转移到硝酸纤维素滤膜或尼龙膜上，然后与探针杂交。被检对象为 DNA，探针为 DNA 或 RNA。Southern 杂交可用来检测经限制性内切酶切割后的 DNA 片段中是否存在与探针同源的序列。

【实验仪器、材料和试剂】

1. 仪器

电泳仪，电泳槽，塑料盆，真空烤箱，放射自显影盒，X 光片，杂交袋，硝酸纤维素滤膜或尼龙膜，滤纸。

2. 材料

待检测的 DNA，已标记好的探针。

3. 试剂

①10mg/mL 溴化乙锭(EB)。

②50 × Denhardt's 溶液 5g Ficoll – 400，5g PVP，5g BSA 加水至 500mL，过滤除菌后于 – 20℃贮存。

③1 × BLOTTO 5g 脱脂奶粉，0.02% 叠氮钠，贮于 4℃。

④预杂交溶液 6 × SSC，5 × Denhardt 50% 甲酰胺。

⑤杂交溶液 预杂交溶液中加入变性探针即为杂交溶液。

⑥0.2mol/L HCl，0.1% SDS，0.4mol/L NaOH。

⑦变性溶液 87.75g NaCl，20.0g NaOH，加水至 1000mL。

⑧中和溶液 175.5g NaCl，6.7g Tris – HCl，加水至 1000mL。

⑨硝酸纤维素滤膜。

⑩20 × SSC 3mol/L NaCl，0.3mol/L 柠檬酸钠，用 1mol/L HCl 调节 pH 值至 7.0。

⑪2 ×、1 ×、0.5 ×、0.25 × 和 0.1 × SSC 用 20 × SSC 稀释。

【实验步骤】

1. 琼脂糖凝胶电泳

(1)约 50μL 体积中酶切 10pg ~ 10μg 的 DNA，然后在琼脂糖凝胶中电泳 12 ~ 24h(包括 DNA 相对分子质量标准物)。

(2)500mL 水中加入 25μL 10mg/mL 溴化乙锭，将凝胶放置其中染色 30min，然后照相。

2. Southern 转移

(1)依次用下列溶液处理凝胶，并轻微摇动。加 500mL 0.2mol/L HCl，酸处理 10min，倾去溶液（如果限制性片段 >10kb，酸处理时间为 20min），用水清洗数次，倾去溶液；用 500mL 变性溶液处理两次，每次 15min，倾去溶液；再在 500mL 中和溶液中处理 30min。如果使用尼龙膜杂交，本步操作可以省略。

（2）戴上手套，在盘中加 20×SSC 液，将硝酸纤维素滤膜先用无菌水完全湿透，再用 20×SSC 浸泡。将硝酸纤维素滤膜一次准确地盖在凝胶上，去除气泡。用浸过 20×SSC 液的 3 滤纸盖住滤膜，然后加上干的 3 层滤纸和干纸巾，根据 DNA 复杂程度转移 2~12h。当使用尼龙膜杂交时，该膜用水浸润一次即可，转移时用 0.4mol/L NaOH 代替 20×SSC。简单的印迹转移 2~3h，对于基因组印迹，一般需要较长时间的转移。

（3）去除纸巾等，用蓝色圆珠笔在滤膜右上角记下转移日期，做好记号，取出滤膜，在 2×SSC 中洗 5min，凉干后在 80℃ 中烘烤 2h。注意在使用尼龙膜杂交时，只能空气干燥，不得烘烤。

3. 杂交

（1）将滤膜放入含 6~10mL 预杂交液的密封小塑料袋中，将预杂交液加在袋的底部，前后挤压小袋，使滤膜湿透。在一定温度下（一般为 37~42℃）预杂交 3~12h，弃去预杂交液。

（2）制备同位素标记探针，探针煮沸变性 5min。

（3）在杂交液中加入探针，混匀。如步骤（1）将混合液注入密封塑料袋中，在与预杂交相同温度下杂交 6~12h。

（4）取出滤膜，依次用下列溶液处理，并轻轻摇动：在室温下，1×SSC，0.1% SDS，处理 15min，两次；在杂交温度下，0.25×SSC，0.1% SDS，处理 15min，两次。

（5）空气干燥硝酸纤维素滤膜，然后在 X 光片上曝光。通常曝光 1~2d 后可见 DNA 谱带。

【注意事项】

（1）电转法不能选用硝酸纤维素膜作为固相支持物，因为硝酸纤维素膜结合 DNA 依赖于高浓度盐溶液，而高盐溶液导电性强，会产生强大电流使转移体系温度急剧升高，破坏缓冲体系，从而使 DNA 受到破坏。

（2）如果用寡核苷酸探针或同源性较低的探针，杂交温度可适当降低，届时洗膜温度也要视情况而定。

【实验报告】

杂交阴性带的大小，分布规律及根据带条信号强度测量其含量。

【思考题】

1. 哪些因素影响杂交结果？

2. 说明在杂交过程中洗膜的重要性。

实验十七 维生素 A 定量测定

【实验目的】

1. 熟悉高效液相色谱的原理及分析方法
2. 掌握高效液相色谱测定脂溶性维生素 A 的方法

【实验原理】

样品中的维生素 A(VA)经皂化处理后,用石油醚提取不可皂化部分,浓缩后,用高效液相色谱法 C18 反相柱将维生素 A 分离,经紫外检测器检测,并用内标法定量测定。该法最小检出量为 VA, 0.8ng。

【名词解释】

维生素 A 的化学名为视黄醇,又叫抗干眼病维生素,是最早被发现的维生素。维生素 A 存在于动物性脂肪中,主要来源于肝脏、鱼肝油、蛋类、乳类等动物性食品中。植物来源的 β- 胡萝卜素及其他胡萝卜素可在人体内合成维生素 A, β-胡萝卜素的转换效率最高。

【实验仪器、材料及试剂】

1. 仪器

高效液相色谱仪(带紫外分光检测器)、旋转蒸发器、高速离心机、小离心管、具塑料盖 1.5~3.0mL 塑料离心管(与高速离心机配套)、高纯氮气、恒温水浴锅、紫外分光光度计。

2. 试剂

实验用水为蒸馏水、试剂不加说明为分析纯。

①无水乙醚 重蒸,不含有过氧化物。

过氧化物检查方法:用 5mL 乙醚加 1mL 10% 碘化钾溶液,振摇 1min。如有过氧化物则释放出游离碘,水层呈黄色,或加 4 滴 0.5% 淀粉液,水层呈蓝色。

去除过氧化物的方法:瓶中放入纯铁丝或铁沫少许,重蒸乙醚。弃去 10% 初馏液和 10% 残馏液。

②无水乙醇 重蒸,不含有醛类物质。

检查方法:取 2mL 银氨溶液于试管中,加入少量乙醇,摇匀,再加入 10% 氢氧化钠溶液,加热,放置冷却后,若有银镜反应则表示乙醇中有醛。

银氨溶液:加氨水至 5% 硝酸银溶液中,直至生成的沉淀重新溶解为止,再加 10% 氢氧化钠溶液数滴,如发生沉淀,再加氨水直至溶解。

脱醛方法:将 2g 硝酸银溶于少量水中,4g 氢氧化钠溶于温乙醇中,然后将两者倾入 1L 乙醇中,振摇后,放置暗处两天(不时摇动,促进反应),过滤,置蒸馏瓶中蒸馏,弃去初蒸出的 50mL。当乙醇中含醛较多时,硝酸银用量适当增加。

③无水硫酸钠。

④甲醇 色谱纯或分析纯重蒸后使用。

⑤重蒸水 蒸馏水中加少量高锰酸钾,临用前重蒸。

⑥10%抗坏血酸溶液(质量体积比),临用前配制。

⑦50%氢氧化钾溶液(质量体积比)。

⑧维生素 A 标准液 视黄醇(纯度 85%)或视黄醇乙酸酯(纯度 90%)经皂化处理后使用。用脱醛乙醇溶解维生素 A 标准品,使其浓度大约为 1mL 相当于 1mg 视黄醇。临用前用紫外分光光度法标定其准确浓度。

⑨内标溶液 称取苯并[e]芘(纯度 98%),用脱醛乙醇配制成每 5μg/mL 苯并[e]芘的内标溶液。

⑩pH 值为 1~14 的试纸。

【实验步骤】

1. 样品处理

①皂化 称取 1~10g 样品(含维生素 A 约 3ng,维生素 E 各异构体约为 40ng)于皂化瓶中,加 30mL 无水乙醇,进行搅拌,直到颗粒物分散均匀为止。加 5mL 10%抗坏血酸、苯并[e]芘标准液 2.00mL,混匀。再加 10mL 50%氢氧化钾,混匀。于沸水浴回流 30min 使皂化完全。皂化后立即放入冰水中冷却。

②提取 将皂化后的样品移入分液漏斗中,用 50mL 水分 2~3 次冲洗皂化瓶,洗液并入分液漏斗中。用约 100mL 乙醚分两次洗皂化瓶及其残渣,乙醚液并入分液漏斗中。轻轻振摇分液漏斗 2min,静置分层,弃去水层。

③洗涤 用约 100mL 水分次洗分液漏斗中的乙醚层,直至 pH 试纸检验水层不显碱性(最初水洗轻摇,逐次振摇强度可增加)。

④浓缩 将乙醚提取液经过无水硫酸钠(约 5g)滤入 250~300mL 旋转蒸发瓶内,用约 50mL 乙醚冲洗分液漏斗及无水硫酸钠 3 次,并入蒸发瓶内,并将其接至旋转蒸发器上,于 55℃水浴中减压蒸馏并回收乙醚,待瓶中剩下约 2mL 乙醚时,取下蒸发瓶,立即用氮气吹掉乙醚。加入 2.00mL 乙醇,充分混合,溶解提取物。

⑤离心 将乙醇液移入小塑料离心管中,3000r/min 离心 5min。上清液供色谱分析。如果样品中维生素含量过少,可用氮气将乙醇液吹干后,再用乙醇重新定容,并记下体积比。

2. 标准曲线的制备

(1)维生素 A 和维生素 E 标准浓度的标定方法

取维生素 A 和各维生素 E 标准液若干微升,分别稀释至 5.00mL 乙醇中,并分别按给定波长测定各维生素的吸光度。用比吸光系数计算出该维生素的浓度。测定条件见表 2-26 所示。

表 2-26 维生素吸光值测定条件

标准	黄视醇	α-VE	γ-VE	δ-VE
比吸光系数	1835	71	92.8	91.2
波长(nm)	325	294	298	298

浓度计算:

$$X = \frac{A}{E} \times \frac{1}{100} \times \frac{5.00}{S \times 10^{-3}}$$

式中：X——某维生素浓度，mg/mL；

　　　A——维生素的平均紫外吸光度；

　　　S——加入标准的量，μL；

　　　E——某种维生素1%比吸光系数；

　　　$5.00/(S \times 10^{-3})$——标准液稀释倍数。

（2）标准曲线的制备

本方法采用内标法定量。将一定量的维生素 A、α-生育酚、β-生育酚、δ-生育酚及内标苯并[e]芘液混合均匀；选择合适灵敏度，使上述物质的各峰高约为满量程70%，为高浓度点。高浓度的1/2为低浓度点（其内标苯并[e]芘的浓度值不变），用此种浓度的混合标准进行色谱分析。维生素标准曲线绘制是以维生素峰面积与内标物峰面积之比为纵坐标，维生素浓度为横坐标绘制的，或计算直线回归方程。如有微处理机装置，则按仪器说明用二点内标法进行定量。

本方法不能将 β-VE 和 γ-VE 分开，故 γ-VE 峰中包含有 β-VE 峰。

3. 高效液相色谱分析

（1）色谱条件（推荐条件）

预柱：ultrasphere ODS 10μm，4mm×4.5cm；

分析柱：ultrasphere ODS 5μm，4.6mm×25cm；

流动相：甲醇:水＝98:2；混匀，于临用前脱气；

紫外检测器波长：300nm；量程0.02；

进样量：20μL 进样定量环；

流速：1.65～1.70mL/min。

（2）样品分析

取样品浓缩液 20μL，待绘制出色谱图及色谱参数后，再进行定性和定量。

定性：用标准物色谱峰的保留时间定性。

定量：根据色谱图求出某种维生素峰面积与内标物峰面积的比值，以此值在标准曲线上查到其含量。或用回归方程求出其含量。

4. 计算

$$X = \frac{C}{m} V \times 100/1000$$

式中：X——维生素 A 的含量，mg/100g；

　　　C——由标准曲线上查到某种维生素含量，μg/mL；

　　　V——样品浓缩定容体积，mL；

　　　m——样品质量，g。

用微处理机二点内标法进行计算时，按其计算公式计算或由微机直接给出结果。结果允许测定结果相对偏差绝对值≤10%。

【注意事项】

（1）维生素 A 极易被破坏，实验操作应在微弱光下进行，或用棕色玻璃仪器。

（2）皂化过程中，应每5min摇一下皂化瓶，使样品皂化完全。

（3）提取过程中，振荡不应太激烈，避免溶液乳化而不易分层。

（4）洗涤时，最初水洗轻摇，逐次振摇强度可增加。

【实验报告】

制定标准曲线及浓度检测结果。

实验十八　维生素 C 的定量测定

【实验目的】

1. 学习维生素 C 定量测定法的原理和方法
2. 进一步熟悉微量滴定法的基本操作技术

【实验原理】

维生素 C 具有很强的还原性，在中性和微酸性环境中能将染料 2,6-二氯酚靛酚还原为无色的还原型 2,6-二氯酚靛酚，同时自身被氧化为脱氢抗坏血酸。由于氧化型 2,6-二氯酚靛酚在酸性溶液中显红色，在中性或碱性溶液中呈蓝色，所以用 2,6-二氯酚靛酚滴定维生素 C 的酸性溶液，滴下的 2,6-二氯酚靛酚与维生素 C 迅速反应呈无色，当维生素 C 全部反应完时，滴下的染料使溶液呈现粉红色，此时即为滴定终点。于是可以依据标准 2,6-二氯酚靛酚的消耗量求出维生素 C 的含量。

【名词解释】

维生素 C 又称抗坏血酸，是高等灵长类动物与其他少数生物的必需营养素。抗坏血酸在大多的生物体可借由新陈代谢制造出来，但是人类是最显著的例外。最广为人知的是缺乏维生素 C 会造成坏血病。在生物体内，维生素 C 是一种抗氧化剂，保护身体免于自由基的威胁，维生素 C 同时也是一种辅酶。其广泛的食物来源为各类新鲜蔬果。

【实验仪器、材料及试剂】

1. 仪器

三角瓶(50mL)、研钵、移液管(10mL)、漏斗、滤纸、容量瓶(50mL)、微量滴定管(5mL)、分析天平、离心机。

2. 材料

新鲜水果或蔬菜。

3. 试剂

①2% 草酸溶液　草酸 2g，溶于 100mL 蒸馏水。

②1% 草酸溶液　草酸 1g，溶于 100mL 蒸馏水。

③ 标准维生素 C 液　准确称取 10.0mg 维生素 C，溶于 1% 草酸溶液，并稀释至 100mL，贮于棕色瓶中，冷藏，最好临用时配制。此溶液浓度 0.1mg/mL。

④0.1% 2,6-二氯酚靛酚溶液　称取 500mg 2,6-二氯酚靛酚溶于 300mL 含有 104mg 碳酸氢钠的热水中，冷却，加蒸馏水并稀释至 500mL，滤去不溶物，贮于棕色瓶中，冷藏。每次临用时，以标准抗坏血酸液标定。

【实验步骤】

1. 样品中抗坏血酸的提取

(1)将水果用水洗干净，用滤纸吸取表面水分。

(2)称取 5.0g，加 2% 草酸试剂 10mL 置研钵中研磨成浆状。

(3)称取浆状物 5.0g，倒入 50mL 容量瓶中，用 2% 草酸溶液稀释并定容，混匀，静止 10min，过滤（最初数毫升滤液弃去），滤液备用。

2. 滴定

(1)标准液的滴定

准确吸取标准抗坏血酸溶液 1.0mL 于 100mL 锥形瓶中，加 9mL 1% 草酸溶液，用 2,6-二氯酚靛酚滴定至淡红色。滴定终点要保持 15s。用所用 2,6-二氯酚靛酚的体积算出 1mL 染料相当于多少毫克抗坏血酸。

(2)样品液的滴定

准确吸取滤液两份，每份 10mL，分别放入两个 100mL 锥形瓶中，滴定方法同上。

(3)空白对照的测定

取 10mL 2% 的草酸溶液作为空白对照，用 2,6-二氯酚靛酚溶液滴定至终点，平行做 3 次，记下每次滴定所耗去的 2,6-二氯酚靛酚溶液的体积（mL），取其平均值。

3. 计算

$$维生素 C 含量（mg/100g 样品）=（VT/W）\times 100$$

式中：V——滴定样品所耗用的染料的平均体积，mL；

T——1mL 染料相当于维生素 C 的质量，mg；

W——滴定时所用样品稀释液中含样品的质量，g。

【注意事项】

(1)整个滴定过程要迅速，防止还原型的维生素 C 被氧化。滴定过程一般不超过 2min。滴定所用的染料不应少于 1mL 或多于 4mL，若滴定结果不在此范围，则必须增减样品量或将提取液稀释。

(2)本实验必须在酸性条件下进行，在此条件下，干扰物反应进行得很慢。

(3)提取液中尚含有其他还原性的物质，均可与 2,6-二氯酚靛酚反应，但反应速率均较维生素 C 慢，因而，滴定开始时，染料要迅速加入，而后尽可能一滴一滴地加入，并要不断地摇动锥形瓶直至呈粉红色 15s 不褪色为终点。

(4)若提取液中色素较多，滴定不易看出颜色变化，需脱色，可用白陶土、30% $Zn(Ac)_2$ 和 15% $K_4Fe(CN)_6$ 溶液等，本实验用 30% $Zn(Ac)_2$ 和 15% $K_4Fe(CN)_6$ 溶液脱色，若色素不多，可不脱色，直接滴定。

【实验报告】

记录数据，计算维生素 C 含量。

【思考题】

1. 指出 3~4 种维生素 C 含量丰富的物质。

2. 为了准确测定维生素 C 的含量，实验过程中应注意哪些操作步骤？为什么？

实验十九　动物食品抗生素生物含量测定

【实验目的】

1. 掌握抗生素生物效价测定的原理和方法

2. 掌握管碟法测定抗生素生物效价相关的操作方法

【实验原理】

抗生素的效价常采用微生物学方法测定，它是利用抗生素对特定的微生物具有抗菌活性的原理来测定抗生素效价的方法，如管碟法。管碟法是目前抗生素效价测定的国际通用方法，我国药典也采用此法。管碟法是根据抗生素在琼脂平板培养基中的扩散渗透作用，比较标准品和检品两者对试验菌的抑菌圈大小来测定供试品的效价。管碟法的基本原理是在含有高度敏感性试验菌的琼脂平板上放置小钢管（内径6.0 mm ±0.1mm，外径8.0mm ±0.1mm，高10mm ±0.1mm），管内放入标准品和检品的溶液，经16～18h 恒温培养，当抗生素在菌层培养基中扩散时，会形成抗生素浓度由高到低的自然梯度，即扩散中心浓度高而边缘浓度低。因此，当抗生素浓度达到或高于MIC（最低抑制浓度）时，试验菌就被抑制而不能繁殖，从而呈现透明的无菌生长的区域，常呈圆形，称为抑菌圈。根据扩散定律的推导，抗生素总量的对数值与抑菌圈直径的平方成线性关系，比较抗生素标准品与检品的抑菌圈大小，可计算出抗生素的效价。

常用的管碟法有：一剂量法、二剂量法、三剂量法。后二法已经列入药典。二剂量法系将抗生素标准品和供试品各稀释成一定浓度比例（2:1 或 4:1）的两种溶液，在同一平板上比较其抗药活性，再根据抗生素浓度对数和抑菌圈直径成直线关系的原理来计算供试品效价。取含菌层的双层平板培养基，每个平板表面放置 4 个小钢管，管内分别放入供试品高、低剂量和标准品高、低剂量溶液。先测量出四点的抑菌圈直径，按下列公式计算出检品的效价。

（1）求出 W 和 V

$$W = (SH + UH) - (SL + UL)$$

$$V = (UH + UL) - (SH + SL)$$

式中：UH——供试品高剂量之抑菌圈直径；

UL——供试品低剂量之抑菌圈直径；

SH——标准品高剂量之抑菌圈直径；

SL——标准品低剂量之抑菌圈直径。

（2）求出 θ

$$\theta = D \cdot antilg(IV/W)$$

式中：θ——供试品和标准品的效价比；

D——标准品高剂量与供试品高剂量之比，一般为1；

I——高、低剂量之比的对数，即 lg2 或 lg4。

（3）求出 Pr

$$Pr = (Ar)\theta$$

式中：Pr——供试品实际单位数；

Ar——供试品标示量或估计单位。

【实验仪器、材料和试剂】

1. 仪器

无菌室、培养皿(直径9cm)、陶瓦盖、钢管、钢管放置器、恒温培养室、灭菌刻度吸管、玻璃容器、称量管、毛细滴管、天平、直尺或游标卡尺、超净工作台等。

2. 材料

菌种：大肠杆菌(escherichia coli)，菌液浓度约为10^6个/mL。菌株保存的时间过久，影响其对抗生素的敏感度，导致抑菌圈变大、模糊或者出现双圈。如若菌株不纯，也会造成这样的结果。因此，菌液在使用一段时间后，可以重新配制纯化或者减小原来菌液在使用中的稀释倍数。

3. 试剂

①抗生素标准品和供试品 头孢拉定标准品和供试品。

②培养基 效价检定用培养基1号。

③无菌缓冲液 称取磷酸氢二钾5.59g，磷酸二氢钾0.41g，加水1000mL，即为pH=7.8的磷酸盐缓冲液。制备缓冲液的试剂应为分析纯，配制后的缓冲液应澄清，分装于玻璃容器内，经121℃蒸汽灭菌30min备用。

【实验步骤】

1. 称量

称量前，将抗生素标准品和供试品从冰箱取出，使与室温平衡，供试品应放于干燥器内至少30min方可称取。供试品与标准品应用同一天平；吸湿性较强的抗生素在称量前1~2h更换天平内干燥剂。标准品称量不可少于20mg，取样后立即将称量瓶或适宜的容器及被称物盖好，以免吸水。

称样量的计算：

$$W = VC/P$$

式中：W——需称取标准品或供试品的质量，mg；

V——溶解标准品或供试品制成浓溶液时用容量瓶的体积，mL；

C——标准品或供试品高剂量的浓度，U/mL(μg/mL)；

P——标准品的纯度或供试品的估计效价，U/mg(μg/mg)。

2. 稀释

从冰箱中取出的标准品溶液，必须先在室温放置，使其温度达到室温后，方可量取。标准品或供试品溶液的稀释应采用容量瓶，每步稀释，取样量不得少于2mL，稀释步骤一般不超过3步。每次吸取溶液用胖肚吸管或密刻度玻璃吸管，量取溶液前要用被量液流洗吸管2~3次，吸取样品溶液后，用滤纸将外壁多余液体擦去，从起始刻度开始放溶液。稀释标准品与供试品用的缓冲液应为同一批和同瓶(预计不够时，应事先与另一瓶混匀后再用)，以免因pH或浓度不同影响预定结果。稀释时，每次加液至容量瓶近刻度前，稍放置片刻，待瓶壁的液体完全流下，再准确补加至刻度。标准品与供试品高、低浓度之比为 2∶1 或 4∶1，但所选用的浓度必须在剂量反应直线范围内。

3. 双碟制备

在超净工作台上，用灭菌大口吸管（20mL），吸取已融化的培养基 20mL 注入双碟内，作为培养基的底层，等凝固后更换干燥的陶瓦盖覆盖，放置 20～30min，备用。取出试验用菌悬液，按已试验适当的菌量（高浓度所致的抑菌圈直径 18～22mm），用灭菌吸管吸取菌悬液加入已融化并保温在水浴中（一般细菌 48～50℃，芽孢可至 60℃）的培养基内，摇匀作为菌层用。用灭菌大口 5mL 吸管，吸取菌层培养基 5mL，使均匀摊布在底层培养基上，置水平台上待凝固，用陶瓦盖覆盖，放置 20～30min，备用。

4. 放置钢管

用钢管放置器，或其他方法将钢管一致、平稳地放入培养基上，钢管放妥后，应使双碟静置 5～10min，使钢管在琼脂内稍下沉稳定后，再开始滴加抗生素溶液。

5. 滴加抗生素溶液

每批供试品取 5～10 个双碟，滴加溶液用毛细滴管或定量加样器，在滴加之前须用滴加液洗 2～3 次。在双碟的 4 个钢管中以对角线滴加标准品与供试品溶液的高、低两种浓度的溶液，滴加顺序为 SH→TH→SL→TL，也可用 SL→TL→TH→SH（S 代表标准品，T 代表供试品，H 代表高浓度，L 代表低浓度）。滴加溶液至钢管口平满，注意滴加溶液间隔不可过长，因溶液的扩散时间不同影响测定结果。滴加完毕，用陶瓦盖覆盖双碟，平稳置于双碟托盘内，双碟叠放不可超过 3 个，避免受热不均，影响抑菌圈大小，以水平位置平稳移入 35～37℃ 恒温培养室，培养至所需时间。

6. 抑菌圈测量

用直尺或游标卡尺测量抑菌圈的直径，以毫米为单位，误差不超过 0.1mm。

【注意事项】

（1）玻璃仪器和其他器具需用专用洗液或其他清洗液中浸泡过夜，冲洗，沥干，置 150～160℃ 干热灭菌 2h 或高压 121℃ 蒸汽灭菌 30min，备用。

（2）实验中样品的称量、稀释、培养基倒平板等操作要严格地进行无菌操作。

（3）制备平板时，放置培养皿的超净台的台面必须水平。可以将培养皿放在台面上，下垫一张白纸，皿内加水 2～3 浅蓝色墨水，观察蓝色深浅是否一致。

（4）为保证双碟放置区域的平整，可在双碟底部预先标记样品的高、低浓度区域，在加注培养基底层的时候，有顺序地按照一致方向排列。接下来加注培养基菌层的时候，仍然按照原来的位置与方向排列。这样，即使桌面不够水平，还是能够保证培养基菌层是在水平的培养基底层上铺开，达到消除误差的目的。

（5）在滴加抗生素到小钢管的时候，由于毛细管内抗生素溶液往往会有气泡或者毛细管开口端有液体残留，继续滴加容易造成气泡膨胀破裂，使溶液溅落在琼脂培养基表面造成破圈。因此一旦毛细管中出现气泡或者残留，就重新吸取抗生素溶液进行滴加，毛细管口应避免太细，滴加的时候离开小钢管口距离不要太高。滴加中若有溅出，可用滤纸片轻轻吸去，不致造成破圈。在滴加中还有可能出现抗生素溶液滴入小钢管后，没有与琼脂培养基菌层接触，有一段空气被压在溶液与培养基之间，这样是不会产生抑菌圈的。此时可以小心地用滴管吸出小钢管内的抗生素溶液，弃去。换滴管重新滴加。

（6）在称量抗生素样品过程中，操作者的工作服上有可能会沾染抗生素粉末，在配培养基、加底层培养基、加菌层培养基或滴加抗生素溶液时，会随衣袖的抖动落入培养基，造成破圈或者无抑菌圈。所以配制抗生素溶液应单独使用一套工作服。

（7）滴加了抗生素溶液后的双碟忌震动，要轻拿轻放。在搬运到培养箱的过程中，可以预先在培养箱中垫上报纸铺平，再把双碟连同垫于桌上的玻璃板小心运至培养箱，缓慢推入箱内。

（8）双碟在37℃下培养约16h。时间太短会造成抑菌圈模糊，时间太长则会使菌株对抗生素的敏感性下降，在抑菌圈边缘的菌继续生长，使得抑菌圈变小。

（9）在培养过程中，如果温度不均匀（过于接近热源），会造成同一双碟上细菌生长速率不等，使抑菌圈变小或者不圆。所以把双碟放入培养箱时，要与箱壁保持一定的距离，双碟叠放也不能超过3个。培养中，箱门不得随意开启，以免影响温度。应经常注意温度，防止意外过冷、过热。

（10）用游标卡尺测量抑菌圈直径，可以在双碟底部垫一张黑纸，在灯光下测量。不宜取去小钢管再测量，因为小钢管中残余的抗生素溶液会流出扩散，使抑菌圈变得模糊。不能把双碟翻转过来测量抑菌圈直径，因为底面玻璃折射会影响抑菌圈测量的准确度。

【实验报告】
根据实验测量的抑菌圈大小，计算抗生素供试品的效价单位。

【思考题】
1. 为什么要用两步稀释，而不直接从1000U/mL稀释到10U/mL、20U/mL？
2. 生物效价测定实验室被抗生素粉尘污染会导致什么后果？

实验二十 不同生理期淀粉酶活力的比较分析

【实验目的】

1. 了解酶的制备及活力测定的一般原理与方法

2. 掌握淀粉酶的活力测定技术，了解小麦萌发前后淀粉酶活力的变化

3. 巩固对721或722S型分光光度计和离心机的熟练使用

4. 灵活运用3,5-二硝基水杨酸比色法测定样品中还原糖含量的原理和方法

【实验原理】

淀粉是植物最主要的贮藏多糖，也是人和动物的重要食物和发酵工业的基本原料。淀粉经淀粉酶作用后生成葡萄糖、麦芽糖等小分子物质而被机体利用。淀粉酶主要包括 α-淀粉酶和 β-淀粉酶两种。α-淀粉酶可随机地作用于淀粉中的 α-1,4-糖苷键，生成葡萄糖、麦芽糖、麦芽三糖、糊精等还原糖，同时使淀粉的黏度降低，因此又称为液化酶。β-淀粉酶可从淀粉的非还原性末端进行水解，每次水解下一分子麦芽糖，又被称为糖化酶。淀粉酶催化产生的这些还原糖能使3,5-二硝基水杨酸还原，生成棕红色的3-氨基-5-硝基水杨酸，淀粉酶活力越高，这种棕红色越深，其反应如下：

$$3,5\text{-二硝基水杨酸（黄色）} + \text{还原糖} \xrightarrow[\text{碱性}]{\text{加热}} 3\text{-氨基-5-硝基水杨酸（棕红色）} + \text{糖酸}$$

淀粉酶活力的大小与产生的还原糖的量成正比。用标准浓度的麦芽糖溶液制作标准曲线，用比色法测定淀粉酶作用于淀粉后生成的还原糖的量，以单位质量样品在一定时间内生成的麦芽糖的量表示酶活力。

淀粉酶存在于几乎所有植物中。萌发3~4天的小麦种子，淀粉酶活力最强，其中主要是 α-淀粉酶和 β-淀粉酶。两种淀粉酶特性不同，α-淀粉酶不耐酸，在 pH = 3.6 以下迅速钝化。β-淀粉酶不耐热，在70℃ 15min 钝化。根据它们的这种特性，在测定活力时钝化其中之一，就可测出另一种淀粉酶的活力。本实验采用加热的方法钝化 β-淀粉酶，测出 α-淀粉酶的活力。在非钝化条件下测定淀粉酶总活力（α-淀粉酶活力 + β-淀粉酶活力），再减去 α-淀粉酶的活力，就可求出 β-淀粉酶的活力。

【实验仪器、材料和试剂】

1. 仪器

离心机、离心管、研钵、电炉、容量瓶（50mL×1, 100mL×1）、恒温水浴、具塞刻度试管（20mL×13）、试管架、刻度吸管（2mL×3, 1mL×2, 10mL×1）、分光光度计等。

2. 材料

萌发的小麦种子（芽长约1~1.5cm）。

3. 试剂

①标准麦芽糖溶液(1mg/mL)　精确称取100mg麦芽糖，用蒸馏水溶解并定容至100mL。

②3,5-二硝基水杨酸试剂　精确称取3,5-二硝基水杨酸1g，溶于20mL 2mol/L NaOH溶液中，加入50mL蒸馏水，再加入30g酒石酸钾钠，待溶解后用蒸馏水定容至100mL。盖紧瓶塞，勿使CO_2进入。若溶液混浊，可过滤后使用。

③0.1mol/L pH = 5.6的柠檬酸缓冲液

A液(0.1mol/L柠檬酸)：称取$C_6H_8O_7 \cdot H_2O$ 21.01g，用蒸馏水溶解并定容至1L。

B液(0.1mol/L柠檬酸钠)：称取$Na_3C_6H_5O_7 \cdot 2H_2O$ 29.41g，用蒸馏水溶解并定容至1L。

取A液55mL与B液145mL混匀，既为0.1mol/L pH = 5.6的柠檬酸缓冲液。

④1%淀粉溶液　称取1g淀粉溶于100mL 0.1mol/L pH = 5.6的柠檬酸缓冲液中。

【实验步骤】

1. 淀粉酶液的制备

称取1g 25℃下萌发3天的小麦种子(芽长约1~1.5cm)，置于研钵中，加入少量石英砂和2mL蒸馏水，研磨成匀浆后，将匀浆转入离心管中，用6mL蒸馏水分次将残渣洗入离心管。提取液在室温下放置提取15~20min，每隔2min搅动1次，使其充分提取。然后在3000r/min转速下离心10min，将上清液倒入50mL容量瓶中，加蒸馏水定容至刻度，摇匀，即为淀粉酶原液，用于淀粉酶活力的测定。吸取上述淀粉酶原液10mL，放入50mL容量瓶中，用蒸馏水定容至刻度，摇匀，即为淀粉酶稀释液，用于淀粉酶总活力的测定。

取干燥种子或浸泡2.5h后的小麦种子1g，进行淀粉酶的提取，提取方法同上。

2. 麦芽糖标准曲线制作

取7支干净的具塞刻度试管，编号，按表2-27加入试剂。摇匀，置沸水中浴中煮沸5min。取出后流水冷却，加蒸馏水定容至20mL。以1号管作为空白调零点，在540nm波长下比色测定。以麦芽糖含量为横坐标，吸光度值为纵坐标，绘制标准曲线。

表2-27　酶活力测定取样表

试 剂	管 号						
	1	2	3	4	5	6	7
麦芽糖标准液(mL)	—	0.2	0.4	0.8	1.2.	1.6	2.0
蒸馏水(mL)	2.0	1.8	1.6	1.2	0.8	0.4	—
麦芽糖含量(mg)	—	0.2	0.4	0.8	1.2	1.6	2.0
3,5-二硝基水杨酸(mL)	2	2	2	2	2	2	2

3. 酶活力的测定

取 6 支干净的试管，编号，按表 2-28 进行操作。

将各试管摇匀，显色后，在 540nm 波长处进行比色测定光密度（吸光度），记录测定结果，操作同标准曲线。

摇匀，置沸水浴中 5min，取出后冷却，加蒸馏水至 20mL。摇匀，在 540nm 波长下比色，记录测定结果。

表 2-28　酶活力测定取样表

操 作 项 目	α-淀粉酶活力测定	β-淀粉酶活力测定
	Ⅰ-1、Ⅰ-2、Ⅰ-3	Ⅱ-1、Ⅱ-2、Ⅱ-3

淀粉酶原液（mL）1.0、1.0、1.0、0、0、0
钝化 β-淀粉酶 置 70℃水浴 15min，冷却
淀粉酶稀释液（mL）0、0、0、1.0、1.0、1.0
3,5-二硝基水杨酸（mL）2.0、0、0、2.0、0.0
预保温 将各试管和淀粉溶液置于 40℃恒温水浴中保温 10min
1% 淀粉溶液（mL）1.0、1.0、1.0、1.0、1.0、1.0
保温，在 40℃恒温水浴中准确保温 5min
3,5-二硝基水杨酸（mL）0、2.0、2.0、0、2.0、2.0

4. 结果计算

用Ⅰ-2、Ⅰ-3 吸光度平均值与Ⅰ-1 吸光度值之差，在标准曲线上查出相应的麦芽糖含量（mg），再按下式计算 α-淀粉酶的活力（A_α），淀粉酶活性以麦芽糖 mg/(g·min) 表示：

$$A_\alpha = C_\alpha Vt / (FW) t V_1$$

Ⅱ-2、Ⅱ-3 吸光度平均值与Ⅱ-1 吸光度值之差，在标准曲线上查出相应的麦芽糖含（mg），按下式计算 (α+β)-淀粉酶总活力 A_T：

$$A_T = C_T V_t / (FW) t V_1$$

式中：A ——淀粉酶活性；

A_α ——α-淀粉酶的活性；

A_T ——淀粉酶总活性，主要是 α-、β-淀粉酶的活性；

C_α ——α-淀粉酶水解淀粉生成的麦芽糖量（查标准曲线求值，以下同）；

C_T ——(α+β)-淀粉酶共同水解淀粉生成的麦芽糖量；

V_1 ——显色所用酶液体积，mL；

t ——酶作用时间，min；

V_t ——样液稀液总体积[α-淀粉酶为 50mL，(α+β)-淀粉酶为 500mL]；

FW——样品鲜重，g。

【注意事项】

（1）种子研磨应均匀，以助于酶液的提取。

（2）在测定蛋白质浓度及酶液时，应快速测量，以防止反应试剂的分解，提高测定的正确性。

（3）实验过程中注意安全。

【实验报告】

详细记录实验的过程及注意事项，分析并讨论实验结果。

【思考题】

1. 为什么要将Ⅰ-1、Ⅰ-2、Ⅰ-3号试管中的淀粉酶原液置70℃水浴中保温15min？

2. 为什么要将各试管中的淀粉酶原液和1%淀粉溶液分别置于40℃水浴中保温？

实验二十一 血清钙含量的测定(EDTA 二钠滴定法)

【实验目的】

1. 了解血清离子钙在人体营养学上的意义及其在生理学上的重要性

2. 掌握 EDTA 滴定法测定血清离子钙的原理和方法

【实验原理】

血清中的钙离子在碱性溶液中与钙红指示剂结合成可溶性的络合物,使溶液显红色。乙二胺四乙酸二钠(简称 EDTA 二钠)对钙离子的亲和力大,能与该络合物中的钙离子结合,使指示剂重新游离在碱性溶液中显蓝色。故以 EDTA 二钠滴定时,溶液由红色变为蓝色时,即表示终点达到。以同样方法滴定已知钙含量的标准液,从而计算出血清标本中钙的含量。

【实验仪器、材料和试剂】

1. 仪器

50mL 酸碱式滴定管、25mL 烧杯、微量加样器、50mL 锥形瓶等。

2. 试剂

① 钙标准液(1mL 相当于 0.1mg 钙) 取碳酸钙少量,置蒸发皿中,于110～120℃干燥 2～4h,移入硫酸干燥器中冷却。精确称取干燥碳酸钙 250mg 于烧杯中,加蒸馏水 40mL 及 1mol/L 盐酸 5mL 溶解,移入 1000mL 容量瓶,以蒸馏水洗烧杯数次,洗液一并倾入容量瓶,加蒸馏水稀释至 1000mL。

② EDTA 溶液 乙二胺四乙酸二钠 150mg,1mol/L 氢氧化钠溶液 2mL,蒸馏水加至 1000mL。

③ 钙红指示剂 称取钙红 0.1g,溶于 20mL 甲醇中。

④ 0.2mol/L 氢氧化钠液。

【实验步骤】

(1)取血清 0.2mL 放入 25mL 烧杯中。

(2)加 0.2mol/L 氢氧化钠 4mL 和钙红指示剂 3 滴。

(3)以标定过的 EDTA 溶液滴定,直至溶液由红色变为正蓝色为止。

(4)记录 EDTA 的用量(mL)。

(5)同时作一样品空白对照。

(6)实验结果与分析

$$血清钙含量(mg\%) = (S - b) \times T/0.2 \times 100$$

式中:S——样品消耗 EDTA 溶液的体积,mL;

b——样品空白消耗 EDTA 溶液的体积,mL。

【注意事项】

(1)试剂为空白对照。

（2）每组样品做 2~3 个平行实验。

（3）正常参考范围：2. 25~2. 75mmol/L(9~11mg/dL)。

【实验报告】

详细记录实验的过程及注意事项，分析并讨论实验结果。

实验二十二　肌糖原的酵解

【实验目的】

1. 学习检定糖酵解作用的原理和方法
2. 了解糖酵解作用在糖代谢过程中的地位及生理意义

【实验原理】

在动物、植物、微生物等许多生物机体内，糖的无氧分解几乎都按完全相同的过程进行，本实验以动物肌肉组织中肌糖原的酵解过程为例。肌糖原的酵解作用，即肌糖原在缺氧的条件下，经过一系列的酶促反应最后转变成乳酸的过程。肌肉组织中的肌糖原首先与磷酸化合而分解，经过己糖磷酸脂、丙糖磷酸脂、丙酮酸等一系列中间产物，最后生成乳酸。该过程可综合为下列反应式：

$$\frac{1}{n}(C_6H_5O_5)_n + H_2O \longrightarrow 2CH_3CHOHCOOH$$

　　　　糖原　　　　　　　　乳酸

肌糖原的酵解作用是糖类供给组织能量的一种方式。当机体突然需要大量的能量，而又供氧不足（如剧烈运动时），则糖原的酵解作用暂时满足能量消耗的需要。在有氧条件下，组织内糖原的酵解作用受到抑制，而有氧氧化则为糖代谢的主要途径。

糖原酵解作用的实验，一般使用肌肉糜或肌肉提取液。在用肌肉糜时，必须在无氧的条件下进行；而肌肉提取液，则可在有氧条件下进行。因为，催化酵解作用的酶系统全部存在于肌肉提取液中，而催化呼吸作用（即三羧酸循环）的酶系统，则集中在线粒体中，糖原可用淀粉代替。

淀粉存在于绿色植物的多种组织中（种子、块茎、干果）。

糖原是动物和细菌细胞内糖及其所反应的能源的一种储存形式，其作用与淀粉在植物中的作用一样，故有"动物淀粉"之称。

糖原或淀粉的酵解作用，可由乳酸的生成来观察，在除去蛋白质与糖以后，乳酸可以与硫酸共热变成乙醛，后者再与对羟基联苯反应产生紫红色物质，根据颜色的显现而加以鉴定。

该法比较灵敏，每毫升溶液含 $1 \sim 5\mu g$ 乳酸即产生明显的颜色反应，若有大量糖类和蛋白质等杂质存在，则严重干扰测定结果，因此，实验中应尽量除净这些物质。另外，测定时所用的仪器应严格地洗涤干净。

实验中所用到的化学反应方程式如下：

（1）糖原→（ 糖原磷酸化酶 ）→ 1-磷酸-葡萄糖→ 6-磷酸葡萄糖，进入糖酵解。

$$\frac{1}{n}(C_6H_{10}O_5)_n + H_2O \longrightarrow 2CH_3CHOHCOOH$$

（2）乳酸的鉴定（灵敏度 1 ~ 5mg/mL）如图 2-6 所示。

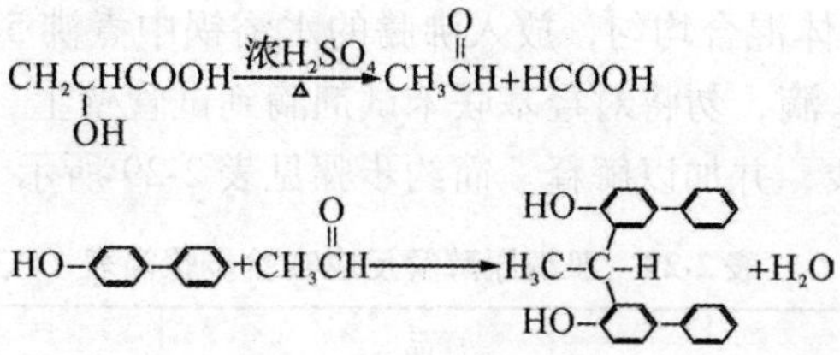

$$CH_2CHCOOH \xrightarrow[\triangle]{\text{浓}H_2SO_4} CH_3CH + HCOOH$$
$$\underset{OH}{|} \qquad \qquad \overset{O}{\|}$$

$$HO-\bigcirc\!\!\!-\bigcirc + CH_3\overset{O}{\overset{\|}{C}}H \longrightarrow H_3C-\overset{HO-\bigcirc}{\underset{HO-\bigcirc}{\overset{|}{C}}}-H + H_2O$$

图 2-6　乳酸鉴定原理

【实验仪器、材料和试剂】

1. 仪器

试管及试管架、移液管（5mL、2mL、1mL、0.5mL）、滴管、量筒（10mL）、玻璃棒、恒温水浴、小台秤、剪刀及镊子、冰浴。

2. 材料

兔肌肉糜。

3. 试剂

0.5% 糖原溶液（或 0.5% 淀粉溶液）、20% 三氯乙酸溶液、液体石蜡、氢氧化钙（粉末）、浓硫酸、饱和硫酸铜溶液、1/15mol/L 磷酸二氢钾溶液（pH = 7.4）、对羟基联苯试剂。

【实验步骤】

1. 制备肌肉糜

将兔杀死后，立即剥皮，割取背部和腿部肌肉，在低温条件下用剪刀尽量把肌肉剪碎即成肌肉糜，低温保存备用（临用前制备）。

2. 肌肉的糖酵解

（1）取 4 支试管，编号后各加入新鲜肌肉糜 0.5g。1、2 号管为样品管；3、4 号管为空白管。向空白管内加入 20% 三氯乙酸 3mL，用玻璃棒将肌肉糜打散、搅匀，以沉淀蛋白质和终止酶的反应。然后，在每支试管中加入 3mL 磷酸缓冲液和 1mL 0.5% 糖原溶液。用玻璃棒充分搅匀，再分别加入少许液体石蜡（试管的 3 ~ 5mm 高度），使它在液面形成一薄层以隔绝空气，并将 4 支试管同时放入 37℃ 恒温水浴中保温。

（2）1h 后，取出试管，立即向样品管内加入 20% 三氯乙酸 3mL，混匀。将各试管内容物分别过滤，弃去沉淀。量取每个样品的滤液 5mL，分别加入已编号的试管中，然后向每管内加入饱和硫酸铜溶液 1mL，混匀，再加 0.4g 氢氧化钙粉末，用玻璃棒充分搅匀后，放置 10min，并不时振荡，使糖沉淀完全。将每个样品分别过滤，弃去沉淀。

3. 乳酸的测定

（1）取 4 支洁净、干燥的试管，编号，各加入浓硫酸 2mL，将试管置于冰浴中冷却。

（2）将每个样品的滤液一滴或两滴逐滴加入到已冷却的上述浓硫酸溶液中，

边加边摇动冰浴中的试管，避免局部过热，应注意冷却。

（3）将试管内液体混合均匀，放入沸腾的水浴锅中煮沸 5min，冷却后，再加入对羟基联苯试剂 2 滴，勿将对羟基联苯试剂滴到试管壁上，混匀，比较和记录各管溶液的颜色深浅，并加以解释。简约步骤见表 2-29 所示。

表 2-29　肌糖原酵解反应实验步骤简表

编号 试剂	样品		空白	
	1	2	3	4
肌肉糜（g）	0.5			
20% 三氯乙酸（mL）			3	3
磷酸缓冲液（mL）	3			
0.5% 淀粉溶液（mL）	1			
液体石蜡（mL）	充分搅拌，加液体石蜡封口，37℃水浴 1h，后吸出石蜡			
20% 三氯乙酸（mL）	3	3		
饱和硫酸铜溶液（mL）	1			
氢氧化钙粉末（g）	分别加 0.4g，充分搅拌，分别过滤			

【注意事项】

（1）加液体石蜡隔绝空气，以试管高度的 3～5mm 为宜。

（2）37℃保温 1h。

（3）在乳酸测定中，试管必须洁净、干燥，防止污染；4 支试管洗净放入烘箱烘干。

（4）所用滴管大小尽可能一致，减少误差。0.1mL/管；若显色较慢，则可将试管放入 37℃恒温水浴中保温 10min，再比较各管颜色。

（5）影响显色的因素

①糖的影响　加 $Ca(OH)_2$ 和 $CuSO_4$ 去除。

②蛋白质　加三氯乙酸（TCA）沉淀。

③无机离子　Mg^{2+} 是许多酶的辅助因子，必定影响酶促反应速率；Cu^{2+} 可增强乳酸的颜色反应。

【实验报告】

（1）观察试管中的染色变化。

（2）根据颜色进行判定肌糖原酵解反应是否发生，实验是否成功。

【思考题】

1. 本实验在保温前不加液体石蜡是否可以？为什么？

2. 本实验如何检验糖酵解作用？

实验二十三 血清丙氨酸氨基转移酶测定

【实验目的】

1. 掌握转氨基反应并了解转氨酶测定的临床意义
2. 熟悉血清转氨酶测定的原理及方法

【实验原理】

血清中的转氨酶主要有丙氨酸氨基转移酶(ALT;亦称谷丙转氨酶 GPT)天冬氨酸氨基转移酶(AST;亦称谷草转氨酶 GOT)两种。丙氨酸氨基转移酶能催化下述的可逆反应,生成的丙酮酸可与 2,4-二硝基苯肼作用生成腙,腙在强碱溶液中呈色,再与标准液比色而求其酶活性的大小。

丙氨酸氨基转移酶的活性越大则转氨基生成的丙酮酸越多,因此腙也多,呈色深。反应式如图 2-7 所示。

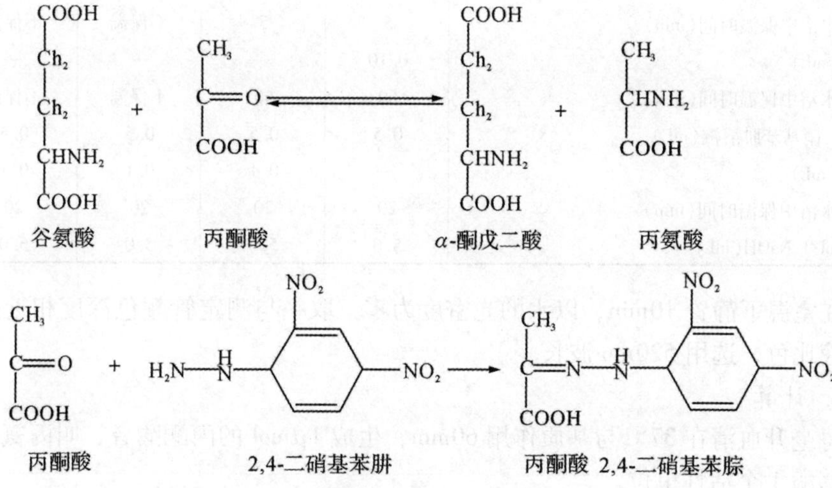

图 2-7 丙氨酸氨基转移反应及呈色反应

【实验仪器、材料和试剂】

1. 仪器

分光光度计、移液管、恒温水浴箱、试管等。

2. 材料

血清。

3. 试剂

①ALT 底物溶液 取分析纯 α-酮戊二酸 29.2mg,DL-丙氨酸 1.78g,置于小烧杯内,加 1mol/L 的 NaOH 至完全溶解。用 1mol/L NaOH 或 1mol/L HCl 调节到 pH=7.4,再加磷酸缓冲液至 100mL,加氯仿数滴防腐,于冰箱内可保存一周。此溶液每毫升含 α-酮戊二酸 0.002mmol,丙氨酸 0.2mmol。

②2,4-二硝基苯肼溶液 取分析纯 2,4-二硝基苯肼 19.9mg,溶于 100mL

1mol/L 盐酸中。此溶液溶解较慢，宜置暗处不时摇动，必要时可微加热，待全部溶解后过滤，盛于棕色瓶中保存。

③0.4mol/L NaOH。

④丙酮酸钠标准液（2mol/mL） 取分析纯丙酮酸钠 11.0mg，溶于 50mL pH=7.4 的磷酸盐缓冲液中。

⑤pH=7.4 磷酸盐缓冲液。

【实验步骤】

1. 测定

取试管 4 支，按表 2-30 进行操作。

表 2-30　实验操作步骤简表

管　号	测定管	空白管	标准管 1	标准管 2
丙酮酸钠标准液（2mol/mL）	—	—	0.10	0.20
丙氨酸氨基转移酶底物液（mL）	0.50	0.50	0.40	0.30
37℃水浴中保温时间（min）	5	5	不保温	不保温
血清（mL）	0.10	—	—	—
37℃水浴中保温时间（min）	60	60	不保温	不保温
2,4-二硝基苯肼溶液（mL）	0.5	0.5	0.5	0.5
血清（mL）	—	0.1	0.1	0.1
37℃水浴中保温时间（min）	20	20	20	20
0.4mol/L NaOH（mL）	5.0	5.0	5.0	5.0

在室温下静置 10min，以水的光密度为零，取一与测定管颜色深度相近的标准管液比色，选用 520nm 波长。

2. 计算

每毫升血清在 37℃ 与基质作用 60min，生成 1μmol 的丙酮酸者，叫丙氨酸氨基转移酶 1 个活性单位。

$$\frac{测定管光密度 - 空白管光密度}{标准管光密度 - 空白管光密度} \times 标准管浓度 \times \frac{100}{0.1}$$

$$= 每 100mL 血清中丙谷氨酸转移酶的活性单位数$$

【附注】

ALT(GPT)的最初测定方法为卡门氏法（Karman），此项测定需紫外分光光度计并需恒温比色皿架。其测定原理为酶偶联法，即将转氨基反应与乳酸脱氢酶反应偶联，测 340nm 下的光吸收降低。反应如下：

$$\alpha\text{-}酮戊二酸 + 丙氨酸 \longrightarrow 谷氨酸 + 丙酮酸$$
$$丙酮酸 + NADH + H^+ \longrightarrow 乳酸 + NAD^+$$

卡门氏法的测定方法为：1mL 血清与底物反应，反应液总体积为 3mL，置分光光度计中 25℃，光径长 1cm，观察 340nm 下的吸光度变化。

1 卡门单位为上述测定条件下在 340nm 每分钟吸光度每下降 0.001 为一单位。测定结果报告方法为每毫升血清中的活性单位数。

　　临床上多采用赖氏、金氏或穆氏方法(此类方法不需紫外分光光度计)与卡门氏法对比测定然后实验折算。各法因对比、折算、实验室条件不同而所得数值十分混乱。国家卫生部规定 1992 年 7 月 1 日起测定 ALT 的方法为赖氏法和酶法测定。本实验目的在于了解 ALT 的测定原理及其临床意义，所用血清系动物血清，故采用比较常用的活性单位定义取值。

　　丙氨酸氨基转移酶及天冬氨酸氨基转移酶普遍存在于动物的各个组织中，其含量以心脏、肝脏为多，如心肌或肝脏组织发生损害时，由于该组织中的转氨酶释放至血液，故在发病初期血中的转氨酶活性会明显地升高。

　　丙氨酸氨基转移酶显著升高常见于肝炎急性期及药物中毒性肝细胞坏死。中等程度升高常见于肝癌、肝硬化、慢性肝炎及心肌梗死。天冬氨酸氨基转移酶显著升高常见于心肌梗死急性发作，肝炎急性期及药物中毒性肝细胞坏死。中等程度升高常见于肝癌、肝硬化、慢性肝炎及心肌炎。

　　本法测定人血清 ALT 的正常值为 88 ± 23 单位/100mL 血清。

【思考题】
　　1. 实验中几次保温的目的有何不同?
　　2. 设定空白管的目的是什么?

实验二十四　酶联免疫吸附测定——ELISA

一、间接法

【实验目的】

1. 通过该实验了解 ELISA 的全过程(从试剂的配制、包被到结果分析)

2. 掌握 ELISA 间接法的原理

【实验原理】

间接法首先用抗原包被于固相载体,这些包被的抗原必须是可溶性的,或者至少是极微小的颗粒,经洗涤,加入含有被测抗体之标本,再经孵育洗涤后,加入酶标记抗抗体,再经孵育洗涤后,加底物显色,底物降解的量,即为欲测抗体的量,其结果可用目测或用分光光度计定量测定。本实验采用纯化乙肝病毒(HBsAg)包被反应板,加入待测标本,同时加入酶结合物(HBsAg-HRP)。当标本中存在乙肝表面抗体(HBsAb)时,就会形成 HBsAg-HBsAb-HBsAg-HRP 复合物,加入显色剂底物产生显色反应,反之就无显色反应。

【实验仪器、材料及试剂】

1. 材料

乙型肝炎病毒表面抗体(HBsAg)、待检人血清、酶标记的抗 HBsAb 抗体、HBsAb 阳性对照血清、HBsAb 阴性对照血清。

2. 试剂

①包被缓冲液(pH = 9.6 0.05mol/L 碳酸盐缓冲液)　Na_2CO_3 1.59g,$NaHCO_3$ 2.93g,溶于 1000mL 双蒸水中。

②洗涤缓冲液(pH = 7.4,0.15mol/L PBS)　$KH_2PO_4 \cdot H_2O$ 0.2g,$Na_2HPO_4 \cdot 12H_2O$ 2.9g,NaCl 8g,KCl 0.2g,Tweenn-20 0.50mL,加双蒸水至 1000mL。

③终止液(2mol/L H_2SO_4)　双蒸水 178.3mL,加浓硫酸至 200mL,在水中逐滴沿壁加入浓硫酸,边加边搅拌。

④底物缓冲液(pH = 5.0 磷酸盐-柠檬酸缓冲液)　1.85g $Na_2HPO_4 \cdot 12H_2O$,柠檬酸 0.51g,加双蒸水至 50mL。

⑤底物溶液　A. OPD 20mg,底物缓冲液 50mL;B. 30% H_2O_2 100μL,临用时配。

3. 仪器

96 孔聚苯乙烯塑料板(酶标板)、酶标比色计、移液枪、离心管、离心管盒等。

【实验步骤】

1. 包被抗体

将 HBsAg 用包被液作适当稀释(1∶100),在 96 孔反应板中每孔加 100μL,置 37℃ 2h 后再移至 4℃过夜,贮存于冰箱中。

2. 洗涤

将96孔反应板倾去包被液，用洗涤液 PBS-吐温 20(Tween-20)加满各孔，置3min，倾去，如此反复3次。

3. 加样

①阳性对照　第1、2孔加 HBsAb 阳性对照血清 50μL。

②阴性对照　第3、4孔加 HBsAb 阴性对照血清 50μL。

③空白对照　第5孔加生理盐水 100μL。

④余下各孔加待检血清 50μL。

4. 加酶标记的抗 HBsAb 抗体

除空白对照外各孔加 50μL 酶标记的抗 HBsAb 抗体，充分混匀。将即时帖覆盖于反应板上，37℃孵育 30min。

5. 洗涤

弃去反应孔内液体，拍干，用洗涤液注满各孔，静置 30s，再拍干，重复洗涤 5 次(操作同2)。

6. 显色

各孔(包括空白对照)加底物溶液 A、B 液各一滴，置 37℃避光温育 15min。

7. 终止反应

各孔加终止液 50μL (2mol/L H_2SO_4)。

8. 比色

将反应板以酶标仪 450nm 处用空白孔调零，测各孔 OD(光密度)值。

【注意事项】

(1)血清标本可按常规方法采集，应注意避免溶血。

(2)方法中用的蒸馏水或去离子水，包括用于洗涤的，应为新鲜的和高质量的。

(3)洗涤是最主要的关键技术，应引起操作者的高度重视，操作者应严格按要求洗涤，不得马虎。

(4)酶标仪不应安置在阳光或强光照射下，操作时室温宜在 15～30℃，使用前先预热仪器 15～30min，测读结果更稳定。

【实验报告】

详细记录实验的过程及注意事项，分析并讨论实验结果。

【思考题】

1. 为什么洗涤是本实验最主要的关键步骤？

2. 与双抗体夹心法相比，ELISA 间接法的主要优点是什么？

二、双抗体夹心法

【实验目的】

掌握检测特定抗原或抗体的存在方法，并可利用呈色之深浅进行定量分析。

【实验原理】

本法首先也是用特异性抗体包被于固相载体，经洗涤后加入含有抗原之待测样品，如待检样品中有相应抗原存在，即可与包被于固相载体上的特异性抗体结合，经保温孵育洗涤后，即可加入酶标记特异性抗体，再经孵育洗涤后，加底物显色进行测定，底物降解的量即为欲测抗原的量。

这种方法欲测的抗原必须有两个可以与抗体结合的部位，因为其一端要包被于固相载体上的抗体作用，而另一端则要与酶标记特异性抗体作用。因此，不能用于相对分子质量小于5000的半抗原之类的抗原测定。

【实验仪器、材料及试剂】

1. 材料

抗原、抗体、酶标记抗体。

2. 试剂

①包被缓冲液（pH = 9.6，0.05mol/L 碳酸盐缓冲液） Na_2CO_3 1.59g，$NaHCO_3$ 2.93g，溶于1000mL 双蒸水中。

②洗涤缓冲液（pH = 7.4，0.15mol/L PBS） KCl 0.2g，Tweenn-20 0.50mL，$KH_2PO_4 \cdot H_2O$ 0.2g，$Na_2HPO_4 \cdot 12H_2O$ 2.9g，NaCl 8g，加双蒸水至1000mL。

③稀释液 牛血清白蛋白（BSA）0.10g，加洗涤液至100mL。

④终止液（2mol/L H_2SO_4） 双蒸水178.3mL，加浓硫酸至200mL，在水中逐滴沿壁加入浓硫酸，边加边搅拌。

⑤底物缓冲液（pH = 5.0 磷酸盐-柠檬酸缓冲液） $Na_2HPO_4 \cdot 12H_2O$ 1.85g，柠檬酸0.51g，加双蒸水至50mL。

⑥四甲基联苯胺（TMB）使用液 TMB（10mg/5mL 无水乙醇）0.5mL，底物缓冲液10.0mL，0.75% H_2O_2 32.0μL。

⑦2,2'-连氮基-双-3-乙基-苯丙噻唑啉磺胺（ABTS）使用液 ABTS 0.5mg，底物缓冲液1.0mL，3% H_2O_2 2.0μL。

3. 仪器

96孔聚苯乙烯塑料板（酶标板）、酶标比色计、移液枪、离心管、离心管盒等。

【实验步骤】

（1）包被

用包被缓冲液将抗体稀释至蛋白质含量为 1 ~ 10μg/mL。在酶标板反应孔中加0.1mL，4℃过夜。次日，弃去孔内溶液，用洗涤缓冲液洗板3次，每次3min。

（2）加样

加一定浓度稀释的待检样品（同时做空白对照，阴性对照孔及阳性对照孔）

0.1mL 于上述已包被的反应孔中，置湿盒中，37℃，1h。用洗涤缓冲液洗板 3 次，每次 3min。

（3）加酶标抗体

于各反应孔中，加入新鲜稀释的酶标抗体（经滴定后的稀释度）0.1mL，37℃，0.5~1h，用洗涤缓冲液洗板 3 次，每次 3min。

（4）加底物液显色

于各反应孔中加入现配的 TMB 底物溶液 0.1mL，37 ℃，10 ~ 30min。

（5）终止反应

于各反应孔中加入终止液 0.05mL。

（6）结果判定

将酶标板在酶标仪上，于 450nm（若 ABTS 显色，在 410nm 处读数），读数，输出到 Excel 软件中。

（7）结果处理以标准品浓度为横坐标，吸光度为纵坐标，生成标准曲线和直线回归方程式，根据公式计算未知样品的浓度，并记录。

【注意事项】

（1）试剂及待测标本使用前应平衡至室温，并将试剂混匀，弃去 1~2 滴，垂直滴加。

（2）严格按照操作程序依次加样，以保证实验结果准确性。

（3）应尽量避免孔中有气泡，以免所测得 OD 值不准确。

【实验报告】

详细记录实验的过程及注意事项，分析并讨论实验结果。

【思考题】

1. 免疫标记技术有哪些？各有何特点？

2. ELISA 操作过程中应注意哪些问题？

实验二十五　蛋白质免疫印迹

【实验目的】

了解蛋白质印迹法的基本原理及其操作。

【实验原理】

Western 吸印，也称 Western blot、Western blotting、Western 印迹，与 Southern 印迹杂交或 Northern 印迹杂交方法类似。但不是真实意义的分子杂交，而是通过抗体以免疫反应形式检测滤膜上是否存在被抗体识别的蛋白质。被检测物是蛋白质，"探针"是抗体(一抗)，"显色"是在抗体上标记的二抗(第二抗体)。待测蛋白既可以是粗提物也可以经过一定的分离和纯化，另外这项技术的应用需要利用待测蛋白的单克隆或多克隆抗体进行识别。Western blot 采用的是聚丙烯酰胺凝胶电泳分离蛋白质样品，转移到滤膜上时被其上作为抗原的蛋白质或肽以非共价键形式吸附(即免疫反应)，再与酶或同位素标记的第二抗体起反应，经过底物显色或放射自显影检测蛋白成分。通过分析着色的位置和着色深度获得特定蛋白质在所分析的细胞或组织中的表达情况。

【实验仪器、材料和试剂】

1. 仪器

水浴锅、玻璃匀浆器、高速离心机、分光光度仪、−20℃ 低温冰箱、垂直板电泳转移装置、恒温水浴摇床、多用脱色摇床、烧杯、量筒和平皿等玻璃器材、硝酸纤维素膜(NC)、乳胶手套、保鲜膜、搪瓷盘(>20cm×20cm)、X 光片夹、X 光片、玻棒、吸水纸、滤膜。

2. 材料

蛋白质样品。

3. 试剂

①10×转移缓冲溶液(1L)　30.3g Trizma base(0.25mol/L)，144g 甘氨酸(1.92mol/L)，加蒸馏水至 1L，此时 pH 值约为 8.3，不必调整。

②1×转移缓冲溶液(2L)　在 1.4L 蒸馏水中加入 400mL 甲醇及 200mL 10×转移缓冲溶液。

③TBS 缓冲溶液　将 1.22g Tris(10mmol/L)和 8.78g NaCl(150mmol/L)加入到 1L 蒸馏水中，用 HCl 调节 pH 值至 7.5。

④TTBS 缓冲溶液　在 1L TBS 缓冲溶液中加入 0.5mL Tween-20(0.05%)。

⑤一抗　兔抗待测蛋白抗体(多克隆抗体)。

⑥二抗　辣根过氧化物酶标记羊抗兔。

⑦3% 封阻缓冲溶液(0.5L)　牛血清白蛋白 15mg 加入 TBS 缓冲溶液并定容至 0.5L，过滤，在 4℃ 保存以防止细菌污染。

⑧0.5% 封阻缓冲溶液(0.5L)　牛血清白蛋白 2.5mg 加入 TTBS 缓冲溶液并定容至 0.5L，过滤，在 4℃ 保存以防止细菌污染。

⑨显影试剂 1mL 氯萘溶液（30mg/mL 甲醇配置），加入 10mL 甲醇，加入 TBS 缓冲溶液至 50mL，加入 30μL 30% H_2O_2。

⑩染色液 1g 氨基黑 18B（0.1%），250mL 异丙醇（25%）及 100mL 乙酸（10%）用蒸馏水定容至 1L。

⑪脱色液 将 350mL 异丙醇（35%）和 20mL 乙酸（2%）用蒸馏水定容至 1L。

【实验步骤】

实验简略步骤如图 2-8 所示。

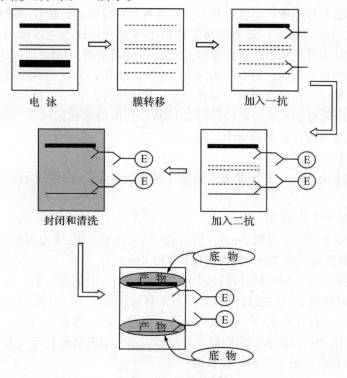

图 2-8 实验简略步骤

1. SDS-PAGE 电泳

（1）分离胶的配置

配置 10% 分离胶 5mL 配方如下：蒸馏水 1.3 mL；30% 丙烯酰胺-甲叉丙烯酰胺（29∶1）1.7mL；1.5mol/L 的 Tris-HCl（pH8.8）1.9mL；10% SDS 0.05mL；10% 过硫酸铵 0.05mL；TEMED 0.007mL（其他体积的分离胶按照配比比例增加）。

（2）灌分离胶

混匀后用移液枪将凝胶溶液沿玻棒小心注入到长、短玻璃板间的狭缝内（胶高度距样品模板梳齿下缘约 1cm）。在凝胶表面沿短玻板边缘轻轻加一层水以隔绝空气，使胶面平整。静置约 30min 观察胶面变化，当看到水与凝固的胶面有折射率不同的界限时，表明胶已完全凝固，倒掉上层水，并用滤纸吸干残留的水液。

（3）浓缩胶的配置

配置 5% 浓缩胶 2mL 配方下：蒸馏水 1.4mL；30% 丙烯酰胺-甲叉丙烯酰胺

（29 : 1）0.33mL；0.5mol/L 的 Tris-HCl（pH6.8）0.25mL；10% SDS 0.02mL；10% 过硫酸铵 0.02mL；TEMED 0.02mL（其他体积的分离胶按照配比比例增加）。

（4）插入制胶梳

混匀后用移液枪将浓缩胶溶液注入到长、短玻璃板间的狭缝内（分离胶上方），轻轻加入制胶梳，小心避免气泡的出现。约 30min，聚合完全。

（5）电泳

将制备好的凝胶板取下，小心拔下梳子。两块 10% 的凝胶板分别插到 U 形橡胶框的两边凹形槽中，可往上提起使凝胶板紧贴橡胶。将装好玻璃板的胶模框平放在仰放的贮槽框上，其下缘与贮槽框下缘对齐，放入电泳槽内。倒入 1 × Tris-甘氨酸电泳缓冲液。用移液枪取处理过的样品溶液 10μL，小心地依次加入到各凝胶凹形样品槽内，将标记加入到其中一个槽内，为区别两块板，标记可加在不同的孔槽中。将电泳槽放置电泳仪上，接通电源，正、负极对好。电压先调至 60V，溴酚蓝标记到达分离胶后调制 110V。待溴酚蓝标记移动到凝胶底部时，关电源，把电泳缓冲液倒回瓶中。

2. 转膜

电泳结束前 20min 开始准备，而垫片和滤纸至少 1h 前浸泡于含 SDS 的转移缓冲液中。

（1）剪适当大小的 NC 膜。

（2）甲醇 10mL 浸泡膜 5min，然后按 1:4 体积比向浸泡膜的容器中加水 40mL 至甲醇终浓度为 20%（慢加快摇）计时 2min。

（3）将膜转入无 SDS 转移缓冲液中（至少浸泡 15min），慢摇。

（4）同时将电泳好的胶转移至无 SDS 的转移缓冲液中，慢摇 10min。

（5）将夹子打开使黑的一面保持水平，按湿转芯，黑面—垫片—滤纸—胶—膜—滤纸—垫片—白面的顺序放好，并且每层都要用玻璃棒赶走气泡，装槽时要黑对黑，白对白，加入含 SDS 转移缓冲液。

（6）湿转 100V，1 ~ 1.5h，转移槽中放入冰盒，且转移槽在冰水混合物上或者磁力搅拌器搅拌，4℃ 层析柜进行。

3. 封闭

转膜结束后，将膜与胶接触的面为正面朝上，TTBS 缓冲液中浸泡片刻或者直接转移至封闭液中（5% 脱脂牛奶），封闭 1 ~ 2h。

4. 一抗孵育

封闭结束后，将膜在 TTBS 缓冲液中洗 2 次，每次 2min，将膜转移至一抗孵育盒（5% 牛奶 + 一抗）中，4℃ 过夜孵育或者室温孵育 3h。

5. 洗涤

膜在 TTBS 缓冲液洗 3 次，每次 5min。

6. 二抗孵育

将膜转移至二抗孵育盒中（5% 牛奶 + 二抗），1 ~ 2 h。

7. 洗涤

TTBS 洗膜三次，每次 5min。

8. ECL Plus 检测液检测

Western blot 超敏发光液 A 和 B 按 1∶1 比例混匀。

注意：Western blot 超敏发光液 4℃避光保存。使用前需恢复至室温，所以要提前从冰箱中取出。

(1)滤纸条吸干膜上多余的 TTBS 缓冲液，正面朝上放在保鲜膜上。

(2)将检测液均匀铺在膜上(以靶蛋白带为主)，室温 3～5min。

(3)用滤纸吸去膜上多余的发光液，正面朝上用保鲜膜包好，刮平表面，确保表面干燥。

9. 暗室 X 光片曝光

(1)将膜蛋白面朝下与此混合液充分接触；1min 后，将膜移至另一保鲜膜上，去尽残液，包好，放入 X 光片夹中。

(2)显影。在暗室中，将 1×显影液和定影液分别倒入塑料盘中；红灯下取出 X 光片(比膜的长和宽均需大 1cm)；把 X 光片放在膜上，不能移动，根据信号的强弱调整曝光时间，一般为 1min 或 5min，也可选择不同时间多次压片，以达最佳效果；曝光完成后，X 光片迅速浸入显影液中显影，待出现明显条带后，即刻终止显影。一般为 1～2min(20～25℃)，温度过低时(低于 16℃)需适当延长显影时间。

(3)定影。马上把 X 光片浸入定影液中，定影时间一般为 5～10min，以胶片透明为止；用自来水冲去残留的定影液后，室温下晾干。

10. 凝胶图象分析

将胶片进行扫描或拍照，用凝胶图像处理系统分析目标带的相对分子质量和净光密度值。

【注意事项】

(1)切滤纸和膜时一定要戴手套，因为手上的蛋白会污染膜。

(2)整个操作在转移液中进行，要不断地擀去气泡。膜两边的滤纸不能相互接触，接触后会发生短路烧坏转膜装置(转移液含甲醇，操作时要戴手套，实验室要开门以使空气流通)。

(3)显影和定影需移动胶片时，尽量拿胶片一角，手指甲不要划伤胶片，否则会对结果产生影响。

【实验报告】

详细记录实验的过程及注意事项，分析并讨论实验结果。

【思考题】

1. 蛋白质印迹法的特点是什么？

2. 请解释什么是 BSA？并说明它在本实验中的作用。

3. 请说明二抗在蛋白质印迹法中的生物学功能。

4. 如何保存抗体？

实验二十六　非变性聚丙烯酰胺凝胶的 SSR 标记分析

【实验目的】

(1)了解和掌握利用 SSR 分子标记检测植物基因组 DNA 的遗传多态性的基本原理和实验方法。

(2)为分子遗传图谱的构建、遗传多样性分析与种质鉴定、重要性状基因定位与图位克隆、转基因生物鉴定、分子标记辅助育种等研究奠定实验技能基础。

【实验原理】

(1)每个 SSR 座位两侧一般是相对保守的单拷贝序列,根据 SSR 两端保守的单拷贝序列设计一对特异引物。

(2)SSR 的重复单位重复次数不同,通过 PCR 技术将其间的核心微卫星 DNA 序列扩增出来,就可获得其长度多态性。

(3)再经聚丙烯酰胺凝胶电泳分析技术,就可检测到不同个体在某个 SSR 座位上的多态性。

【名词解释】

SSR(simple sequence Repeat),简单重复序列,也称微卫星,指的是基因组中由 2~6 个核苷酸组成的基本单位重复多次构成的一段 DNA,广泛分布于基因组的不同位置,长度一般在 200bp 以下。

【实验仪器、材料和试剂】

1. 仪器

离心机、移液器(100~1000μL, 10~50μL)、PCR 仪、垂直板电泳设备、量筒、烧杯。

2. 材料

DNA。

3. 试剂

$MgCl_2$、引物、dNTP、10×PCR 缓冲液、DNA 聚合酶、无菌去离子水、10×TBE。

【实验步骤】

1. PCR 反应

(1)PCR 反应体系

按表 2-31 所示依次向无菌的 200μL 离心管中加入如下成分,轻轻混匀。SSR 的引物包括两个(forward primer 和 reverse primer),最后每个反应管中加 30μL 矿物油;此外,操作时,试剂等应放在冰上。

表 2-31　PCR 反应体系组成

模板 DNA	20~60ng
$MgCl_2$	15~40nmol

（续）

模板 DNA	20~60ng
引物(各)	2~8pmol
dNTP	1~5nmol
PCR 缓冲液	1×
DNA 聚合酶	1~5U
总体积	20μL

（2）PCR 扩增

根据引物所要求的结合温度（T_M）选择扩增程序见表 2-32 所示。

表 2-32 PCR 扩增程序

94℃	2min
94℃	50s
50~65℃	30s
72℃	90s
72℃	7min
4℃	∞

其中 94℃ 50s、50~65℃ 30s、72℃ 90s 为 35 循环。

2. 制备聚丙烯酰胺凝胶

（1）清洗玻璃板、灌胶用量筒和烧杯，玻璃板；将平口玻璃板和凹口玻璃板放在桌面的支撑物上，给玻璃板滴少量 100% 乙醇，用擦镜纸均匀擦洗制胶面，气干。

（2）将平口玻璃板和凹口玻璃板的三个边对齐，放上需要厚度的板条，三边和接茬处按牢固，然后用夹子夹在板条中间将玻璃板固定于灌胶架上。

（3）配胶（8% 非变性聚丙烯酰胺凝胶，Acr:Bis = 37.5:1），灌胶；将以下如表 2-33 所示母液按量混合均匀保存于 4℃，一般一周内用完。

表 2-33 凝胶母液成分表

溶液	120mL	240mL
40% Acr	24mL	48mL
2% Bis	12.84mL	25.68mL
10×TBE(8.3)	12mL	24mL
ddH₂O	70.8mL	141.6mL

针对所选用的胶的大小和厚度量取适量以上混合液倒入干净烧杯，加入适量 10% APS（催化剂）和 TEMED（加速剂），摇匀，灌胶（一般 60mL 以上溶液加 10% APS 的量为 400μL，加 TEMED 的量为 30μL）。缓慢插入与胶厚度一致的梳子，同时避免梳齿下产生气泡，待胶凝固。

3. 电泳

（1）往上、下电泳槽先加入适量 1×TBE 电泳缓冲液，缓冲液可重复使用 6~7 次；胶凝固后，拔去梳子（注意不要将梳齿拔断），取出胶底端的板条，并用水稍微冲洗点样孔处，斜着将玻璃板放入电泳槽，避免胶底端与缓冲液相接处产生气泡，用夹子从上端将玻璃板固定于电泳槽上，再加入缓冲液，使上槽缓冲液至少盖住点样孔，下槽缓冲液至少与胶下边缘相平齐，然后用电泳缓冲液冲洗点样孔。

（2）向 PCR 扩增样品中加入 3μL 的上样染料（此步一般可在 PCR 扩增完成后进行，从而使溶液充分混合），每个样品点 10μL；最后点 DNA Marker。

（3）恒压或恒流电泳，恒流，1 板，50～60mA，电压约 300V；2 板，100～120mA，电压约 300～400V；但是应保持电压恒定，否则条带容易弯曲；至第一条带跑至胶板的 2/3 处时停止电泳。

4. 银染显色

电泳结束，开始银染处理，处理均在摇床上进行，具体步骤如下：

（1）将带凝胶的玻璃板浸在固定液（10% 乙醇，0.5% 冰乙酸）中 20min，凝胶朝下放置，玻璃板位于上方。

（2）将玻璃板取出，浸在染色液[10% 乙醇，0.5% 冰乙酸，0.2% $AgNO_3$（ACS 试剂）]中 15min，凝胶朝下放置，玻璃板位于上方。

（3）用自来水（最好用双蒸水）短时间（5～10s）冲洗玻璃板两面，玻璃板须离水近些，否则凝胶容易变黑。

（4）将凝胶浸在显影液（3% NaOH，0.1% 甲醛）中，显影 20～30min，直至带纹出现。凝胶朝上放置。

（5）用自来水（最好用双蒸水）冲洗凝胶两遍，每次 2min。

（6）室温下自然干燥，干燥后的胶板覆盖保鲜膜，可以永久保存，也可以进行拍照记录。

【注意事项】

（1）水的质量对染色效果影响极大，一般用超纯水或双蒸水，如果水含有污染物，胶可能不显影或仅仅显上部条带；而下部空白。

（2）0.2% 的硝酸银溶液可以重复使用 6～7 次，每次适当延长银染时间，最后可以在废弃银液中加入 NaCl，使银以 AgCl 沉淀，过滤或重力沉淀即可以回收银。

（3）聚丙烯酰胺凝胶在凝固以前有毒，凝固后无毒，因此操作时应戴上手套。

（4）TEMED 对黏膜和上呼吸道组织、眼睛和皮肤有极大的危害性，长时间接触可引起严重的刺激或灼伤，操作时戴合适的手套、安全眼镜和穿防护服。始终在通风橱内操作，操作完成后彻底洗手。TEMED 挥发的气体能传到相当远的火源并引起火花四闪。切勿靠近热、火花和明火。

【实验报告】

分析 SSR 标记聚丙烯酰胺凝胶电泳的结果，并进行讨论。

【思考题】

PCR 扩增中，哪些参与反应的因子条件不适合，会导致图谱弥散状背景的产生、扩增产物的消失以及电泳谱带位置的改变？改进反应条件的措施有哪些？

实验二十七　变性聚丙烯酰胺凝胶的 AFLP 标记分析

【实验目的】

1. 学习和掌握 AFLP 分子标记技术的原理
2. 理解和掌握 AFLP 分子标记分析的操作方法和实验注意事项

【实验原理】

基因组 DNA 用两种限制性内切酶进行双酶切，形成相对分子质量大小不等的限制性酶切片段，然后把酶切片段与有共同黏性末端的人工接头连接，连接后的黏性末端序列和接头序列作为 PCR 反应引物的结合位点，通过 PCR 反应对酶切片段进行预扩增和选择性扩增。由于限制性片段太多，全部扩增则产物难以在胶上分开，为此在引物的 3′端加入 1~3 个选择性碱基，这样只有那些能与选择性碱基配对的片段才能与引物结合，成为模板被扩增，从而达到对限制性片段进行选择扩增的目的；最后通过变性聚丙烯酰胺凝胶电泳，将这些特异性的扩增产物分离开来。

【名词解释】

AFLP（amplified fragment length polymorphism），即扩增片段长度多态性。AFLP 标记是一种将 RFLP 技术与 PCR 技术相结合检测限制性片段长度多态性的分子标记技术。

【实验仪器、材料和试剂】

1. 仪器

离心机、移液器（100~1000μL，10~50μL）、PCR 仪、垂直板电泳设备。

2. 材料

DNA。

3. 试剂

Mse Ⅰ、EcoR Ⅰ、10×酶切缓冲液、Mse Ⅰ接头、EcoR Ⅰ接头、T4-连接酶、Mse Ⅰ引物、EcoR Ⅰ引物、dNTP、10×PCR 缓冲液、DNA 聚合酶、Mse Ⅰ引物Ⅱ、EcoR Ⅰ引物Ⅱ、dNTP、无菌去离子水。

【实验步骤】

1. 接头的设计

AFLP 接头是双链的寡核苷酸，其设计遵循随机引物的设计原则，可采用 primer premier 5.0 软件设计。人工接头 5′端去磷酸化，这样接头只有一端可以被连接到酶切片段的末端。

AFLP 接头一般由两部分组成，即核心序列和限制性内切酶识别序列。通常采用 EcoR Ⅰ和 Mse Ⅰ两个限制性内切酶进行酶切操作，设计的 EcoR Ⅰ接头和 Mse Ⅰ接头如图 2-9 所示。

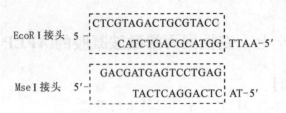

图 2-9 AFLP 接头构成示意图

2. 引物的设计

AFLP 引物的设计主要由接头的设计决定，其长度一般为 16～20 个碱基，AFLP 引物的 5′端是与接头序列相对应的。AFLP 引物的一个重要特征是所有引物起始于 5′-G 残基。值得注意的是，无论 5′端是何种碱基，dNTP 浓度过低时容易产生双链结构。3′端选择性碱基一般不超过 3 个，当引物带有 1～2 个选择性碱基时，引物的选择较好；当选择性碱基增加到 3 个时，引物的选择特异性仍可接受；当引物的选择性碱基增加到 4 个时，引物与模板的错配率增加，扩增特异性下降，会出现原指纹图谱中未出现的条带。对于双酶切反应而言，引物组合数共有 (2^n) 种，n 为选择碱基的数目。

引物主要由 3 部分组成，即 5′端核心序列、酶切位点序列、3′端选择性延伸序列（以 EcoR Ⅰ引物和 Mse Ⅰ引物为例，见表 2-34，下同）。

表 2-34 引物的组成

引物名称	5′端核心序列	酶切位点序列	选择性延伸序列
EcoR Ⅰ引物	5′－GACTGCGTACC	AATTC	NNN－3′
Mse Ⅰ引物	5′－GATGAGTCCTGAG	TAA	NNN－3′

3. 基因组 DNA 酶切

为了便于灵活地调节扩增片段的大小，一般采用两种限制性内切酶消化基因组 DNA。一种是切点少的内切酶，如具有 6 个碱基识别位点的 EcoR Ⅰ，它产生较大的 DNA 片段；一种是切点多的内切酶，如具有 4 个碱基识别位点的 Mse Ⅰ，它产生较小的 DNA 片段。由 EcoR Ⅰ和 Mse Ⅰ酶切产生三种基因组片断，Mse Ⅰ-Mse Ⅰ片段，EcoR Ⅰ-EcoR Ⅰ片段，EcoR Ⅰ-Mse Ⅰ，其中 EcoR Ⅰ-Mse Ⅰ为主要酶切产物。

（1）将 200μL 离心管、模板 DNA、Mse Ⅰ、EcoR Ⅰ、10×酶切缓冲液、无菌去离子水置于冰上溶解。

（2）依次向无菌的 200μL 离心管中加入各成分（表 2-35），加水至终体积为 20μL。轻轻混匀，离心去除气泡。

表 2-35 酶切液成分表

组分	DNA 模板	Mse Ⅰ	EcoR Ⅰ	10×酶切缓冲液
用量	100 ng	2 U	2 U	2μL

(3)37 ℃恒温培养箱酶切 2~4h。

4. 接头的连接

将 Mse Ⅰ接头、EcoR Ⅰ接头、T4-连接酶和无菌去离子水置于冰上溶解。依次向无菌的 200μL 离心管中加入表 2-36 所示成分，加水至终体积为 20μL。轻轻混匀。

表 2-36　连接液成分表

组分	酶切液	EcoR Ⅰ接头	Mse Ⅰ接头	T4-连接酶
用量	10μL	50 pmol	50 pmol	6 U

37℃恒温连接 16h。

5. DNA 样品的预扩增

DNA 样品预扩增是为了充分利用连接产物，同时获得较多扩增产物，为进一步筛选扩增引物提供保障。预扩增引物在设计时选择性碱基通常为一个。

(1)将 Mse Ⅰ引物Ⅰ、EcoR Ⅰ引物Ⅰ、10 × PCR 缓冲液、dNTP、DNA 聚合酶和无菌去离子水置于冰上溶解。

(2)依次向无菌的 200μL 离心管中加入表 2-37 所示成分，加水至终体积为 50μL。轻轻混匀，离心去除气泡。

表 2-37　预扩增液成分表

连接后样品	5μL
引物(各)	10ng
dNTP	10nmol
PCR 缓冲液	1 ×
DNA 聚合酶	2.5U

(3)按照表 2-38 所示的温度程序进行 PCR 反应。

表 2-38　PCR 反应温度程序

94℃	2~5min	
94℃	30s	
56℃	60s	35 循环
72℃	60s	
72℃	7min	
4℃	∞	

(4)琼脂糖凝胶电泳检测。取 20μL 预扩增产物和 5μL 上样缓冲液混合后在 0.8% 琼脂糖凝胶中检测预扩增的效果，样品用 0.1 × TE 稀释 20 倍，-20℃保存。

6. DNA 样品的扩增

预扩增产物需稀释到一定倍数才能进行选择性扩增，否则会产生类似"污迹"的现象，具体的稀释倍数视预扩增结果而定。

(1)将 10 × PCR 缓冲液、Mse Ⅰ引物Ⅱ、EcoR Ⅰ引物Ⅱ、dNTP、DNA 聚合

酶和无菌去离子水置于冰上溶解。

（2）依次向无菌的 200μL 离心管中加入表 2-39 所示成分，加水至终体积为 20μL。轻轻混匀，离心去除气泡。

表 2-39　扩增液成分表

稀释的预扩增产物	5μL
引物	各 25ng
dNTP	4nmol
PCR 缓冲液	1×
DNA 聚合酶	1U

（3）按照表 2-40 所示反应条件进行 PCR 反应。

表 2-40　PCR 扩增反应程序

94℃	2min	
94℃	30s	
65℃	30s	12 循环，退火温度每循环降低 0.7℃
72℃	60s	
94℃	30s	
56℃	30s	23 循环
72℃	60s	
4℃	∞	

（4）变性聚丙烯酰胺凝胶电泳检测扩增结果。

【注意事项】

（1）基因组 DNA 应具有较好的纯度。

（2）内切酶的选择应慎重。

（3）要确定适宜的酶切时间，酶切时间太长则浪费时间，酶切时间太短则 PCR 产物大片段较多、带型密集、不易分辨。必须保证基因组 DNA 酶切完全，否则会影响最终实验结果。

（4）制作聚丙烯酰胺凝胶时，胶平板应格外清洁，否则残留去污剂会导致银染时产生褐色背景或在灌胶时产生气泡。从而影响 DNA 分子条带的形状（如使条带成锯齿形）与迁移方向。

（5）进行聚丙烯酰胺凝胶电泳时，注意样品要变性完全。若样品变性不充分，样品孔内会有很深的条带。电泳前必须完全冲洗干净点样孔中的尿素和未聚合的丙烯酰胺。如孔中残留有尿素，跑出的条带会发虚，丙烯酰胺的残留则会使条带弯曲。

【实验报告】

分析 AFLP 标记变性聚丙烯酰胺凝胶电泳的结果，并进行讨论。

【思考题】

1. AFLP 接头的组成，设计接头时应考虑哪些因素？

2. 选择内切酶要考虑哪些问题？

第三部分 综合性实验

实验一 采用 RT – PCR 法对植物病毒的测定与分析

【实验目的】

掌握植物病毒测定的一般原理及步骤，并了解如何对结果进行分析。

【实验原理】

PCR 是一种 DNA 体外扩增技术，大多数植物病毒含 RNA，所以首先要将 RNA 反转录成 cDNA，再以 cDNA 为模板，加入待检测病毒的特异性引物进行 PCR 反应，此方法称为反转录 RT – PCR。

【实验仪器、材料和试剂】

1. 仪器

高速离心机、移液枪、电泳仪、电泳槽、PCR 仪、超净工作台、核酸蛋白测定仪、灭菌锅和水浴锅等。

2. 材料

脱毒百合仔球和感病的百合植株。

3. 试剂

异硫氰酸胍-苯酚溶液、无 RNA 酶水、异丙醇、氯仿、无水乙醇、RT – PCR 反转录试剂盒。

【实验步骤】

1. 总 RNA 的提取

(1)取感病的百合植株的根、茎、叶和花瓣，脱毒百合仔球的叶片共 5 份实验材料，在液氮中充分研磨，把磨好的样品放在异硫氰酸胍-苯酚溶液试剂中。1mL 的异硫氰酸胍-苯酚溶液试剂加 50～100mg 样品。

(2)室温放置 5～10min，待核酸蛋白复合物完全分离。

(3)12 000r/min 离心 10min，取上清液。

(4)参照 1mL 异硫氰酸胍-苯酚溶液加 0.2mL 氯仿的比例加入氯仿，剧烈振荡混匀，室温放置 15min。

(5)4℃，12 000r/min 离心 20min，上层水相转移至新离心管中。

(6)水相溶液中加入等体积异丙醇，混匀，室温放置30min。

(7)4℃，12 000r/min，离心15min，去上清液。

(8)加入1mL DEPC处理过的水所配制的75%乙醇，悬浮沉淀。

(9)4℃，12 000r/min离心5min，去上清液。

(10)室温晾干后，加入30μL无RNase水，吹打、混匀，使RNA充分溶解，使用核酸蛋白测定仪测定浓度。

(11)用1%琼脂糖凝胶电泳检测RNA，并拍照。

2. cDNA合成

(1)总RNA，5μL；Oligo(dT)$_{15}$引物，1μL。

(2)在70℃保温10min后，迅速于冰上急冷4min。

(3)离心数秒使变性引物聚集于微型管底部。

(4)在上述微型管中按下表配置反转录溶液：上述变性溶液，6μL；5× M-MLV缓冲溶液，2μL；RNA酶抑制剂(40U/μL)，0.25μL；10mM dNTP混合液，0.5μL；M-MLV反转录酶(RNase h$^-$)(200U/μL)，0.5μL；无RNA酶水，0.75μL。

3. 引物合成

根据NCBI GenBank(the national center for biotechnology information)数据库中收录的黄瓜花叶病毒(cucumber mosaic virus，CMV)、百合斑驳病毒(lily mottle virus，LMoV)和百合无症病毒(lily symptomless virus，LSV)的序列，应用Primer Primer 5.0自行设计软件，分别设计可扩增外壳蛋白基因所需的引物。

4. RT-PCR

对PCR反应的变性、退火、延伸条件以及循环次数等进行优化，确定最佳的反应模式。PCR反应体系为25μL，包括：第一链cDNA，1.5μL；2×Taq-染料混合液，12.5μL；引物1(10μmol/L)：0.5μL；引物2(10μmol/L)：0.5μL；ddH$_2$O，10μL。放入PCR仪后，具体反应程序根据需要自行设计。PCR结束后，进行琼脂糖(1%)凝胶电泳，利用凝胶分析仪观测电泳结果，并照相记录。

【注意事项】

(1)实验中设计的引物在RT-PCR中所需要的退火温度。

(2)如果所设计的引物退火温度一致或相差不大，可采用多重PCR进行检测。

(3)适当控制所进行RT-PCR中模板的浓度。

【实验报告】

(1)撰写实验报告。

(2)比较三种病毒在百合不同部位的侵染状况。

【思考题】

1. PCR最优反应体系应怎样建立？

2. RNA提取过程中应注意什么？

实验二 蛋白质双向电泳

【实验目的】

1. 了解双向电泳在蛋白质组学中的应用
2. 掌握双向电泳的实验原理和步骤
3. 掌握蛋白质银染技术

【实验原理】

双向电泳技术(2D electrophoresis)是分辨率极高的蛋白质分离方法,广泛应用于提取复杂蛋白质混合样品。第一向为等电聚焦(isoeletric focusing, IEF)电泳,其基本原理是利用蛋白质分子的等电点不同进行蛋白质的分离。第二向为十二烷基硫酸钠-聚丙烯酰胺凝胶电泳(SDS-PAGE),SDS 是一种阴离子表面活性剂,其与蛋白质形成蛋白质-SDS 复合物,SDS 使蛋白质分子的二硫键还原,使蛋白质-SDS 复合物带相同密度的负电荷。其次,蛋白质-SDS 复合物的构象较原蛋白质有所改变,这样的蛋白质在凝胶中的迁移按蛋白质相对分子质量的大小。再用考马斯亮蓝或银染进行检测,经 Pdquest 等软件对结果进行比对,解析。

【名词解释】

双向电泳[two-dimensional(2D) electrophoresis]是等电聚焦电泳和 SDS-PAGE 的组合,即先进行等电聚焦电泳(按照 pI 分离),然后再进行 SDS-PAGE(按照分子大小),经染色得到的电泳图是个二维分布的蛋白质图。

【实验仪器、材料和试剂】

1. 仪器

垂直板型电泳槽、50μL 微量注射器、玻璃板、染色槽、离心机、Ettan™ IPGphor™等电聚焦电泳仪、Etttan™ DALTSix 垂直板电泳仪、Image Scanner II 图像扫描仪、Image Master 2D 图像分析软件、超纯水制备仪、高速低温离心机。

2. 材料

拟南芥。

3. 试剂

①Tris-HCl 缓冲液(0.05mol/L, pH=8.5) 6.06g Tris, 800mL H_2O, 用 HCl 调 pH 至 8.5,定容 1000mL。

②40% 蔗糖 4g 蔗糖,蒸馏水定容至 10mL。

③1% 溴酚蓝贮液 1g 溴酚蓝,50mmol/L Tris-base 0.6g,加超纯水至 100mL。

④水化液 8mol/L 尿素,2% CHAPS,0.5% IPG 缓冲液,20mol/L 二硫苏糖醇,0.002% 溴酚蓝。

⑤固相 pH 干胶条(IPG 条, pH=3~10, 7cm)。

⑥平衡液 1 1% DTT,50mmol/L Tris-HCl,6mol/L 尿素,30% 甘油,2% SDS,0.002% 溴酚蓝。

⑦平衡液2 4%碘乙酰胺，50mmol/L Tris－HCl，6mol/L 尿素，30%甘油，2% SDS，0.002%溴酚蓝。

⑧30%分离胶贮液 称取丙烯酰胺29.2g 及 N, N'-亚甲基双丙烯酰胺0.8g，溶于去离子水中，最后定容至100mL，过滤后置棕色试剂瓶中，于4℃保存。

⑨10% SDS 称取1g 十二烷基硫酸钠（sodium dodecyl sulfate, SDS）加入到10mL 水中完全溶解。SDS 在低温易析出结晶，用前微热，使其完全溶解。

⑩10% 四甲基乙烯二胺（tetramethyl ethylenedia mine，TEMED） 0.1mL TEMED 加入0.9mL 的双蒸水，4℃保存。

⑪10%过硫酸铵（AP） 称取0.1g AP 加入到1mL 水中，完全溶解。新鲜配制。

⑫浓缩胶缓冲液（1.0mol/L Tris－HCl，pH＝6.8） 称取 Tris 12.1g，加入50mL 水，用1mol/L 盐酸调至 pH＝6.8，用蒸馏水定容至100mL。

⑬分离胶缓冲液（1.0mol/L Tris－HCl，pH＝8.8） 称取 Tris 18.2g，加入50mL 水，用1mol/L 盐酸调至 pH＝6.8，用蒸馏水定容至100mL。

⑭电泳缓冲液（Tris－甘氨酸缓冲液，pH＝8.3） 称取 Tris 6.0g，甘氨酸28.8g，SDS 1.0g，用水溶解后定容至1L。

⑮0.5%琼脂糖凝胶 称取0.5g 琼脂糖，加入100mL TAE，混匀。

⑯银染试剂

固定液：25mL 的冰醋酸，100mL 甲醇，125mL 去离子水。

敏化液：75mL 甲醇，0.5g 硫代硫酸钠（使用之前加入），17g 醋酸钠，165mL 去离子水。

银染液：0.625g 硝酸银，250L 去离子水。

显色液：6.25g 碳酸钠，100μL 的甲醛（使用之前加入），250mL 去离子水。

【实验步骤】

1. 蛋白质样品制备

蛋白质提取：将材料叶片清洗干净，称取0.2～0.5g 置于研钵中，加入1mL Tris－HCl 提取缓冲液，冰浴研磨。12 000r/min 离心20min，取上清液，再次12 000r/min 离心15min，取上清液加入等体积的40%蔗糖和1 滴溴酚蓝，混匀后分装，用 Brandford 法定量蛋白质，然后可分装放入－80℃备用。常用的4℃保存。

2. 双向电泳

（1）第一向等聚焦电泳

①使用酒精擦拭 IPGphor 的平板电极，以去除表面被氧化的部分，待酒精挥发完全之后备用。

②取大约70～100ng 的蛋白质与水化液混合总体积达到250μL。

③从冰箱取出－20℃冷冻保存的干胶条，于室温放置平衡20min。

④取出样品，按从正极到负极的顺序在点样槽中加入样品，所加样品溶液要连贯，不能产生气泡。当所有蛋白质样品加入后，用镊子轻轻地去除预制干胶条

的保护膜，分清胶条的正、负极，胶面向下放入胶条槽中，胶条吸胀 15~30min。

⑤在每根胶条上加入 1mL 覆盖油，可继续吸胀 30min，加入覆盖油的作用是防止胶条水化过程中液体的蒸发。

⑥将胶条槽的盖子盖上，设置等电聚焦程序。

30V，12h；

500V，1h；

1000V，1h；

8000V，8h。

⑦聚焦结束的胶条，立即进行平衡、第二向 SDS – PAGE 电泳。

（2）第二向 SDS – PAGE 电泳

①用棉花蘸洗涤剂反复擦洗玻璃板，用双蒸水漂洗，自然晾干。

②装好玻璃板，并将玻璃板置于通风橱中，使用水平仪保证玻璃板架的水平。

③配制 12% 分离胶：

30% 丙烯酰胺凝胶贮液 4.0mL；

H_2O，3.4mL；

分离胶缓冲液，2.5mL；

10% SDS，100μL；

10% 过硫酸铵，100μL；

10% TEMED，20μL。

按以上步骤配好分离胶，混匀，快速、均匀地加入玻璃板中（灌到距梳齿1cm）。避免产生气泡，加 1mL 蒸馏水或正丁醇，静置 45min。

5% 浓缩胶配置

30% 丙烯酰胺凝胶贮液，6.5mL；

H_2O，2.75mL；

浓缩胶缓冲液，0.5mL；

10% SDS，80μL；

10% 过硫酸铵，50μL；

10% TEMED，10μL。

按以上步骤配好分离胶，混匀，快速、均匀地加入玻璃板中（灌到距梳齿1cm）。避免产生气泡，加 1mL 蒸馏水或正丁醇，静置 60min。

④将水或正丁醇倒掉，并用滤纸吸干，将浓缩胶导入玻璃板至边缘 5mm 处，快速插入梳子，静置 40min。

⑤用镊子夹出胶条，超纯水冲洗，滤纸吸干，重复一次，将胶条正极端向下，负极端向上，放入平衡的试管中。用平衡液 1、平衡液 2 先后置于摇床上平衡 13~15min。

⑥从平衡管中取出胶条，用电泳缓冲液冲洗胶条三遍，胶面朝外贴在玻璃外板上，用 0.5% 0.2mL 琼脂糖凝胶封口，保证胶条下方不要产生任何气泡。

⑦放置 15min，使低熔点琼脂糖封胶液彻底凝固。

⑧在低熔点琼脂糖封胶液完全凝固后。将凝胶转移至电泳槽中。

⑨在电泳槽加入电泳缓冲液后，接通电源，起始电压 30V，45min 后改为 100V，待溴酚蓝指示剂达到距底部边缘 0.5cm 时停止电泳。

⑩电泳结束后，轻轻撬开两层玻璃，取出凝胶，并在正极端切角以作记号。将二维胶放入固定液进行固定。

⑪硝酸银染色(整个操作在摇床上进行)：

固定：60min。

敏化：30min。

清洗：用 250mL 的去离子水清洗 3 次每次 5min。

银染：(使用之前配制)20min。

显色：使用之前加入显色液。

终止：5% 的醋酸。

照相分析，保存制作干胶

【注意事项】

(1)尿素贮液存放时间过长，则可形成氰酸盐，从而发生蛋白质的甲酰化。分装后的裂解液、水化液贮存于 -20℃，一旦取出溶解后不能再继续使用。

(2)电极纸垫：采用纸质滤纸片，剪成 3mm 宽，用去离子水润湿后再用滤纸吸出多余的水，保证滤纸片湿润而不是过于潮湿。将湿润的滤纸片置于胶条与电极之间，可以减少盐分对等电聚焦的影响[如果采用此方法，等电聚焦的伏特小量(Vh)数需延长 10%]。

(3)尽可能溶解全部蛋白质，打断蛋白质之间的非共价键结合，使样品中的蛋白质以分离的多肽链形式存在。

(4)避免蛋白质的修饰作用和降解作用。

(5)避免脂类、核酸、盐等物质的干扰。

【实验报告】

分析双向蛋白电泳图。

【思考题】

1. 2D 蛋白质电泳的优缺点是什么？

2. 影响 2D 蛋白质电泳的因素有什么？如何改善？

实验三　葡萄糖异构酶基因的克隆、表达及纯化鉴定

【实验目的】

通过葡萄糖异构酶(GI)这一有代表性的基因及酶，掌握基因克隆、表达和酶的性质鉴定等一系列综合实验。

【实验原理】

葡萄糖异构酶的作用机理：醛酮糖转化的机制有两种，一是烯二醇为异构化反应的中间体，二是通过负氢离子转移，两种机制主要区别于前者 C1 和 C2 间质子转移需要碱催化，与溶剂发生交换，结合在底物上的水分子承担开环底物烯二醇化的供体或受体作用。立体化学、晶体学和酶动力学的数据表明，葡萄糖异构酶是采用金属离子介导的负氢离子转移机制。在负氢离子转移机制中，底物的异构化过程包括：底物和酶的结合、底物开环、异构化、产物的闭环、D-酮糖的释放。

【名词解释】

(1)葡萄糖异构酶，也称木糖异构酶，它可以催化 D-木糖、D-葡萄糖，将 D-核糖等醛糖转化为相应的酮糖，即催化 D-葡萄糖至 D-果糖。

(2)葡萄糖异构酶活力单位(U)定义为 1h 内催化产生 1mg 果糖所需的酶量。

【实验仪器、材料、试剂】

1. 仪器

PCR 仪、离心机、振荡培养箱、超声波破碎仪、水浴锅、电泳仪。

2. 材料

密苏里游动放线菌(*Actinoplanes missouriensis*)、*E. coli* DH5α、*E. coli* BL21(DE3)、表达载体 pET－28a(＋)。

3. 试剂

限制性内切酶 Nde I 和 Hind Ⅲ、T4 DNA 连接酶、DNA 梯形标记、LA-Taq 聚合酶、氨苄青霉素、异丙基-β-D-硫代半乳糖苷(IPTG)、5-溴-4-氯-3-吲哚-β-D-半乳糖苷(X-gal)、酵母提取物、胰蛋白胨、质粒抽提试剂盒(其中包括缓冲液 GA、GB、GD、吸附柱 CB3、缓冲液 TE、原洗液 PW 等)、琼脂糖、细菌基因组提取试剂盒、核酸染料、低分子质量标准蛋白、切胶回收试剂盒、PMD 19-T 载体、磷酸盐缓冲液、3.0mol/L 葡萄糖溶液、0.03mol/L 硫酸镁、0.5mL 0.003mol/L 硫酸钴、1.5mL 粗酶液(0.3mol/L，pH＝7.0 磷酸氢二钠-磷酸二氢钠)、琼脂糖凝胶、LB 液体培养基、牛蛋白血清。

【实验步骤】

1. 密苏里游动放线菌(*Actinoplanes missouriensis*)DNA 提取

(1)取细菌培养液 1～5mL，10 000r/min(～11 500×*g*)离心 1 min，尽量吸净上清液。

(2)向菌体沉淀中加入 200μL 缓冲液 GA，振荡至菌体彻底悬浮。

(3)向管中加入 20μL Proteinase K 溶液，混匀。

(4)加入 220μL 缓冲液 GB，振荡 15s，70℃放置 10min，溶液应变清亮，简短离心以去除管盖内壁的水珠。

(5)加 220μL 无水乙醇，充分振荡混匀 15s，此时可能会出现絮状沉淀，简短离心以去除管盖内壁的水珠。

(6)将上一步所得溶液和絮状沉淀都加入一个吸附柱 CB3 中（吸附柱放入收集管中），12 000r/min（~13 400×g）离心 30s，倒掉废液，将吸附柱 CB3 放入收集管中。

(7)向吸附柱 CB3 中加入 500μL 缓冲液 GD（使用前请先检查是否已加入无水乙醇），12 000r/min（~13 400×g）离心 30s，倒掉废液，将吸附柱 CB3 放入收集管中。

(8)向吸附柱 CB3 中加入 600μL 漂洗液 PW（使用前请先检查是否已加入无水乙醇），12 000r/min（~13 400×g）离心 30s，倒掉废液，吸附柱 CB3 放入收集管中。

(9)重复操作步骤(8)。

(10)将吸附柱 CB3 放回收集管中，12 000r/min（~13 400×g）离心 2min，倒掉废液。将吸附柱 CB3 置于室温放置数分钟，以彻底晾干吸附材料中残余的漂洗液。

注意：这一步的目的是将吸附柱中残余的漂洗液去除，漂洗液中乙醇的残留会影响后续的酶反应(酶切、PCR 等)实验。

(11)将吸附柱 CB3 转入一个干净的离心管中，向吸附膜的中间部位悬空滴加 50~200μL 洗脱缓冲液 TE，室温放置 2~5min，12 000r/min（~13 400×g）离心 2min，将溶液收集到离心管中。为增加基因组 DNA 的得率，可将离心得到的溶液再加入吸附柱 CB3 中，室温放置 2min，12 000r/min（~13 400×g）离心 2min。

2. 设计合成引物

按照已公布的 *A. missouriensis* 葡萄糖异构酶基因序设计引物并合成。上游引物：AATTC<u>CATATG</u>TCTGTCCAGGCCACACGCGAAGACAAG，下画线部分为 Nde I 酶切位点；下游引物：CCC<u>AAGCTT</u>CAGCGGGCTCCGAGCAGGTGCTC，下画线部分为 Hind III 酶切位点。

3. PCR 扩增反应

以抽提的 *A. missouriensis* CICIM B0118(A)基因组 DNA 作为 PCR 扩增模板，加入合成引物扩增目的基因 xylA。PCR 反应体系(20μL)：2 × GC 缓冲液 I 10μL，模板 DNA 2μL，浓度为 20μmol/L 的上游引物和下游引物各 0.4μL，2.5mmol/L dNTP 混合物 3.2μL，LA-Taq 聚合酶 0.2μL，超纯水补至总体积为 20μL，混匀。反应条件：95℃预变性 5min，95℃变性 1min；72~62℃退火 1.5min，72℃延伸 1.5min，每 3 个循环退火温度降低 1℃，共循环 30 次；95℃变性 1min，62℃退火 1.5min，72℃延伸 1.5min，循环 15 次；最后 72℃再循

环 10min。

4. 目的基因序列检测

将纯化的 PCR 产物以 T4 DNA 连接酶连接至 PMD19 - T 载体，连接产物转化至 E.coli DH5α 感受态细胞中，涂布蓝白斑筛选平板，37℃ 培养过夜，白色菌落初步确定为阳性菌落。挑取白色单菌落至 LB 液体培养基（含 50μg／mL 氨苄青霉素）中，37℃ 培养过夜。

通过菌液 PCR 扩增，反应体系组成如下：

10 × PCR 缓冲液（含 Mg²⁺），2μL；
dNTPs(10 mmol/L)，2μL；
M13 正义引物，1μL；
M13 反义引物，1μL；
模板，1μL；
Taq 酶(5U/μL)，0.15μL；
ddH$_2$O，12.85μL；
总体积，20μL。

反应条件为：94℃ 预变性 3min；94℃ 30 s、58℃ 45s、72℃ 3min，以上三步进行 30 个循环；72℃ 延伸 10 min。用 1% 琼脂糖凝胶电泳检测 PCR 产物中重组克隆插入片段大小。得到阳性克隆，送至生物公司测序。

5. 重组质粒及转化

将测序正确的 xylA 片段和 pET - 28a(+)质粒分别用 Nde Ⅰ 和 Hind Ⅲ 进行双酶切，酶切产物用琼脂糖凝胶回收试剂盒纯化回收，16℃ 过夜，连接目的片段和质粒片段，然后将连接产物转化至 E. coli BL21(DE3)感受态细胞，得到重组 E. coli BL21(DE3)/pET - 28a(+) - xylA。

6. 葡萄糖异构酶(GI)基因重组菌的诱导表达

将重组菌 E. coli BL21(pET22b - Ac - xyl)接种于 4mL LB 液体培养基（含 50μg/ mL 氨苄青霉素）中，37℃ 条件下 200r/min 培养过夜；将其接种至 200mL LB 培养基中，37℃，200r/min 培养至 OD 值为 0.6 ~ 0.8，加入终浓度为 1mmol/L 的 IPTG，28℃ 条件下 200r / min 诱导培养 6h。

取一定体积菌液，4℃、10 000r/min 离心 10min，沉淀用去离子水洗涤两次，然后重悬于磷酸盐缓冲液后，冰浴中超声破壁。4℃、10 000r/min 离心 10min，弃沉淀，上清液继续在 70℃ 水浴下热处理 20min 以除去其他大部分杂蛋白，之后 4℃、10 000r/min 离心 10min，所得上清液即为粗酶液。取上述诱导表达的粗酶液，进行 SDS - PAGE 电泳，分析重组蛋白的表达情况。

7. 葡萄糖异构酶活力的测定

标准酶反应体系组成为：2.5mL 3.0mol/L 葡萄糖溶液、0.5mL 0.03mol/L 硫酸镁、0.5mL 0.003mol/L 硫酸钴、1.5mL 粗酶液(0.3mol/L，pH = 7.0 磷酸氢二钠-磷酸二氢钠)，70℃ 反应 1h，取反应液按一定倍数稀释。

果糖含量的测定参照半胱氨酸-盐酸盐-咔唑法。在标准反应混合物中，酶活力单位(U)定义为 1h 内催化产生 1mg 果糖所需的酶量。蛋白质质量浓度测定：以牛血清白蛋白(BSA)为标准，采用 Bradford 法测定。

【注意事项】

(1)DNA 提取过程中，注意防止 DNA 降解及 RNA 残留。

(2)培养菌落时，应注意防止污染其他细菌。

【实验报告】

(1)撰写实验报告。

(2)绘制葡萄糖异构酶活力的标准曲线并计算线性方程。

【思考题】

在葡萄糖异构酶活力的测定中，为测定准确，应注意什么？

第四部分   研究性实验

实验一   利用分子标记技术分析植物群体的遗传多样性

【实验目的】

掌握应用分子标记技术分析植物群体的遗传多样性的基本原理，实验流程及相应的分析。

【实验原理】

与 SSR 序列相邻使两侧区域通常保守性较高，可以在此区域设计一对特异性 PCR 引物，扩增其中的序列，通过聚丙烯酰胺变性凝胶电泳，即可显示出个体间在此位点的序列的多态性。

【名词解释】

简单重复序列(single sequence repeat , SSR)：SSR 序列大量存在于大部分真核生物及部分原核生物基因组的非编码区和编码区中，由串联的 1~6 个重复的核苷酸序列构成，长度在 100bp 以下，具有长度的超变性。

【实验仪器、材料和试剂】

1. 仪器

PCR 仪、DYY - 12 型电泳系统。

2. 材料

10 种不同水稻品种(系)。

3. 试剂

①20% CTAB   取 20g CATB 定容至 1000mL。

②1.4mol/L NaCl   取 82g NaCl 定容至 1000mL。

③100mmol/L Tris - HCl   取 Tris - HCl 100mL，pH = 8.0。

④1mol/L Tris - HCl   121.2g Tris + H_2O 800mL，HCl 调 pH = 8.0 定容至 1000mL。

⑤0.5mol/L EDTA   186.1g EDTA + 800mL H_2O，NaOH 调 pH = 8.0 定容至 1L。

⑥5mol/L NaCl   292.2g NaCl + 800mL H_2O，定容至 1L。

⑦dNTP(1mmol/L)。

⑧PCR(10×TB)缓冲液　200mmol/L Tris－HCl(pH=8.3)，500mmol/L KCl，15mmol/L $MgCl_2$。

⑨Taq 聚合酶(4U/μL)。

⑩胶型　38cm×30cm×0.4mm。

⑪40% 聚丙烯酰胺变性凝胶。

⑫剥离硅烷，亲和硅烷。

【实验步骤】

1. DNA 提取

(1)每份材料于三叶期选取鲜嫩叶片，在研钵中用液氮研磨至粉末，然后转入 1.5mL 的无菌离心管中，加入 600μL 已预热的 CTAB，65℃水浴 1h(每 20min 晃动一次)。

(2)8000r/min 离心 10min，吸上清液到新的 1.5mL 无菌离心管，编号。

(3)加入等体积(大约 600μL)的氯仿:异戊醇(24:1)，轻摇 5min，离心(12 000r/min)10min。

(4)吸上清液到新的 1.5mL 无菌离心管，加入等体积的预冷(－20℃)的异丙醇，缓慢振荡数次后置于－20℃冰箱 30min 以上。

(5)12 000r/min 离心 10min，倒去上清液，70% 酒精洗两次，100% 的酒精洗两次。

(6)缓慢将管内 100% 酒精倒出，晾干 DNA(可以在真空干燥仪里干燥约 5min)，加入灭菌后的 TE 缓冲液 100μL，充分溶解，置于 4℃冰箱保存。

(7)1% 琼脂糖胶电泳检测，并根据与标准浓度 DNA 的亮度比较调整 DNA 样品浓度。

2. PCR 反应

(1)SSR 引物选择　随机选择均匀分布于水稻染色体上的 10 对 SSR 引物(具体引物序列可查阅相应参考文献)，对 10 份材料进行 PCR 扩增。

(2)PCR 扩增体系为 20μL，DNA(10 ng/μL)，5μL；dNTP(1mmol/L)，2μL；PCR(10×TB)缓冲液，2μL；引物(F5 μmol/L，R5 μmol/L)，1.5μL；Taq polymerase(4U/μL)，0.5μL；H_2O，9μL。

反应程序如下：95℃预变性 5min；95℃变性 1min，退火 1min(55～67 ℃)，72℃延伸 2min，35 个循环；72℃最终延伸 7min；4℃保存。

3. 聚丙烯酰胺变性凝胶电泳

(1)清洗玻璃板。用自来水沾上洗涤剂将玻璃板反复擦洗，再用95% 酒精擦洗两遍，自然干燥。在玻璃板上涂 0.5mL 剥离硅烷(0.5%)，主板上涂 0.5 mL 亲和硅烷(2%)。操作过程中防止两块板互相污染。

(2)组装电泳槽。待玻璃板干燥后组装电泳槽，用水平仪校平。

(3)凝胶制备如下：其中 40% 丙烯酰胺溶液是将 190g 丙烯酰胺和 10g 甲叉双丙烯酰胺用水稀释至 500mL，4℃贮存；10×TBE 是将 Tris Base 108g、硼酸55g

和0.5mol/L EDTA(pH=8.0) 37mL定容至1L；TEMED和25% APS在灌胶前加入(表4-1)。

表4-1　凝胶制备

组分	终浓度	体积
ddH$_2$O	—	60mL
Urea	45%	27g
10×TBE	1×	6mL
40%丙烯酰胺密度	4.50%	6.75mL
TEMED	1μL/mL	60μL
25% APS	1μL/mL	60μL

(4)灌胶。用干净的塑料瓶装凝胶液，然后由电泳槽上部轻轻灌胶，防止出现气泡。待胶流至胶板底部时，在上部轻轻插入梳子，然后使其凝聚至少1h。

(5)预电泳。取1800mL 1×TBE缓冲液，其中800mL加入正极槽中，1000mL预热至65℃，加入负极槽，拔出梳子。在85W恒功率下预电泳30min，使温度达到50℃。

(6)变性。在10μL PCR扩增产物中加入5μL 3×上样缓冲液(配制方法见附录)，混匀后，在95℃变性5min，立即放至冰上冷却10min以上，放入-20℃的冰箱效果更好。

(7)电泳。用吸球吹吸加样槽，清除残胶和气泡，插入样品梳子，每一个加样孔点入4μL样品(相对分子质量标准为pBR322 DNA/MspI)。在70W恒功率下电泳约40~60min。电泳结束后，小心分开两块玻璃板，胶会紧贴在涂剥离硅烷的玻璃板上。

(8)银染程序如下

固定：将凝胶板置于1.5L醋酸溶液(10%)中，轻轻摇荡5min。

漂洗：用1.5L双蒸水漂洗3min。

染色：在1L新配的染色液中(1g AgNO$_3$，1.5mL 37%甲醛)，摇荡10~15min。

漂洗：用1L双蒸水漂洗，时间不超过10s。

显影：在1L显影液(30g无水Na$_2$CO$_3$，提前5h配制，置于4℃冰箱中预冷；200μL 1% Na$_2$S$_2$O$_3$，1.5mL 37%甲醛)中轻轻摇荡，至带纹出现。

定影：在1L 10%醋酸溶液中定影2min。

漂洗：用1L双蒸水漂洗2min。

干胶：室温下晾干。

4. 数据分析

(1)每对SSR引物扩增出的每一个条带都视为一个位点，统计位点总数和多态性位点数。用数字1和0分别表示供试种质某一等位变异有无。有记为"1"，无记为"0"，建立0和1数据库。

(2)多态性位点的平均数。

$$A_{\mathrm{p}} = \sum A_{\mathrm{p}i}/n_{\mathrm{p}}$$

式中：$A_{\mathrm{p}i}$——第 i 个多态位点上的数；

n_{p}——所检测的多态性位点的总数。

（3）根据 Smith 等（1997）的公式计算某一位点多样性（polymorphism index content，简称 PIC）。

$$\mathrm{PIC} = 1 - \sum_{i=1}^{n} P_i^2$$

式中：n——参试材料份数；

P_i——第 i 个等位变异频率。

（4）采用 Jaccard（J）系数计算成对水稻种质间遗传相似性。

$$J = N_{ij}/(N - N_{00})$$

式中：N_{ij}——种质 i 和种质 j 共有的等位基因数；

N——所有供试种质的等位基因数；

N_{00}——种质 i 和种质 j 均不具有的等位基因数。

在遗传相似系数基础上，利用非加权类平均法 UPGMA 对所有供试亲本建立树状图。等位变异数采用计数法；J 和 UPGMA 用 NTSYS-pc2.11 软件完成。

【注意事项】

SSR 引物需进行多次的选择，挑选扩增效果较好、带型清晰的引物对。

【实验报告】

（1）撰写实验报告。

（2）计算 PIC 值，确定位点多样性。

（3）建立亲本遗传相似性 UPGAM 聚类树状图。

【思考题】

除了 SSR 分子标记，还有那些分子标记可以利用，其优缺点各是什么？

实验二 植物特异性基因的克隆与测序

【实验目的】

掌握利用简并引物克隆花青素合成酶（anthocyanidin synthase，ANS）基因cDNA全长的原理，步骤及结果分析。

【实验原理】

基于PCR技术基础上，由已知的一段cDNA片段，通过往两端延伸扩增从而获得完整的3′端和5′端。

【名词解释】

RACE（rapid - amplification of cDNA ends）：通过PCR进行cDNA末端快速克隆的技术。花青素合成酶（anthocyanidin synthase，ANS）基因是花色素苷生化合成途径中的一个关键酶。

【实验仪器、材料和试剂】

1. 仪器

灭菌器、水浴锅、微量移液器、高速冷冻离心机、电泳仪及电泳槽、凝胶成像系统、PCR仪、电热恒温培养箱、恒温培养摇床、微量紫外光分光光度计。

2. 材料

百合花瓣。

3. 试剂

RNA提取试剂（Plant RNAzol）、氯仿、异丙醇、无水乙醇、2 × Taq PCR Green Mix、Amp溶液（50mg/mL）、6 × 上样缓冲液、DNA标记、反转录试剂盒、RNA酶抑制剂、Oligo（dT）$_{15}$引物、3′RACE试剂盒和5′RACE试剂盒、pMD - 19T载体试剂盒、X - gal溶液（20mg/mL）、IPTG溶液（50mg/mL）、琼脂糖凝胶DNA回收试剂盒、大肠杆菌菌株TOP10感受态细胞。

①50 × TAE缓冲液 Tris - base，242g；冰醋酸，57.1mL；0.5mol/L EDTA（pH = 8.0），100mL，混匀，加去离子水定容至1L。

②LB液体培养基 1g胰蛋白胨，0.5g酵母提取物，1g NaCl，加去离子水定容至100mL，pH为7.0 ~ 7.2，121℃灭菌后4℃封口保存。

③LBA/Amp平板培养基 100mL LB液体中加入1.5g琼脂糖，40mL Amp（50mg/mL）混合均匀后倒平板，封口，倒置。

④1.0%的琼脂糖凝胶 1.0g琼脂糖，100mL TAE溶液，加热溶解。同理配置1.5%、2.0%的琼脂糖凝胶。

【实验步骤】

1. RNA提取

（1）取新鲜花瓣在液氮中充分研磨，把磨好的样品放在Plant RNAzol试剂中。1mL的Plant RNAzol试剂加50 ~ 100mg样品。

（2）室温放置5 ~ 10min，待核酸蛋白复合物完全分离。

（3）12 000r/min 离心 10min，取上清液。

（4）参照 1mL Plant RNAzol 加 0.2mL 氯仿的比例加入氯仿，剧烈振荡混匀，室温放置 15min。

（5）4℃，12 000r/min 离心 20min，上层水相转移至新离心管中。

（6）水相溶液中加入等体积异丙醇，混匀，室温放置 30min。

（7）4℃，12 000r/min，离心 15min，去上清液。

（8）加入 1mL DEPC 处理过的水所配制的 75% 乙醇，悬浮沉淀。

（9）4℃，12 000r/min 离心 5min，去上清液。

（10）室温晾干后，加入 30μL 无 RNase 水，吹打、混匀，使 RNA 充分溶解。

（11）用 1.0% 琼脂糖凝胶检测 RNA 质量；用微量紫外分光光度计定量。

2. cDNA 第一链的合成

（1）总 RNA，5μL；Oligo(dT)$_{15}$引物，1μL。

（2）在 70℃ 保温 10min 后，迅速于冰上急冷 4min。

（3）离心数秒使变性引物聚集于微型管底部。

（4）在上述微型管中按下列配方配置反转录溶液：上述变性溶液，6μL；5 × M – MLV 缓冲液，2μL；RNA 酶抑制剂（40U/μL），0.25μL；10mmol/L dNTP 混合物，0.5μL；RTase M – MLV（RNase h –）（200U/μL），0.5μL；无 RNA 酶水，0.75μL。

（5）42℃ 温育 60min，70℃ 温育 15min 后冰上冷却，将 cDNA 溶液置于 –20℃ 冰箱保存备用。

3. cDNA 保守区的扩增

（1）设计简并引物引物

根据 NCBI（http：//www.ncbi.nlm.nih.gov/）已登录的物种的 ANS 基因的保守序列，结合 Oligo 6.0 软件设计一对简并引物，并合成引物（可通过有此项服务的生物技术公司完成）。

（2）保守区的扩增

完全融化第一链 cDNA，简并引物，2×Taq-染料混合液，无 RNA 酶水，短暂离心后置于冰浴上。

如下在冰浴条件下配制反应液：第一链 cDNA，1.5μL；2 × Taq Green Mix，12.5μL；引物 1（10μmol/L），0.5μL；引物 2（10μmol/L），0.5μL；dd H$_2$O，10μL。

将上述反应液混匀，短暂离心后，放入已预热至 50℃ 的 PCR 仪中，具体反应程序根据需要自行设计。反应结束后，取 5μL PCR 产物在 1.5% 琼脂糖凝胶、120V 电压下，电泳 20min，在凝胶成像系统下拍照检测扩增结果。

（3）PCR 产物的切胶回收

①柱平衡步骤：向吸附柱中（吸附柱放入收集管中）加入 500μL 平衡液 BL，12 000r/min 离心 1min，倒掉收集管中的废液，将吸附柱重新放回收集管中。

②将单一的目的 DNA 条带从琼脂糖凝胶中切下（尽量切除多余部分）放入干

净的离心管中，称取质量。

③向胶块中加入 3 倍体积溶胶液 PN，50℃水浴放置 10min，其间不断温和地上下翻转离心管，以确保胶块充分溶解。

④将上一步所得溶液加入一个吸附柱中（吸附柱放入收集管中），室温放置 2min，12 000r/min 离心 1min，倒掉收集管中的废液，将吸附柱重新放回收集管中。

⑤向吸附柱中加入 700μL 漂洗液，12 000r/min 离心 1min，倒掉收集管中的废液，将吸附柱重新放回收集管中，将吸附柱重新放回收集管中。

⑥向吸附柱中加入 500μL 漂洗液，12 000r/min 离心 1min，倒掉收集管中的废液。

⑦将吸附柱放回收集管中，12 000r/min 离心 2min，尽量除去漂洗液，将吸附柱置于室温放置数分钟，彻底地晾干，以防止残留的漂洗液影响下一步的实验。

⑧将吸附柱放入一个干净的离心管中，向吸附膜中间位置悬空滴加适量洗脱缓冲液 EB，室温放置 2min，12 000r/min 离心 2min，收集 DNA 溶液。

⑨将离心得到的溶液重新加回离心吸附柱中，重复步骤⑧。

⑩1.5% 琼脂糖凝胶电泳检测回收的片段，将回收的 DNA 于 -20℃ 保存备用。

（4）pMD19 - T 载体与目的片段的连接

10μL 连接体系组成为：连接酶溶液Ⅰ（pMD19-T 试剂盒中），5μL；PCR 条带回收产物，4μL；pMD19-T 载体，1μL。将上述溶液混合均匀并短暂离心后，16℃ 恒温反应 30min。

（5）连接产物转化至大肠杆菌 TOP 10 感受态细胞

①将上述连接产物全量（10μL）加入至 100μL 大肠杆菌 TOP 10 感受态细胞中，冰中放置 30min。

②42℃热激 60s 后，再在冰中放置 2min，该过程不要摇动离心管。

③加入 890μL LB 培养基，37℃，150r/min 振荡培养 2h。

④在含有 100μg/mL Amp 的 LB 固体培养基（约 20mL）表面涂布 40μL X - Gal（20mg/mL）和 16μL IPTG（50mg/mL），37℃恒温培养箱中放置 30min。

⑤将离心管内容物混匀，吸取适量已转化的感受态细胞加到含 100μg/mL LB 固体培养基上，倒置平板于 37℃恒温箱中培养 12～16h。

（6）转化子的鉴定

转化后的细胞在含有氨苄青霉素的 LB 平板上培养一晚后，会长出许多抗性菌落（转化子），其中有白色菌落（重组子）和蓝色菌落（非重组子）；挑取白色单菌落接入 10mL 含 Amp 的 LB 液体培养基中，37℃振荡培养过夜；取 300μL 菌液 12 000r/min 离心 5min，弃上清液后用 30μL ddH$_2$O 重悬菌体，100℃水浴 5min 使菌裂解，12 000r/min 离心 5min，以上清液为模板进行菌落 PCR 反应，体系如下：2 × Taq PCR Green Mix，12.5μL；模板，5μL；M13 - F（10μmol/L），1μL；

M13 - R(10μmol/L)，1μL；dd H₂O，5.5μL。反应体系混合好后，放入 PCR 仪中，具体反应程序根据需要自行设计。

（7）测序分析

将 PCR 反应中扩增出与目的片段大小接近的菌种挑出保存，取其中 200μL 菌液进行测序分析。根据测序的结果和 GeneBank 中的有关序列进行比较分析。

4. 3′RACE 克隆

（1）特异性引物设计

根据测序所得的 PP2A 基因保守区序列，利用 Oligo 6.0 软件进行 3′RACE 外引物（3′GSP）和内引物（3′GSP）的设计。

（2）3′RACE 反转录

如下配置反转录反应液：总 RNA，5.5μL；3′RACE 外延物（5 μmol/L），1μL；5×M - MLV 缓冲液，2μL；dNTP 混合物（10 mmol/L），1μL；RNA 酶抑制剂（40 U/μL），0.25μL；反转录酶 M - MLV（RNase h - ）（200 U/μL），0.25μL。PCR 反应条件：42℃，60 min；70℃，15 min。

（3）Outer PCR 反应

如下配置反转录反应液：上述反转录反应液，3μL；1×cDNA 缓冲液 Ⅱ，7μL；3′GSP（10 μmol/L），2μL；3′RACE Outer 引物（10μmol/L），2μL；10×LA PCR 缓冲液 Ⅱ（不含 Mg²⁺），4μL；MgCl₂（25mmol/L），3μL；LA Taq（5U/μL），0.25μL；dH₂O，28.75μL。反应体系混合好后，放入 PCR 仪中，具体反应程序根据需要自行设计。

（4）inner PCR 反应

如下配置反转录反应液：Outer PCR 产物，1μL；dNTP 混合物（2.5mmol/L），8μL；10×LA PCR 缓冲液 Ⅱ（不含 Mg²⁺），5μL；MgCl₂（25mmol/L），5μL；LA Taq（5U/μL），0.5μL；3′NGSP（10μmol/L），2μL；3′RACE 内引物（10μmol/L），2μL；dH₂O，26.5μL。反应体系混合好后，放入 PCR 仪中，具体反应程序根据需要自行设计。

（5）PCR 产物的切胶回收、pMD19 - T 载体与目的片段的连接、连接产物转化大肠杆菌 TOP 10 感受态细胞、转化子的鉴定、测序分析如上。

5. 5′RACE 克隆

（1）特异性引物设计

根据测序所得的 PP2A 基因保守区序列，利用 oligo6.0 软件进行 5′RACE 外引物（5′GSP）和内引物（5′GSP）的设计并合成。

（2）去磷酸化处理

使用碱性磷酸酶（牛肠）（碱性磷酸酶，CIAP）对总 RNA 中裸露的 5′磷酸基团进行去磷酸反应。按下表配配置反转录反应液。总 RNA（1μg/μL），17μL；RNase 抑制剂（40U/μL），1μL；10×碱性磷酸酶缓冲液（不含 MgCl₂），5μL；碱性磷酸酶（牛肠）（16U/μL），0.6μL；无 RNA 酶水，26.4μL。

①50℃反应 1h；

②向上述反应液中加入 20μL 的 3mol/L CH₃COONa(pH = 5.2)，130μL 的不含 RNase dH₂O 后，充分混匀；

③加入 200μL 的苯酚/氯仿/异戊醇(25∶24∶1)，充分混匀后 13 000r/min 室温离心 5min，将上层水相转移至新的 PCR 管中；

④加入 200μL 的氯仿，充分混匀后 13 000r/min 室温离心 5min，将上层水相转移至新的 PCR 管中；

⑤加入 2μL 的 NA Carrier 后均匀混合；

⑥加入 200μL 的异丙醇，充分混匀后，冰上冷却 10min；

⑦13 000r/min 4℃ 离心 20min，弃上清液；

⑧加入 500μL 的 75% 冷乙醇(不含 RNase dH₂O 配制)漂洗，13 000r/min 4℃ 离心 5min，弃上清液后干燥；

⑨加入 7μL 的不含 RNase dH₂O 溶解沉淀，得到 CIAP 处理的 RNA。

(3)"去帽子"反应

使用 tobacco acid pyrophosphatase(烟草酸焦磷酸酶，TAP)去掉 mRNA 的 5′帽子结构，保留一个磷酸基团。按下列组分配制"去帽子"反应液。CIAP 处理的 RNA，7μL；RNase 抑制剂(40U/μL)，1μL；10 × TAP 反应缓冲液，1μL；Tobacco Acid Pyrophosphatase(0.5U/μL)，1μL。

37℃反应 1h，得到的反应液即 CIAP/TAP 处理的 RNA。取此反应液 5μL 用于 5′RACE 外延物连接反应，剩余的 5μL 保存于 − 80℃。

(4)5′RACE 外延物的连接

①如下配制溶液：CIAP/TAP 处理的 RNA，5μL；5′RACE 外延物(15μmol/L)，1μL；不含 RNase dH₂O，4μL。

②65℃保温 5min 后，冰上放置 2min，然后按如下加入试剂：RNase 抑制剂(40 U/μL)，1μL；5 × RNA 连接缓冲液，8μL；40% PEG#6000，20μL；T4 RNA 连接酶(40U/μL)，1μL。

③16℃反应 1h。

④向上述反应液中加入 20μL 的 3mol/L CH₃COONa(pH = 5.2)，140μL 的无 RNase dH₂O 后，充分混匀。

⑤加入 200μL 的苯酚/氯仿/异戊醇(25∶24∶1)，充分混匀后 13 000r/min 室温离心 5min，将上层水相转移至新的微量离心管中。

⑥加入 200μL 的氯仿，充分混匀后 13 000r/min 室温离心 5min，将上层水相转移至新的微量离心管中。

⑦加入 2μL 的 NA Carrier 后均匀混合。

⑧加入 200μL 的异丙醇，充分混匀后，冰上冷却 10min。

⑨13 000r/min 4℃ 离心 20min，弃上清。加入 500μL 的 70% 冷乙醇(无 RNase dH₂O 配制)漂洗，13 000r/min 4℃ 离心 5min，弃上清液后干燥。

⑩加入 6μL 的无 RNase dH₂O 溶解沉淀，得到连接过的 RNA。

（5）反转录反应

如下反转录反应液：连接过的 RNA，6μL；随机的 9 个核苷酸引物（50μmol/L），0.5；5×M-MLV 缓冲液，2μL；dNTP（10mmol/L），1μL；RNase 抑制剂（40U/μL），0.25μL；反转录 M-MLV（RNase h-）（200U/μL），0.25μL。

进行反转录反应，反应条件：30℃，10min；42℃，1h；70℃，15min。

反应结束后可以进行下一步实验，或将反应液保存于-20℃。

（6）Outer PCR 反应

如下配置 Outer PCR 反应液：反转录反应液，4μL；1×cDNA 稀释缓冲液Ⅱ，6μL；10×LA PCR 缓冲液Ⅱ（不含 Mg^{2+}），4μL；$MgCl_2$（25mmol/L），3μL；LA Taq（5U/μL），0.25μL；5′RACE GSP（10μmol/L），2μL；5′RACE Outer 引物（10μmol/L），2μL；dH_2O，28.75μL。

进行 Outer PCR 反应，放入 PCR 仪中，具体反应程序根据需要自行设计。

（7）Inner PCR 反应

如下配置 inner PCR 反应液：Outer PCR 反应液，1μL；10×LA PCR 缓冲液Ⅱ（不含 Mg^{2+}），5μL；$MgCl_2$（25mmol/L），5μL；dNTP 混合物（2.5mmol/L），8μL；LA Taq（5U/μL），0.5μL；5′RACE NGSP（10μmol/L），2μL；5′RACE Inner 引物（10μmol/L），2μL；dH_2O，26.5μL。

进行 Outer PCR 反应，放入 PCR 仪中，具体反应程序根据需要自行设计。

（8）PCR 产物的切胶回收、pMD19-T 载体与目的片段的连接、连接产物转化大肠杆菌 TOP 10 感受态细胞、转化子的鉴定、测序分析如上。

6. ANS 基因 cDNA 全长克隆

（1）ANS 基因 cDNA 全长引物设计

用 Seqman 软件将所得到的保守序列、3′端序列和 5′端序列进行拼接，得到 ANS 基因的 cDNA 全长序列。利用 ORF Finder（http://www.ncbi.nlm.nih.gov/gorf/orfig.cgi）在线软件进行最大开放阅读框 ORF 查找，找到起始密码子和终止密码子的位置，分别在起始密码子和终止密码子之外设计引物进行全长验证。利用 Oligo 6.0 设计引物。

（2）PCR 扩增反应

第一链 cDNA，1.5μL；2×Taq Green Mix，12.5μL；引物 1（10μmol/L），0.5μL；引物2（10μmol/L），0.5μL；无核酸水，10μL。将上述 PCR 反应液短暂振荡混匀后，放入 PCR 仪中，具体反应程序根据需要自行设计。PCR 产物的切胶回收、pMD19-T 载体与目的片段的连接、连接产物转化大肠杆菌 TOP 10 感受态细胞、转化子的鉴定、测序分析如上。

【注意事项】

（1）注意防止 RNA 提取时降解。

（2）注意简并引物、特异性引物设计时的各项参数。

【实验报告】

（1）撰写实验报告。

（2）利用 ORF Finder 查找开放阅读框。

（3）将 ANS 基因 cDNA 全长序列进行 BLAST 分析。

【思考题】

如何设计引物？设计引物时应注意什么？

附　录

一、生物实验室安全基本知识

(一)生物实验室安全的概念

生物实验室安全是指当实验室工作人员所处理含有致病的微生物及其毒素的实验对象时，通过实验室设计建造、使用个体防护装置、严格遵从标准化的工作及操作程序和规程等方面采取综合措施，确保实验室工作人员不受实验对象侵染，确保周围环境不受其污染。

(二)实验室生物安全防护目的

安全防护的目的是要保护三个方面，即保护操作者、保护环境和保护被操作对象。

(三)生物安全实验室

1. 概念

生物安全实验室是指通过防护屏障和配套管理措施，达到生物安全要求的生物实验室和动物实验室。

2. 生物安全实验室的构成

基础设施包括：一级防护屏障，二级防护屏障。

(1)生物安全实验室一级防护屏障

一级防护屏障是通过个人防护装备、生物安全柜、负压罩等实现的操作者和被操作对象之间的隔离。一级防护包括两方面内容：生物安全柜和类似的设备等以及个人防护装备。

生物安全柜是防止操作过程中含有危害性或未知生物气溶胶散逸的空气净化安全装置。核心是高效滤器(HEPA)和风机。生物安全柜的作用主要的保护屏障，防止生物有害气溶胶逃逸。保护操作人员(负压)，保护周边环境(HEPA)，也可以保护样品(层流)。生物安全柜可分为三个等级。Ⅰ级生物安全柜——保护工作人员和环境，Ⅱ级生物安全柜——保护工作人员、环境和试样(产品)，Ⅲ

级生物安全柜——采用手套箱更严格地保护工作人员、环境和试样(产品)。

安全罩是指覆盖在生物医学实验室工作台或仪器设备上的内部空气压力低于环境压力的经 HEPA 滤器过滤的排风罩,以减少对实验室工作者和环境的危害。

个人防护装备是指用于防止工作人员受到物理、化学和生物等有害因子伤害的器材和用品。其用途为在生物安全实验室中,这些器材和用品主要是保护实验人员免于暴露于生物危害物质(气溶胶、喷溅物以及意外接种等)危险的一种物理屏障。个人防护装备的防护部位有眼睛、头面部、呼吸道、躯体、手、足、耳(听力)。个人防护装备包括眼镜安全镜、护目镜、紧急洗眼装置,口罩、面罩、防毒面具,帽子,防护衣(实验服、隔离衣、连体衣、围裙),手套,鞋套,听力保护器等。

(2)生物安全实验室二级防护屏障

二级防护屏障是指生物安全实验室和外部环境的隔离,也称二级隔离。二级隔离的防护能力取决于实验室分区和定向气流。一般按照实验因子污染的概率把实验室分为洁净、半污染和污染三个区。清洁区是指在正常情况下不可能有实验因子的污染的区域。半污染区是指在正常情况下只有轻微污染可能的区域。此区的功能是大量的准备工作,例如培养基、细胞、制剂的配制、低温冰箱的放置等。在此工作的人员要做好个人防护,如穿上一层防护服、戴口罩和手套等。污染区是指操作实验因子的地方(BSL-3中心实验室),在操作过程中一定会有污染的区域,有潜在严重污染的可能。

3. 生物安全分级

根据所操作的生物因子的危害程度和采取的防护措施,将生物安全防护水平分为 4 级,Ⅰ级防护水平最低,Ⅳ级防护水平最高。以 BSL-1、BSL-2、BSL-3、BSL-4 表示实验室的相应生物安全防护水平(附表1)。

附表1 生物安全实验室分级

实验室分级	处理对象	危险等级
BSL-1	对人体和环境危害较低,不会引发健康成人疾病	Ⅰ级 四类
BSL-2	对人体和环境有中等危害或具有潜在危险的致病因子	Ⅱ级 三类
BSL-3	主要通过呼吸途径使人传染上严重的甚至是致命疾病的致病因子。通常有预防治疗措施	Ⅲ级 二类
BSL-4	对人体有高度危险性,通过气溶胶途径传播或传播途径不明的微生物。尚无预防治疗措施	Ⅳ级 一类

一级生物安全防护(基础实验室)适用于实验对象已知对健康成年人无致病作用,对实验室工作人员和环境的潜在危害很小。这种类的实验室适用于已经确定不会使成年人立即感染任何疾病或是对于实验人员及实验室的人员造成最小的危险的病原体。在这个水平中需要的用于防范生物危害的措施是微乎其微的,只

需要手套和一些面部防护。

二级生物安全防护（基础实验室）适用于实验对象对人和环境具有中等潜在危害。这类实验室能处理较多种的病菌，且该病菌仅能对人类造成轻微的疾病，或者是难以在实验室环境中的气溶胶中生存。

三级生物安全防护（防护实验室）适用于实验对象是通过呼吸途径使人感染导致严重的甚至是致死性疾病的感染性材料。这类实验室专门处理本地或外来的病原体且这些病原体可能会借由吸入而导致严重的或潜在的致命疾病。所有涉及感染性材料的操作过程是在生物安全柜、专门设计的通风柜内进行，或由备有其他物理抑制装置，穿着适当的个人防护衣物和设备的人员进行操作。

四级生物安全防护（最高防护实验室）适用于实验对象是危险的和新的感染性材料，表现出通过气溶胶途径传播。此级别需要处理危险且未知的病原体且该病原体可能造成经由气溶胶传播之病原体或造成高度个人风险，且该病原体至今仍无任何已知的疫苗或治疗法。

4. 其他概念

（1）消毒（disinfection）

消毒是减少细菌芽胞除外的微生物的数量，使其达到无害的程度，不一定杀灭或清除全部的微生物。

（2）灭菌（sterilization）

灭菌是有效地使目的物没有微生物的措施和过程，即杀灭所有的微生物。一般的细菌繁殖体和病毒在121℃ 20min即可灭菌，对细菌芽胞需要30min以上；对朊病毒要在134℃ 20min以上才能灭菌。

（3）高效空气过滤器（HEPA filter）

高效空气过滤器是指在额定风量和有效滤过面积下及气流阻力在245Pa以下的对粒子径≥0.3μm的粒子捕集效率在99.97%以上空气过滤器。

（4）净化（cleaning）

净化是指去除生物和非生物的所有类型污染的措施和过程。生物净化其方法可能是消毒，也可能是灭菌或只是过滤。

（5）生物气溶胶（bioaerosol）

气溶胶是指悬浮于气体介质中粒径一般为0.001~100μm的固态或液态微小粒子形成的相对稳定的分散体系。分散相含有生物因子的气溶胶。

（6）"零泄漏"（zero leaking）

我国的BSL-3和BSL-4实验室要求活性实验因子不能有任何泄漏。为此，对于离周围建筑物较近的BSL-3实验室，除了采取其他措施外，建议排入大气的空气要经过双HEPA滤器串联过滤，并经过人工生物气溶胶法的监测和验证。

二、实验记录与实验报告规范

（一）实验记录规范

实验记录是指在研究过程中，应用实验、观察、调查或资料分析等方法，根据实际情况直接记录或统计形成的各种数据、文字、图表、声像等原始资料。一般来说，传统的实验记录用纸质记录本为多。实验原始记录须记载于正式实验记录本上，实验记录本应按页码装订，须有连续页码编号，不得缺页或挖补。

正规的实验记录本是由管理部门统一制定、编号、发放和收回的。实验记录本首页一般作为目录页，可在实验开始后陆续填写，或在实验结束时统一填写。每次实验须按年、月、日顺序在实验记录本相关页码右上角或左上角记录实验日期和时间，也可记录实验条件如天气、温度、湿度等。由于记录需要长期保存并反复利用。因此，除了要求记录本耐翻、耐磨外，对书写用笔和墨水往往有特殊的要求：必须使用稳定性好、不易褪色的蓝黑、碳素墨水笔书写。铅笔、圆珠笔、纯蓝墨水笔、红墨水笔等耐磨性差、化学性质不稳定，这些笔应杜绝使用。且书写时要求字迹工整，采用规范的专业术语、计量单位及外文符号，英文缩写第一次出现时须注明全称及中文释名。实验记录需修改时，采用划线方式去掉原书写内容，但须保证仍可辨认，然后在修改处签字，避免随意涂抹或完全涂黑。

实验记录中应如实记录实际所做的实验。实验结果、表格、图表和照片均应直接记录或订在实验记录本中，成为永久记录。实验记录本应作为发表论文和实验室科技档案管理的必备文件。学生毕业应在离校前将全部实验记录和其他科研资料上缴实验室保管和存档，不得随意处置或丢弃。

在实际工作中，实验记录的重要性及其作用、规范的实验记录包括的内容、该怎样记实验记录等问题似乎没有受到研究人员的足够重视。其实，我国在药品研究领域有国家制定的实验记录暂行规定。在其他领域尽管未见到国家级的科研实验记录规定，但专门的论述和要求还是有的。实验记录之所以重要，是因为它是记录发明行为的日志，是科研活动的真实描述和记载，是实验过程及结果的唯一原始记录，也是科研档案的一部分。

实验记录通常应包括实验名称、实验目的、实验设计或方案、实验时间、实验材料、实验方法、实验过程、观察指标、实验结果和结果分析等内容（国家药品监督管理局2000年1月3日制定并下发的《药品研究实验记录暂行规定》中关于"实验记录的内容"的条款中规定）。

（1）实验名称

每项实验开始前应首先注明课题名称和实验名称，课题来源、资助单位、项目编号，需保密的课题可用代号。

（2）实验目的

写明本次实验的名称和具体目的。

（3）研究内容

本次实验具体要研究的内容及所要解决的问题。

（4）实验设计或方案

实验设计或方案是实验研究的实施依据。各项实验记录的首页应有一份详细的实验设计或方案，并由设计者和（或）审批者签名。

（5）实验日期时间

每次实验须按年月日顺序记录实验日期和时间（根据具体实验可精确到小时、分钟）。

（6）实验材料

受试样品和对照品的来源、批号及效期；实验动物的种属、品系、微生物控制级别、来源及合格证编号；实验用菌种（含工程菌）、瘤株、传代细胞系及其来源；其他实验材料的来源和编号或批号；实验仪器设备名称、型号；主要试剂的名称、生产厂家、规格、批号及效期；自制试剂的配制方法、配制时间和保存条件等。实验材料如有变化，应在相应的实验记录中加以说明。

（7）实验环境

根据实验的具体要求，对环境条件敏感的实验，应记录当天的天气情况和实验的微小气候（如光照、通风、洁净度、温度及湿度等）。

（8）实验方法

常规实验方法应在首次实验记录时注明方法来源，并简述主要步骤。改进、创新的实验方法应详细记录实验步骤和操作细节。

（9）实验过程

应详细记录研究过程中的操作，观察到的现象，异常现象的处理及其产生原因，影响因素的分析等。

（10）实验结果

准确记录计量观察指标的实验数据和定性观察指标的实验变化。详细记录实验所获得的各种实验数据及反应现象，并做简要分析。不得在实验记录本上随意涂改实验结果，如确需修改应保留原结果，修改的结果写在边上并要附有说明和课题负责人签字。

（11）结果分析讨论

每次（项）实验结果应做必要的数据处理和分析，并有明确的文字小结。对本次实验结果进行分析、讨论，详细说明在实验过程中所发现的问题及解决的方法，为下一步的实验制定实施方案。

（12）参考文献

详细记录所参考的文献资料的作者、文题（书名）、刊物（出版社）、页码、发表时间及卷、期号等。要求保留参考文献的复印件。

（13）实验人员

应记录所有参加实验研究的人员。

(二)实验报告规范

实验报告是把实验的目的、方法、过程、结果等记录下来,经过整理,写成的书面汇报。

1. 实验报告的定义

实验报告是在科学研究活动中人们为了检验某一种科学理论或假设,通过实验中的观察、分析、综合、判断,如实地把实验的全过程和实验结果用文字形式记录下来的书面材料。实验报告具有情报交流的作用和保留资料的作用。

2. 实验报告的种类

因科学实验的对象而异。如化学实验的报告叫化学实验报告,物理实验的报告就叫物理实验报告。随着科学事业的日益发展,实验的种类、项目等日见繁多,但其格式大同小异,比较固定。实验报告必须在科学实验的基础上进行。它主要的用途在于帮助实验者不断地积累研究资料,总结研究成果。

3. 实验报告的特点

(1)正确性

实验报告的写作对象是科学实验的客观事实,内容科学,表述真实、质朴,判断恰当。

(2)客观性

实验报告以客观的科学研究的事实为写作对象,它是对科学实验的过程和结果的真实记录,虽然也要表明对某些问题的观点和意见,但这些观点和意见都是在客观事实的基础上提出的。

(3)确证性

确证性是指实验报告中记载的实验结果能被任何人所重复和证实,也就是说,任何人按给定的条件去重复这项实验,无论何时何地,都能观察到相同的科学现象,得到同样的结果。

(4)可读性

可读性是指为使读者了解复杂的实验过程,实验报告的写作除了以文字叙述和说明以外,还常常借助画图像,列表格、作曲线图等文式,说明实验的基本原理和各步骤之间的关系,解释实验结果等。

4. 实验报告的结构

实验报告的书写是一项重要的基本技能训练。它不仅是对每次实验的总结,更重要的是它可以初步地培养和训练学生的逻辑归纳能力、综合分析能力和文字表达能力,是科学论文写作的基础。因此,参加实验的每位学生,均应及时认真地书写实验报告。要求内容实事求是,分析全面具体,文字简练通顺,誊写清楚整洁。

(三)实验报告规范

实验报告的内容与格式:

(1)实验名称

要用最简练的语言反映实验的内容。如验证某程序、定律、算法。学生姓名、学号、及合作者,实验日期和地点(年、月、日)。

(2)实验目的

目的要明确,在理论上验证定理、公式、算法,并使实验者获得深刻和系统的理解,在实践上,掌握使用实验设备的技能技巧和程序的调试方法。一般需说明是验证型实验还是设计型实验,是创新型实验还是综合型实验。

(3)实验原理

在此阐述实验相关的主要原理。实验内容,这是实验报告极其重要的内容。要抓住重点,可以从理论和实践两个方面考虑。这部分要写明依据何种原理、定律算法或操作方法进行实验,详细理论计算过程。

(4)实验步骤

只写主要操作步骤,不要照抄实习指导,要简明扼要。还应该画出实验流程图(实验装置的结构示意图),再配以相应的文字说明,这样既可以节省许多文字说明,又能使实验报告简明扼要,清楚明白。

(5)实验结果

包括实验现象的描述,实验数据的处理等。原始资料应附在本次实验主要操作者的实验报告上,同组的合作者要复制原始资料。对于实验结果的表述,一般有三种方法。文字叙述,根据实验目的将原始资料系统化、条理化,用准确的专业术语客观地描述实验现象和结果,要有时间顺序以及各项指标在时间上的关系。图表,用表格或坐标图的方式使实验结果突出、清晰,便于相互比较,尤其适合于分组较多,且各组观察指标一致的实验,使组间异同一目了然。每一图表应有表目和计量单位,应说明一定的中心问题。曲线图,应用记录仪器描记出的曲线图,这些指标的变化趋势形象生动、直观明了。在实验报告中,可任选其中一种或几种方法并用,以获得最佳效果。

(6)讨论

根据相关的理论知识对所得到的实验结果进行解释和分析。如果所得到的实验结果和预期的结果一致,那么它可以验证什么理论,实验结果有什么意义,说明了什么问题。这些是实验报告应该讨论的。但是,不能用已知的理论或生活经验硬套在实验结果上,更不能由于所得到的实验结果与预期的结果或理论不符而随意取舍甚至修改实验结果,这时应该分析其异常的可能原因。如果本次实验失败了,应找出失败的原因及以后实验应注意的事项,也可以写一些本次实验的心得以及提出一些问题或建议等。

(7)结论

结论不是具体实验结果的再次罗列,也不是对今后研究的展望,而是针对这一实验所能验证的概念、原则或理论的简明总结，是从实验结果中归纳出的一般性、概括性的判断，要简练、准确、严谨、客观。

三、玻璃仪器的清洗

众所周知，在化学实验中，盛放反应物质的玻璃仪器经过化学反应后，往往有残留物附着在仪器的内壁，一些经过高温加热或放置反应物质时间较长的玻璃仪器，还不易洗净。实验中所使用的玻璃器皿清洁与否直接影响实验结果。由于器皿的不清洁或被污染，往往造成较大的实验误差，甚至会出现相反的实验结果。因此，玻璃器皿的洗涤清洁工作是非常重要的。

(一)初用玻璃器皿的清洗

新购买的玻璃器皿表面常附着有游离的碱性物质，先用肥皂水(或去污粉)洗刷，再用自来水洗净，然后浸泡在1% ~2% 盐酸溶液中过夜(不少于4h)，再用自来水冲洗，最后用蒸馏水冲洗2~3次，在100~130℃烘箱内烘干备用。

(二)使用过的玻璃器皿的清洗

1. 一般玻璃器皿

如试管、烧杯、锥形瓶等(包括量筒)。先用自来水洗刷至无污物，再选用大小合适的毛刷蘸取去污粉(掺入肥皂粉)刷洗或浸入肥皂水内。将器皿内外，特别是内壁，细心刷洗，用自来水冲洗干净后再用蒸馏水洗2~3次，热的肥皂水去污能力更强，可有效地洗去器皿上的油污。烘干或倒置在清洁处备用。

凡洗净的玻璃器皿，不应在器壁上带有水珠，否则表示尚未洗干净。玻璃器皿经洗涤后，若内壁的水均匀分布成一薄层，表示油垢完全洗净，若挂有水珠，则还需要用洗涤液浸泡数小时，然后用自来水充分冲洗，最后用蒸馏水洗2~3次后备用。

2. 量器

如吸量管、滴定管、量瓶等。使用后应立即浸泡于凉水中，勿使物质干涸。工作完毕后用流水冲洗，以除去附着的试剂、蛋白质等物质，晾干后浸泡在铬酸洗液中4~6h(或过夜)，再用自来水充分冲洗，最后用蒸馏水冲洗2~4次，风干备用。

3. 其他

具有传染性样品的容器(如分子克隆、病毒沾污过的容器)常规先进行高压灭菌或其他形势的消毒，再进行清洗。盛过各种毒品(特别是剧毒药品和放射性核素物质的容器)必须经过专门处理，确知没有残余毒物存在时方可进行清洗。否则使用一次性容器。装有固体培养基的器皿应先将其刮去，然后洗涤。

4. 细胞培养级玻璃器皿的洗涤处理

按上述方法对玻璃器皿进行初洗，晾干；将玻璃器皿浸泡入洗液中，24 ~48h。注意玻璃器皿内应全部充满洗液，操作时小心勿将洗液不溅到衣服及身体各部；取出，沥去多余的洗液；自来水充分冲洗；排列6桶水，前3桶为去离子水，后3桶为去离子双蒸水；将玻璃器皿依次过6桶水，玻璃器皿在每桶中过6~8次；倒置，60℃烘干；用硫酸纸包扎，180℃干烤3h。

(三)洗涤液的选择和配制

1. 选择合适的洗涤剂

在一般情况下，可选用市售的合成洗涤剂，对玻璃仪器进行清洗。当仪器内壁附有难溶物质，用合成洗涤剂无法清洗干净时，应根据附着物的性质，选用合适的洗涤剂。如附着物为碱性物质，可选用稀盐酸或稀硫酸，使附着物发生反应而溶解；如附着物为酸性物质，可选用氢氧化钠溶液，使附着物发生反应而溶解；若附着物为不易溶于酸或碱的物质，但易溶于某些有机溶剂，则选用这类有机溶剂作洗涤剂，使附着物溶解。

2. 常用洗涤剂的配制方法

(1)铬酸洗液

称取92g二水重铬酸钠溶于460mL水中，然后注入800mL硫酸。另一个配方是把1L硫酸注入35mL饱和重铬酸钠溶液中。

当洗液使用至变绿色后，就失去洗涤能力。使用铬酸洗液时，被洗涤的器皿带水量应少，最好是干的，以免洗液被稀释而降低效率。也可用重铬酸钾代替重铬酸钠，但前者的溶解度较低。用铬酸洗液洗涤后的容器要用清水充分冲洗，以除去可能存在的铬离子。

(2)碱性高锰酸钾洗涤液

称取4.0g高锰酸钾，放于250mL烧杯中，再称取10.0g氢氧化钠，放于同一烧杯中。量取100mL蒸馏水，分次加入并不断搅拌，使高锰酸钾和氢氧化钠充分溶解。将溶解部分小心地移入200mL棕色试剂瓶中，如此反复操作，直至高锰酸钾全部溶解为止。再用蒸馏水反复冲洗烧杯，并将冲洗液一并倒入棕色试剂瓶中，至烧杯内壁无紫红色，最后用剩余的蒸馏水稀释至100mL，盖紧瓶塞，摇匀，贴好标签，备用。适于洗涤带油污的玻璃器皿，但余留的二氧化锰需用盐酸或盐酸加过氧化氢洗去。

(3)氢氧化钠(钾)乙醇溶液

把约1L 95%的乙醇加到含有120g氢氧化钠(钾)的120mL水溶液中，就成为一种去污力很强的洗涤剂，玻璃磨口长期暴露在这种洗液中易被损坏。

(4)硫酸及发烟硝酸混合物

适用于特别油污、肮脏的玻璃器皿。

(5)磷酸三钠溶液

将57g磷酸三钠、28g油酸钠溶于470mL水中。为除去玻璃器皿上的碳质残渣，可将器皿在此溶液里浸泡几分钟，然后用刷子除去残渣。100~150g/L的氢氧化钠(钾)溶液也有同样作用。

（6）10g/L EDTA 的 20g/L 氢氧化钠溶液

用此溶液浸泡洗净的玻璃器皿，能除去容器表面吸附的一些微量金属离子。

（7）盐酸乙醇溶液

一份盐酸和两份乙醇的混合物，用以洗涤被有机试剂染色的器皿。

（8）酸性草酸洗液

称取 10g 草酸或 1g 盐酸羟胺溶于 20% 的 100mL 盐酸溶液中。对于沾有氧化物、溶于水的无机污物（如高锰酸钾、三价铁）等器皿可用此洗液。

上述洗涤液可多次使用，但使用前必须将待洗涤的玻璃器皿先用水冲洗多次，除去肥皂液、去污粉或各种废液。若仪器上有凡士林或羊毛脂时，应先用软纸擦去，然后再用乙醇或乙醚擦净。否则会使洗涤液迅速失效。例如肥皂水、有机溶剂（乙醇、甲醛等）及少量油污物均会使重铬酸钾－硫酸液变绿，降低洗涤能力。

（四）注意事项

（1）切不可盲目地将各种试剂混和作洗涤剂使用，也不可任意使用各种试剂来洗涤玻璃仪器。这样不仅浪费药品，而且容易出现危险。

（2）洗涤玻璃制品要集中精力，避免打碎玻璃制品，甚至由于打碎玻璃制品而割伤实验人员双手，以至造成生物材料污染，威胁实验人员自身安全。必要时可佩带手套。

（3）洗涤玻璃制品的清洁用品，如刷子、肥皂水等，要定期检查更换，避免滋生细菌。

四、常用缓冲溶液的配置

（一）50 × TAE 缓冲溶液（pH = 8.5）

组分浓度：2mol/L Tris – HCl，100mmol/L EDTA。

配制量：1L。

配制方法：

①称量下表中所列试剂，置于 1L 烧杯中。

Tris	242g
$Na_2EDTA \cdot 2H_2O$	37.2g

②向烧杯中加入约 800mL 的去离子水，充分搅拌溶解。

③加入 57.1 mL 的乙酸，充分搅拌。

④加去离子水将溶液定容至 1L 后，室温保存。

（二）10 × TBE 缓冲溶液（pH = 8.3）

组分浓度：890 mmol/L Tris – 硼酸，20mmol/L EDTA。

配制量：1L。

配制方法：

①称量下表所列试剂，置于 1 L 烧杯中。

Tris	108g
$Na_2EDTA \cdot 2H_2O$	7.44g
硼酸	55 g

②向烧杯中加入约 800mL 的去离子水，充分搅拌溶解。

③加去离子水将溶液定容至 1 L 后，室温保存。

(三)6× 上样缓冲液(DNA 电泳用)

组分浓度：如下表所示。

30mmol/L	EDTA
36%(体积比)	甘油
0.05%(质量体积比)	二甲苯腈蓝 FF
0.05%(质量体积比)	溴酚蓝

配制量：500mL。

配制方法：

①称量下表所列试剂，置于 500mL 烧杯中。

EDTA	4.4g
溴酚蓝	250mg
二甲苯腈蓝 FF	250 mg

②向烧杯中加入约 200mL 的去离子水后，加热搅拌充分溶解。

③加入 180mL 的甘油(Glycerol)后，使用 2mol/L NaOH 调节 pH 值至 7.0。

④用去离子水定容至 500mL 后，室温保存。

(四)10×上样缓冲液(RNA 电泳用)

组分浓度：如下表所示。

10mmol/L	EDTA
50%(体积比)	甘油
0.25%(质量体积比)	二甲苯腈蓝 FF
0.25%(质量体积比)	溴酚蓝

配制置：10mL。

配制方法：

①称量下列试剂，置于 10mL 离心管中。

0.5mol/L EDTA(pH = 8.0)	200μL
溴酚蓝	25mg
二甲基腈蓝 FF	25mg

②向离心管中加入约 4mL 的 DEPC 处理水后，充分搅拌溶解。
③加入 5mL 的甘油(Glycerol)后，充分混匀。
④用 DEPC 处理水定容至 10mL 后，室温保存。

(五)20×SSC

组分浓度：3.0mol/L NaCl，0.3mol/L Na_3citrate·$2H_2O$(柠檬酸钠)。
配制量：1L。
配制方法：
①称量下表所列试剂，置于 1L 烧杯中。

NaCl	175.3g
Na_3citrate·$2H_2O$	88.2g

②向烧杯中加入约 800mL 的去离子水，充分搅拌溶解。
③滴加 14mol/L HCl，调节 pH 值至 7.0 后，加去离子水将溶液定容至 1L。
④高温高压灭菌后，室温保存。

(六)20×SSPE 缓冲溶液

组分浓度：3.0mol/L NaCl，0.2mol/L NaH_2PO_4，0.02mol/L EDTA。
配制量：1L。
配制方法：
①称量下表所列试剂，置于 1L 烧杯中。

NaCl	175.3g
NaH_2PO_4·H_2O	27.6g
Na_2EDTA·$2H_2O$	7.4g

②向烧杯中加入约 800mL 的去离子水，充分搅拌溶解。
③加 NaOH 调节 pH 值至 7.4(约 6.5mL 的 10mol/L NaOH)。
④加去离子水将溶液定容至 1L。
⑤高温高压灭菌后，室温保存。

(七)0.5mol/L 磷酸盐缓冲溶液

组分浓度：0.5mol/L Na_2HPO_4。

配制量：1L。

配制方法：

①称量 134g $Na_2HPO_4 \cdot 7H_2O$ 置于 1L 烧杯中。

②加入约 800mL 的去离子水充分搅拌溶解。

③加入 85% 的 H_3PO_4（浓磷酸）调节溶液 pH 值至 7.2。

④加去离子水定容至 1L。

⑤高温高压灭菌后，室温保存。

(八)DNA 变性缓冲液

组分浓度：1.5mol/L NaCl，0.5mol/L NaOH。

配制量：1L。

配制方法：

①称量下表所列试剂，置于 1L 烧杯中。

NaCl	87.7g
NaOH	20g

②向烧杯中加入约 800mL 的去离子水，充分搅拌溶解。

③加去离子水将溶液定容至 1L 后，室温保存。

(九)预杂交液/杂交液(DNA 杂交用)

组分浓度：如下表所示。

6×	SSC(或 SSPE)
5×	Denhardt's
0.5%（质量体积比）	SDS
100μg/mL	Salmon DNA

配制量：100mL。

配制方法：

①称量下表所列试剂，置于 200mL 烧杯中。

20×SSC(或 SSPE)	30mL
50×Denhardt's	10mL
10% SDS	5mL
10mg/mL Salmon DNA	1mL
dH₂O	54mL

②充分混匀后，使用 0.45μm 滤膜滤去杂质后使用。

(十)预杂交液/杂交液(RNA 杂交用)

组分浓度：如下表所示。

6 ×	SSC(或 SSPE)
5 ×	Denhardt's
0.5%(质量体积比)	SDS
100g/mL	Salmon DNA
50%(体积比)	Formamlde(甲酰胺)

配制量：100mL。

配制方法：

①称量下表所列试剂，置于 200mL 烧杯中。

20×SSC(或 SSPE)	30mL
50×Denhardt's	10mL
10% SDS	5mL
10mg/mL Salmon DNA	1mL
Formamide(甲酰胺)	50mL
dH$_2$O	4mL

②充分混匀后，使用 0.45μm 滤膜滤去杂质后使用。

(十一)膜转移缓冲液(Western 杂交用)

组分浓度：39mmol/L Glycine 甘氨酸，48mmol/L Tris，0.037%(质量体积比)SDS，20%(体积比)甲醇。

配制量：1L。

配制方法：

①称量下表所列试剂，置于 1L 烧杯中。

Glycine	2.9g
Tris	5.8g
SDS	0.37g

②向烧杯中加入约 600mL 的去离子水，充分搅拌溶解。

③加去离子水将溶液定溶至 800mL 后，加入 200mL 的甲醇。

④室温保存。

(十二)TBST 缓冲溶液(Western 杂交膜清洗液)

组分浓度：20mmol/L Tris – HCl，150mmol/L NaCl，0.05%(体积比)Tween-20。

配制量：1L。

配制方法：

①称量下表所列试剂，置于 1L 烧杯中。

NaCl	8.8g
1mol/L Tris – HCl(pH = 8.0)	20mL

②向烧杯中加入约 800mL 的去离子水，充分搅拌溶解。

③加入 0.5mL Tween 20 后充分混匀。

④加去离子水将溶液定容至 1L 后，4℃保存。

(十三)封闭缓冲液(Western 杂交用)

组分浓度：5%(质量体积比)脱脂奶粉/TBST 缓冲溶液。

配制量：100mL。

配制方法：

①称 5g 脱脂奶粉加入到 100mL TBST 缓冲溶液中，充分搅拌溶解。

②4℃保存待用(本封闭液应该现配现用)。

五、常用培养基的配置

(一)LB 培养基

成分	/1000mL	1 ×终浓度
胰蛋白胨	10g	1.00%（质量体积比）
酵母抽提物	5g	0.50%（质量体积比）
NaCl	10g	1.00%（质量体积比）
H₂O	至 1000mL	
调节 pH 值至 7.0		

(二)低盐 LB 培养基

成分	/1000mL	1 ×终浓度
胰蛋白胨	10g	1.0%（质量体积比）
酵母抽提物	5g	0.5%（质量体积比）
NaCl	5g	0.5%（质量体积比）
H₂O	至 1000mL	
调节 pH 值至 7.0		

(三)SOB 培养基

成分	/1000mL	1 ×终浓度
胰蛋白胨	20g	2.0%(质量体积比)
酵母抽提物	5g	0.5%(质量体积比)
NaCl	0.5g	0.05%(质量体积比)
250mmol/L KCl	10mL	2.5mmol/L
H₂O	至 900mL	

（续）

成分	/1000mL	1×终浓度
调节 pH 值至 7.0，加 H_2O 至 990mL，灭菌、冷却至室温。		
1mol/L $MgCl_2$	10mL(灭菌)	10mmol/L

（四）M9 基本培养基

成分	/1000mL	1×终浓度
$Na_2HPO_4 \cdot 7H_2O$	12.8g	9.56mmol/L
KH_2PO_4	3g	4.4mmol/L
NaCl	0.5g	1.72mmol/L
NH_4	1g	3.74mmol/L
1mol/L $MgSO_4$	1mL	1mmol/L
20% 葡萄糖	10mL	0.2(质量体积比)
1mol/L $CaCl_2$	0.1mL	0.1mmol/L
灭菌 H_2O	至 1000mL	

（五）TB 培养基

成分	/1000mL	1×终浓度
胰蛋白胨	12g	1.2%（质量体积比）
酵母抽提物	24g	2.4%（质量体积比）
甘油	4g	0.4%（质量体积比）
加 H_2O	至 900mL	
灭菌后，冷却至60℃ 10XTB 磷酸盐缓冲液 (0.17mol/L KH_2PO_4, 0.72mol/L K_2HPO_4)	100mL	

六、生物样品的采集、处理及保存

（一）植物样品的采集和处理

1. 样品的采集

（1）对样品的要求

采集的植物样品要具有代表性、典型性和适时性。代表性系指采集代表一定范围污染情况的植物，这就要求对污染源的分布、污染类型、植物特征、地形地貌、灌溉出入口等因素进行综合考虑，采用适宜的方法布点，确定代表性的植物。根据要求分别采集植物的不同部位，如根、茎、叶、果实，不能将各部位样品随意混合。适时性系指在植物不同生长发育阶段，施药、施肥前后，适时采样监测，以掌握不同时期的污染状况和对植物生长的影响。

（2）布点方法

根据现场调查和收集的资料，先选择采样区，在划分的采样小区内，常采用梅花形布点法或交叉间隔布点法确定代表性的植物。

（3）采样方法

在每个采样小区内的采样点上分别采集 5~10 处植物的根、茎、叶、果实等，将同部位样混合，组成一个混合样；也可以整株采集后带回实验室再按部位分开处理。采集样品量要能满足需要，一般经制备后，至少有 20~50g（干物质）样品。新鲜样品可按 80%~90% 的含水量计算所需样品量。若采集根系部位样品，应尽量保持根部的完整。对一般旱作物，在抖掉附在根上的泥土时，注意不要损失根毛；根系样品带回实验室后，及时用清水洗（不能浸泡），再用纱布拭干。如果采集果树样品，要注意树龄、株型、生长势、载果数量和果实着生的部位及方向。如要进行新鲜样品分析，则在采集后用清洁、潮湿的纱布包住或装入塑料袋中，以免水分蒸发而萎缩。对水生植物，如浮萍、藻类等，应采集全株。从污染严重的河、塘中捞取的样品，需用清水洗净，挑去水草等杂物。采集后的样品装入布袋或聚乙烯塑料袋，贴好标签，注明编号、采样地点、植物名称、分析项目，并填写采样登记表。

（4）样品的保存

样品带回实验室后，如测定新鲜样品，应立即处理和分析。当天不能分析完的样品，暂时放于冰箱中保存，其保存时间的长短，视污染物的性质及在生物体内的转化特点和分析测定要求而定。如果测定干样，则将鲜样放在干燥通风处晾干或于鼓风干燥箱中烘干。

2. 植物样品的制备

（1）鲜样的制备

测定植物内易挥发、转化或降解的污染物（如酚、氰、亚硝酸盐等）、营养成分（如维生素、氨基酸、糖、植物碱等），以及多汁的瓜、果、蔬菜样品，应使用新鲜样品。鲜样的制备方法是：将样品用清水、去离子水洗净，晾干或拭干；将晾干的鲜样切碎、混匀，称取 100g 于电动高速组织捣碎机的捣碎杯中，加适量蒸馏水或去离子水，开动捣碎机捣碎 1~2min，制成匀浆，对含水量大的样品，捣碎时可以不加水；对于含纤维素较多或较硬的样品，如禾本科植物的根、茎秆、叶等，可用不锈钢刀或剪刀切（剪）成小片或小块，混匀后在研钵中加石英砂研磨。

（2）干样的制备

分析植物中稳定的污染物，如某些金属元素和非金属元素、有机农药等，一般用风干样品，其制备方法是：将洗净的植物鲜样尽快放在干燥通风处风干，可放在 40~60℃ 鼓风干燥箱中烘干，以免发霉腐烂，并减少化学和生物化学变化；将风干或烘干的样品去除灰尘、杂物，用剪刀剪碎，再用磨碎机磨碎，谷类作物的种子样品如稻谷等，应先脱壳再粉碎；将粉碎后的样品过筛，一般要求通过 1mm 孔径筛即可，有的分析项目要求通过 0.25mm 孔径筛，制备好的样品贮存于磨口玻璃广口瓶或聚乙烯广口瓶中备用；对于测定某些金属含量的样品，应注意避免受金属器械和筛子等污染。

（二）动物样品的采集和处理

动物的尿液、血液、唾液、胃液、乳液、粪便、毛发、指甲、骨骼和组织等均可作为检验样品。

1. 尿液

动物体内绝大部分毒物及其代谢产物主要由肾经膀胱、尿道随尿液排出。尿液收集方便，因此，尿检在医学临床检验中应用广泛。尿液中的排泄物一般早晨浓度较高，可一次收集，也可以收集 8h 或 24h 的尿样，测定结果为收集时间内尿液中污染物的平均含量。

2. 血液

血液中有害物的浓度可反映近期接触污染物质的水平，并与其吸收量呈正相关。传统的从静脉取血样的方法，其操作较烦琐，取样量大。随着分析技术的发展，减少了血样用量，用耳血、指血代替静脉血，给实际工作带来了方便。

3. 毛发和指甲

积累在毛发和指甲中的污染物（如砷、锰、有机汞等）残留时间较长，即使已脱离与污染物接触或停止摄入污染食物，血液和尿液中污染物含量已下降，而毛发和指甲中仍容易检出。头发中的汞、砷等含量较高，样品容易采集和保存，故在医学和环境分析中应用较广泛。人头发样品一般采集 2~5g，男性采集枕部头发，女性原则上采集短发。采样后，用中性洗涤剂洗涤，去离子水冲洗，最后用乙醚或丙酮洗净，室温下充分晾干后保存和备用。

4. 组织和脏器

采用动物的组织和脏器作为检验样品，对调查研究环境污染物在机体内的分布、积累、毒性和环境毒理学等方面的研究都有重要意义。但是，组织和脏器的部位复杂，且柔软、易破裂混合，因此取样操作要小心。检验个体较大的动物受污染情况时，可在躯干的各部位切取肌肉片制成混合样。采集组织和脏器样品后，应放在组织捣碎机中捣碎、混匀，制成浆状鲜样备用。

5. 水产食品

水产品如鱼、虾、贝类等是人们常吃的食物，其中的污染物可通过食物链进入人体，对人体产生不良影响。样品从监测区域内水产品产地或最初集中地采集。一般采集产量高、分布范围广的水产品，所采品种尽可能齐全，以较客观地反映水产食品被污染的水平。

从对人体的直接影响考虑，一般只取水产品的可食部分进行检测。对于鱼类，先按种类和大小分类，取其代表性的数量（如大鱼 3~5 条，小鱼 10~30 条），洗净后滤去水分，去除鱼鳞、鳍、内脏、皮、骨等，分别取每条鱼的厚肉制成混合样，切碎、混匀，或用组织捣碎机捣碎成糊状，立即分析或贮存于样品瓶中，置于冰箱内备用。对于虾类，将原样品用水洗净，剥去虾头、甲壳、肠腺，分别取虾肉捣碎制成混合样。对于毛虾，先拣出原样中的杂草、沙石、小鱼等异物，晾至表面水分刚尽，取整虾捣碎制成混合样。贝类或甲壳类，先用水冲洗去除泥沙，滤干，再剥去外壳，取可食部分制成混合样，并捣碎、混匀，制成浆状鲜样备用。对于海藻类如海带，选取数条洗净，沿中央筋剪开，各取其半，剪碎混匀制成混合样，按四分法缩分至 100～200g 备用。

(三)生物样品的保存

由于实验设计的要求，如药物代谢动力学研究，在一定的时间内必须采集大量的样品，受分析速度的限制，往往不能做到边采样边分析，需将部分样品适当储存。冷冻保存是最常用的方法。冷冻既可以终止样品中酶的活性，又可以储存样品。在某些情况下若收集的样品来不及冷冻处理，可先将其置冰屑中，然后再行冷冻储存。冷冻时，若使用玻璃容器储存样品，需注意防止温度骤降使容器破裂，造成样品损失或污染。而塑料容器常含有高沸点的增塑剂，可能释放到样品中造成污染，而且还会吸留某些药物，引起分析误差。某些药物特别是碱性药物还会被玻璃容器表面吸附，影响样品中药物的定量回收。因此，必要时应将玻璃容器进行硅烷化处理。

为防止含酶样品中被测组分进一步代谢，采样后必须立即终止酶的活性。常采用的方法有：液氮中快速冷冻、微波照射、匀浆及沉淀、加入酶活性阻断剂等。另外，某些生物样品中的药物易被空气氧化产生醌类杂质。若收集的血浆样品不加抗氧剂直接在 -15℃ 冷藏，仅能稳定 4 周。但加入抗坏血酸后，则可稳定10 周。对于见光易分解的药物，在采集生物样品时还需注意避光。

七、常用实验仪器的使用方法

(一)分光光度计的使用

分光光度计，又称光谱仪(spectrometer)，是将成分复杂的光，分解为光谱线的科学仪器。测量范围一般包括波长范围为 400～760 nm 的可见光区和波长范围为 200～400 nm 的紫外光区。不同的光源都有其特有的发射光谱，因此可采用不同的发光体作为仪器的光源。

操作方法：

①接通电源，打开仪器开关，掀开样品室暗箱盖，预热 10min。

②将灵敏度开关调至"1"档(若零点调节器调不到"0"时，需选用较高档。)

③根据所需波长转动波长选择钮。

④将空白液及测定液分别倒入比色杯 3/4 处，用擦镜纸清外壁，放入样品室内，使空白管对准光路。

⑤在暗箱盖开启状态下调节零点调节器，使读数盘指针向 $t=0$ 处。

⑥盖上暗箱盖，调节"100"调节器，使空白管的 $t=100$，指针稳定后逐步拉出样品滑竿，分别读出测定管的光密度值，并记录。

⑦比色完毕，关上电源，取出比色皿洗净，样品室用软布或软纸擦净。

注意事项：

①该仪器应放在干燥的房间内，使用时放置在坚固平稳的工作台上，室内照明不宜太强。热天时不能用电扇直接向仪器吹风，防止灯泡灯丝发亮不稳定。

②使用本仪器前，使用者应该首先了解本仪器的结构和工作原理，以及各个操纵旋钮之功能。在未按通电源之前，应该对仪器的安全性能进行检查，电源接线应牢固，通电也要良好，各个调节旋钮的起始位置应该正确，然后再按通电源开关。

③在仪器尚未接通电源时，电表指针必须处于"0"刻线上，若不是这种情况，则可以用电表上的校正螺丝进行调节。

（二）酸度计的使用

操作方法（以 PHS – 3C 酸度计为例）：

1. 仪器使用前的准备

将复合电极按要求接好，置于蒸馏水中，并使加液口外露。

2. 预热

按下电源开关，仪器预热 30 分钟，然后对仪器进行标定。

3. 仪器的标定（单点标定）

（1）按下"pH"键，斜率旋钮调至 100% 位置。

（2）将复合电极洗干净，并用滤纸吸干后将复合电极插入一已知 pH 值的标准缓冲溶液中，温度旋钮调至标准缓冲溶液的温度，搅拌使溶液均匀。

（3）调节定位旋钮使仪器读数为该标准缓冲溶液的 pH 值。仪器标定结束。

4. 测量 pH 值

将电极移出，用蒸馏水洗干净，并用滤纸吸干后将复合电极插入待测溶液中，搅拌使溶液均匀，仪器显示的数值即是该溶液的 pH 值。

5. 测量电极电位

（1）将所需的离子选择性电极和参比电极按要求接好，按下"mV"键。

（2）将电极用蒸馏水洗干净，并用滤纸吸干后插入待测溶液中，搅拌使溶液均匀，仪器显示的数值即是该溶液的电极电位值。

注意：

①注意保护电极，防止损坏或污染。

②电极插入溶液后要充分搅拌均匀（2 ~ 3min），待溶液静止后（2 ~ 3min）再读数。

③复合电极和饱和甘汞电极补充参比补充液，复合电极的外参比补充液是 3mol/L 的氯化钾溶液，饱和甘汞电极的电极补充参比补充液是饱和氯化钾溶液。电极的引出端，必须保持干净和干燥，绝对防止短路。

④离子选择性电极使用之前要用蒸馏水浸泡活化。

⑤仪器标定好后，不能再动定位和斜率旋钮，否则必须重新标定。

(三)电子天平的使用

电子天平是最新一代的天平，它是根据电磁力平衡原理，直接称量，全量程不需要砝码，放上被测物质后，在几秒钟内达到平衡，直接显示读数，具有称量速度快，精度高的特点。它的支撑点采取弹簧片代替机械天平的的玛瑙刀口，用差动变压器取代升降枢装置，用数字显示代替指针刻度。因此具有体积小、使用寿命长、性能稳定、操作简便和灵敏度高的特点。由于电子天平具有机械天平无法比拟的优点，尽管其价格偏高，但也越来越广泛地应用于各个领域，并逐步取代机械天平。

操作方法如下：

1. 称量前的检查

取下天平罩，叠好，放于天平后。

检查天平盘内是否干净，必要的话予以清扫。

检查天平是否水平，若不水平，调节底座螺丝，使气泡位于水平仪中心。

检查硅胶是否变色失效，若是，应及时更换。

2. 开机

关好天平门，轻按"ON"键，LTD 指示灯全亮，松开手，天平先显示型号，稍后显示为 0.000 0g，即可开始使用。

3. 电子天平的一般使用方法

电子天平的使用方法较半自动电光天平来说大为简化，无需加减砝码，调节质量。复杂的操作由程序代替。下面简单介绍电子天平的两种快捷称量方法。

(1)直接称量

在 LTD 指示灯显示为 0.000 0g 时，打开天平侧门，将被测物小心置于秤盘上，关闭天平门，待数字不再变动后即得被测物的质量。打开天平门，取出被测物，关闭天平门。

(2)去皮称量

将容器至于秤盘上，关闭天平门，待天平稳定后按"TAR"键清零，LTD 指示灯显示质量为 0.000 0g，取出容器，变动容器中物质的量，将容器放回托盘，不关闭天平门粗略读数，看质量变动是否达到要求，若在所需范围之内，则关闭天平门，读出质量变动的准确值。以质量增加为正，减少为负。

4. 称量结束后的工作

称量结束后，按"OFF"键关闭天平，将天平还原。在天平的使用记录本上记下称量操作的时间和天平状态，并签名。整理好台面之后方可离开。

注意事项：

①在开、关门，放取称量物时，动作必须轻缓，切不可用力过猛或过快，以免造成天平损坏。

②对于过热或过冷的称量物，应使其回到室温后方可称量。

③称量物的总质量不能超过天平的称量范围。在固定质量称量时要特别

注意。

④所有称量物都必须置于一定的洁净干燥容器(如烧杯、表面皿、称量瓶等)中进行称量,以免沾染、腐蚀天平。

⑤为避免手上的油脂、汗液污染,不能用手直接拿取容器。

⑥称取易挥发或易与空气作用的物质时,必须使用称量瓶以确保在称量的过程中物质质量不发生变化。

(四)移液器的使用

操作方法:

适用的液体包括水、缓冲液、稀释的盐溶液和酸碱溶液。

①调好合适的量程,按到第一档,垂直进入液面几毫米。

②缓慢松开控制按钮,否则液体进入吸头过速会导致液体倒吸入移液器内部。

③打出液体时贴壁并有一定角度,先按到第一档,稍微停顿 1s 后,待剩余液体聚集后,再按到第二档将剩余液体全部压出。

注意事项:

①吸液时,不要使移液器本身倾斜,容易导致移液不准确(应该垂直吸液,慢吸慢放)。

②装配吸头时,如果用力过猛,会导致吸头难以脱卸(无需用力过猛,选择与移液器匹配的吸头)。

③不要平放带有残余液体吸头的移液器。

④不要使用大量程的移液器移取小体积样品。

⑤不要直接按到第二档吸液。

⑥不要使用丙酮或强腐蚀性的液体清洗移液器。

(五)振荡摇床的使用

操作方法:

①打开电源开关,整机通电。

②设置转速　直接扭动旋钮可以更改所设置的转速,顺时针拨动,设置转速值增加,逆时针减少。若 2s 未操作,则系统确认后显示实际测得转速。

③设置温度　长按旋钮 2s,显示当前设定温度,松开,再按旋钮 2s,进入温度设置状态(设置温度呈闪烁状态),顺时针拨动增加,逆时针减少。若 2s 未操作,则系统确认后显示实际测得温度。

④设置时间　连按两次旋钮,进入定时间设置状态,顺时针拨动增加,逆时针减少。如果需要仪器进行长期运行,需将此项设置为 0(小时)。

⑤实验完全结束后,关闭仪器电源,检查并清理仪器,填写仪器使用记录。

注意事项:

①仪器在使用中出现异常声音时，检查仪器是否不平，或是转轴故障。

②实验出现摇瓶破损时，及时进行清理，避免发酵液体腐蚀摇床。

③摇瓶放置应以摇床中心对称放置，勿随意放置。

④定时装置在设备设置完之后，需要关闭。

⑤设备处于工作状态时严禁把手或物体伸入容室壁内，以免伤及人身和破坏设备。

⑥及时取走自己的物品，注意用电安全，保持实验室清洁，不浪费。仪器不正常时，及时上报，不得自行处理。

(六)PCR 仪的使用

操作方法(以伯乐 PTC – 200PCR 仪为例)：

1. 开机

开机仪器自检，显示"Self Testing…"，约 10 ~ 15s 结束，此时若仪器不正常，则会显示故障信息，自检正常后，仪器进入初始菜单界面。

2. 编程

现举一个典型程序说明如何编程：

①94℃，5min；

②94℃，40s；

③55 ~ 65℃温度梯度，30s；

④72℃，40s；

⑤Goto 2，29 cycle(注：30 个循环，此处需输入 29)；

⑥72℃，10min；

⑦12℃，Forever(注：为了延长半导体加热制冷块的寿命，请尽量避免使用 4℃保存，请用 12℃保存)；

⑧End。

编程过程如下(注意下滑线" ____"位置即为当前选项，按选择键" <"，" >"来改变当前选项)

①从主菜单中选择 Enter；

②给程序起名字(按" <"，" >"改变字母)；

③在 Step 1 中选择 TEMP，然后输入 94，在下一个界面中输入时间 5：00；

④在 Step 2 中选择 TEMP，输入 94，再输入时间 0：40；

⑤在 Step 3 中选择 Gradient，下一个界面中 Lower Temp 输入 55，Upper Temp 输入 65，再输入时间 0：30；

⑥在 Step 4 中选择 TEMP，输入 72，再输入时间 0：40；

⑦在 Step 5 中选择 Goto，输入 2，再输入循环数 29；

⑧在 Step 6 中选择 TEMP，输入 72，再输入时间 10：00；

⑨在 Step 7 中选择 TEMP，输入 12，再输入时间 0(输入 0 即为 Forever)；

⑩在 Step 8 中选择 End 结束。

3. Option(附属)功能简介

编程时选择 Option 后出现 3 个附属功能：Increment、Extend 和 Beep。Extend 是用于循环程序时，每一次循环按一定的规律作时间、温度变化；Beep 是对某一步设置提示声音。

Inc(increment)：用于温度延伸或缩短，每个循环的温度变化在 0.1℃ 至 1℃ 之间任选一值，输入正值为温度延伸，输入负值为温度缩短，例如选择"Inc"后出现：

Step 5

℃/cycles　　+

这时可输入温度的变化率，例如增加 0.1℃，则输入"0.1"。如果每个循环减少 0.1℃，需先按"－"，再输入"0.1"，此时显示：

Step 5

℃/cycles　　－0.1

这时再按"proceed"确认。

Ext(extend)：与上述同理，只不过是时间的变化。范围为 1～60s/cycle。

Beep：为对某一步设置提示声音，程序运行到这一步时会"嘀"地响一声。

注意事项：本机重量轻、体积小，适用于实验室任何部位使用，应远离易燃、易爆物品，由于本机采用半导体双向控温技术，由机器内风机散热，故不得堵塞仪器两侧及底部的通风口，并应远离热源，避免将液体渗入仪器内部。正确的使用环境温度为 4～32℃，相对湿度为 20%～80%，尽量避免使用4℃过夜，以免影响仪器的寿命，建议使用10～15℃过夜。本机采用开关电源，适用电压范围宽，交流电压 100～240V 之间均可正常工作，频率为 50/60Hz，电源线为三线制，必须有可靠接地。

(七)凝胶成像仪的使用

操作方法(以伯乐 Chemi Doc XRS 系统为例)：

1. 图像采集

(1)打开电脑。

(2)打开成像仪器电源(左后侧)和 CCD 电源(黑色)，将样品放入工作台。

(3)双击桌面上图标，打开 Quantity One 软件，或从开始—程序—The Discovery Series/Quantity One 进入。

(4)从 File 下拉菜单栏中选择 ChemiDoc XRS…，打开图像采集窗口。

(5)Select Application 选择相关应用：

a. UV transillumination(透射 UV)：针对 DNA EB 胶或其他荧光，打开仪器面板上 UV 组；

b. White transillumination(透射白光)：针对透光样品如蛋白凝胶、X 射线，把白光灯箱放在 UV 工作台上，打开仪器面板上 Trans – White；

c. white epillumination(侧面白光)：针对不透光样品或蛋白凝胶，打开仪器面板上 Epi – White。

(6)单击 Live/Focus 按钮，激活实时调节功能，此功能有三个上下键按钮：IRIS(光圈)、ZOOM(缩放)、FOCUS(聚焦)，用户可在软件上直接调节或在仪器面板上手工调节，调节步骤如下：

a. 调节 IRIS 至合适大小；

b. 点击 ZOOM，将胶适当放大；

c. 调节 FOCUS，至图像最清晰。

(7)如是 DNA EB 胶或其他荧光或蛋白凝胶，单击 Auto Expose，系统将自动选择曝光时间成像，如不满意，单击 Manual Expose，并输入曝光时间(秒)，图像满意后保存。

(8)如是化学发光，在 Select Application 下选择 Chemiluminescence 或 Chemi Hi Sensitivity(如样品强度较弱)，先打开 Epi – White 侧面白光，同第 5 步调节清楚膜的聚焦状态(如膜上没有可对焦的标记，可用记号笔做个小记号)。然后关闭光源，不打开任何光源，将滤光片位置换到 o 位(仪器上方右侧)，将光圈 Iris 开到最大，选择 Auto Expose 自动曝光，或输入 Manual Expose 时间，可对化学发光的弱信号进行长时间积累，如 30min，或单击 Live Acquire 进行多桢图像实时采集，在对话框内定义曝光时间长短，采集几桢图像，在采集的多桢图像中选取满意的保存。化学发光是特别弱的发光，所以曝光可以很长，记得做完化学发光后，把滤光片位置换到原先的位置(I 位)。

2. 基本的图像优化

(1)如图像采集时胶位置不正，软件可将图像进行任何角度的旋转，选择 Image—Rotate—Custom Rotate，进行旋转。

(2)一般图像拍下来周围都有一些区域是背景或是不需要的，选择 Image—Crop，Crop 工具能将图像进行剪切。

(3)调节对比度，选择 Image—Transform，Transform 工具将图像调节到你喜欢的对比度(不改变原始数据，只是改变显示)。

(4)加文字、箭头，Edit—Text Overlay Tools—Text Tools，在打开的窗口里输入文字(接受汉字)，并可调节字体颜色、大小；Edit—Text Overlay Tools—Line Tools，用鼠标在图像上划出直线，双击该直线可添加箭头，可调节箭头长短、方向。

(5)满意后保存图像，或通过 Video Print 热敏打印，或通过 Print 喷墨或激光打印。

(6)如需要将图像文件输出用到 Photoshop 等图像处理软件，从 File—Export—Export to Tiff Image，将文件存成 tiff 格式或 Export to Jpeg Image，存成 jpg 格式。

参考文献

J. 萨姆布鲁克，D. W. 拉塞尔. 2002. 分子克隆实验指南[M]. 3 版. 北京：科学出版社.

安建平，王廷璞. 2005. 生物化学与分子生物学实验技术教程[M]. 兰州：兰州大学出版社.

崔金腾. 2008. 水稻群体遗传结构与选择导入系 QTL 发掘研究[D]. 中国农业科学院.

方宣钧，吴为人，唐纪良. 2001. 作物 DNA 标记辅助育种[M]. 北京：科学出版社.

龚朝辉，郭俊明. 2012. 生物化学与分子生物学实验指导[M]. 杭州：浙江大学出版社.

贡成良，曲春香. 2010. 生物化学与分子生物学实验指导[M]. 苏州：苏州大学出版社.

李卫芳，俞红云，王冬梅，等. 2012. 生物化学与分子生物学实验[M]. 合肥：中国科学技术大学出版社.

刘进元，张淑平，武耀廷. 2002. 分子生物学实验指导[M]. 北京：清华大学出版社.

沈剑敏. 2009. 生物化学与分子生物学实验[M]. 兰州：兰州大学出版社.

王学奎. 2006. 植物生理生化实验原理和技术[M]. 北京：高等教育出版社.

汪晓峰，刘雪萍. 2011. 生物化学实验技术[M]. 北京：中国林业出版社.

王瑜，崔金腾，张克中，等. 2013. 百合花青素苷合成酶基因片段的克隆及表达分析[J]. 中国农学通报，29(10)：162 - 166.

魏群. 2007. 分子生物学实验指导[M]. 2 版. 北京：高等教育出版社.

许秀珍，梁山. 2003. 生物化学与分子生物学实验指导[M]. 广州：暨南大学出版社.

杨安钢，毛积芳，药立波. 2001. 生物化学与分子生物学实验技术[M]. 北京：高等教育出版社.

周先碗，胡晓倩. 2011. 基础生物化学实验[M]. 北京：高等教育出版社.